20世纪中国科学口述史
The Oral History of Science in 20th Century China Series

农业科技"黄淮海战役"

"Huang-Huai-Hai Plain Campaign" in Agricultural
Science and Technology

CS 湖南教育出版社

以挖掘和抢救史料为急务

自文艺复兴以来，西方经过宗教改革、世界地理大发现、科学革命和产业革命，建立了资本主义主导的全球市场和近代文明。在此过程中，科学技术为社会发展提供了最强大的动力，其影响至 20 世纪最为显著。

在从传统社会向近代社会的转型中，国人知识结构的质变，第一代科学家群体的登台，与世界接轨的科学体制的建立，现代科学技术学科体系的形成与发展，乃至以"两弹一星"为标志的一系列重大科技成就的取得，都发生在 20 世纪。自 1895 年严复喊出"西学格致救亡"，至 1995 年中共中央、国务院确定"科教兴国"的国策，百年中国，这"科学"是与"国运"紧密关联着的。百年中国的科学，也就有太多太多的行进轨迹需要梳理，有太多太多的经验教训需要总结。

关于 20 世纪中国历史的研究，可能是格于专业背景方面的障碍，治通史的学者较少关注科学事业的发展，专习 20 世纪科学史者起步较晚，尚未形成气候。无论精治通史的大家学者，或是研习专史的散兵游勇，都共同面临着一个难题——史料的缺乏。

史料，是治史的基础。根据 20 世纪中国科学史研究的特点，搜求新史料的工作主要涉及文字记载、亲历记忆、图像资料和实物遗存这四个方面。

20 世纪对于我们，望其首已遥不可及，抚其尾则相去未远。亲身经历过这个世纪科学事业发展且作出过重要贡献的科学家和领导干部，大都已是高龄。以 80 岁左右的老人为例，他们在少年时代亲历抗日战争，大学毕业于共和国诞生之初，而国家科学事业发展的黄金十年时期（1956—1966）则正是他们施展才华、奉献青春、燃烧激情的岁月。这些留存在记忆中的历史，对报刊、档案等文字记载类史料而言，不仅可以大大填补其缺失，增加其佐证，纠正其讹误，而且还可以展示为当年文字所不能记述或难以记述的时代忌讳、人际关系和个人的心路历程。科学研究过程中的失败挫折和灵感顿悟，学术交流中的辩争和启迪，社会环境中非科学因素的激励和干扰等等，许多为论文报告所难以言道者，当事人的记忆却有助于我们还原历史的全景。

湖南教育出版社欲以承担挖掘和抢救亲历记忆类史料为己任，于 2006 年启动了《20 世纪中国科学口述史》丛书的工作计划，在学界前辈和同道的支持下，成立了丛书编委会，于科学史界和科学记者群中招兵买马，认真探索采访整理工作规范和成书体例。通过多方精诚合作，在近两年中已出版图书 20种，得到了学术界和读者的认可。

近年兴起的口述史（Oral History）热潮，强调采访者的责任，强调采访者与受访者之间的互动，强调留下"有声音的历史"。不过，口述史内容的"核心"是"被提取和保存的记忆"（唐纳德·里奇《大家来做口述历史》）。把记忆于头脑中的信息提取出来，方法上有口述与笔述之差别，但就获取的内容而言，并无实质性的差别。因此，本丛书当前在积极组织从事口述史采访队伍的同时，也积极动员资深科学家撰写回忆文本，作为"笔述系列"纳入到本丛书中来。

科学,作为一种社会事业,除科学研究之外,还包括科学教育、科学组织、科学管理、科学出版、科学普及等各个领域,与此相关的人物和专题皆可列入选题。

本丛书根据迄今践行的实际情况,在大致统一编辑规范的基础上,将书稿划分为5种体例:

1. 口述自传——以第一人称主述,由访问者协助整理。

2. 人物访谈录——以问答对话方式成文。

3. 自述——由亲历者笔述成文。

4. 专题访谈录——以重大事件、成果、学科、机构等为主题,做群体访谈。

5. 旧籍整理——选择符合本丛书宗旨的国内外已有文本重新编译出版。

形式服务于内容,还可视实际需要而增加其他体例。

受访者与访问整理者,同为口述史成品的作者。忆述内容应以亲历者的科学生涯和有关活动为主线展开,强调以人带史,以事系史,忆述那些自己亲历亲闻的重要人物、机构和事件,努力挖掘科学事业发展历程中的鲜活细节。

书中开辟"背景资料"栏,列入相关文献,尤其注重未经披露的史料,同时还要求受访者提供有历史价值的图片。这些既是为了有助于读者能更好地理解忆述正文的内容,也是为了使全书尽可能地发挥"富集"史料的作用。

有必要指出,每个人都会受到学识、修养、经验、环境的局限,尤其是人生老来在记忆力方面的变化,这些会影响到对史实忆述的客观性,但不能因此而否定口述史的重要价值。书籍、报刊、档案、日记、信函、照片,任何一类史料都有它们各自的局限性。参与口述史工作的受访者和访问者,即便是能百分之百做到"实事求是",也不能保证因此而成就一部完整的信史。按名家唐德刚先生在《文学与口述历史》一文中的说法,口述史"并不是一个人讲一个人记的历史,而是口述史料"。史学研究自有其学术规范,不仅要用各种史料相互参证,而且面对每种史料都要经历一个"去粗取精,去伪存真"的过程。本丛书捧给大家看的,都是可供研究 20 世纪中国科学史的史料,囿限于斯,珍贵亦于斯。

受访者口述中出现的历史争议,如果不能在访谈过程中得以澄清或解决,可由访问者视需要而酌情加以必要的注释和说明。若对某些重要史实有不同的说法,则尽可能存异,不强求统一,并可酌情做必要的说明或考证。因此,读者不必视为定论,可以质疑、辨伪和提出新的史料证据。

本丛书将认真遵循求真原则和史学规范,以挖掘和抢救史料为急务,搜求各种亲历回忆类史料,推动 20 世纪中国科学史的研究!

欢迎各界朋友供稿或提供组稿线索,诚望识者的批评指教。谨以此序告白于 20 世纪中国科学史的研究者和爱好者。

樊洪业

2011 年元月于中关村

农业科技"黄淮海战役"
"Huang-Huai-Hai Plain Campaign" in Agricultural Science and Technology

CONTENTS 目录

序 言

自 1984 年开始，我国粮食产量连续四年徘徊不前，十几亿人的吃饭问题牵动着党中央、国务院领导的心。在这种严峻的形势下，1988 至 1993 年，在国务院国家土地开发建设基金管理领导小组（后改名为国家农业综合开发领导小组）的领导下，由黄淮海地区各省农业综合开发领导小组办公室（简称黄开办）具体组织，由中央和地方农业院校大量科技人员深入生产第一线，与广大农民群众一起，以中低产田（盐碱地、沙荒地、涝洼地）治理为突破口，全面运用农业综合增产技术，开展了一场规模宏大的农业大生产运动。前后两期（每 3 年一期），历时 6 年，将我国的粮食产量从 8 000 亿斤提高到 9 000亿斤，在增产的 1 000 亿斤粮食中黄淮海地区贡献了 504.8 亿斤，为我国粮食生产与消费保持供需平衡和保障国民经济快速发展做出了重大贡献。这在中国农业发展史上是一件值得记录、传承和激励后人继续为我国农业持续发展作贡献的大事。

这场农业大生产运动，在中国科学院称作"农业科技'黄淮海战役'"。为什么叫这个名字呢？这个名字来自于《人民日报》记者朱羽和孟祥杰写的一篇报道。这篇报道发表于1988 年 2 月 22 日《人民日报》头版头条，题目是"中科院决定投入精兵强将打翻身仗——农业科技'黄淮海战役'将揭序幕"，在这个标题下，还以摘要的形式写了这样一段话，"今年起用五至八年时间与地方联合承包综合治理低产田　生产水平

将有大幅度提高 粮食年总产可增加五十亿公斤"。这篇报道在当时产生了引导和带动作用。它的由来是,1988 年 1 月 15 日至 18 日,在北京,由周光召院长主持召开了中国科学院"黄淮海平原中低产地区综合治理开发工作会议",决定组织中科院 25 个研究所的 400 多名科技人员深入黄淮海地区的主要省份——山东、河南、河北和安徽,与地方政府及有关农业科技部门、单位合作,开展大面积中低产田治理工作。这是动员全院农业科技人员深入农村第一线工作的一次大会,在中国科学院是一次史无前例的壮举。《人民日报》记者来到现场,感受到了中科院领导的决心和科技人员的信心,所以写了这篇报道。这篇报道,在中科院产生了鼓舞士气、立志报效国家的积极作用,所以"农业科技'黄淮海战役'"这个名字在中科院就被广泛传播和用开了。

中国科学院的大批科技人员,进入黄淮海地区农业主战场实战 3 个月之后,1988 年 5 月 23—25 日,国务院秘书长陈俊生同志亲临山东省中科院禹城试验站和"一片三洼"实验区进行视察。视察后他说:"你们创造了科研与生产相结合的典范,为黄淮海中低产田改造和荒洼地开发治理提供了科技与生产相结合的宝贵经验。"他回到北京后,给中央写了一份报告,总结了禹城的四点成功经验,首先提出科技投入是关键,其中有一段感人肺腑的描述:"大家看到,来自兰州、南京、北京的中国科学院治理沙荒、涝洼、盐碱地的科研人员,在荒郊野外的沙滩上、鱼池旁、盐碱窝建房为家,辛苦工作,无不令人感叹敬佩。"这就是后来大家传颂的"黄淮海精神"!

紧接着,到 6 月 17—18 日,李鹏总理、陈俊生秘书长和国务院 11 个部委的领导一行对黄淮海地区各试验基地进行视察,最后到达禹城。李鹏总理在看了沙河洼粮丰林茂的情景后，挥笔题词"沙漠变绿洲，科技夺丰收"。为禹城试验站的题词是"治碱、治沙、治涝，为发展农业生产做出新的贡献"。最后，李鹏总理在总结大会上说："这里取得的成果，对整个黄淮海平原开发，乃至对全国农业的发展都提供了有益的经验。"

1988年7月27日，国务院做出了《关于表彰奖励参加黄淮海平原农业开发实验的科技人员的决定》，中国科学院21位同志分获一级、二级和荣誉奖，这对几十年在黄淮海地区艰苦奋斗、无私奉献的老同志无疑是极大的鼓舞，同时也为青年农业科技工作者树立了学习的榜样。

农业科技"黄淮海战役"，采用口述史的形式成书，较为全面、系统地展现了当时的历史事件和科学家的精神风貌，十分有意义。在此，我代表中科院参加"黄淮海战役"的所有中科院科学家、管理者，衷心感谢湖南教育出版社，感谢所有为此书出版做出贡献的同志。

李振声

2010年7月1日

布局篇

1 "黄淮海战役"
扭转了国家粮食徘徊局面

李振声　口述

时间：2008 年 10 月 11 日，星期六

地点：北京，中国农业科学院高七楼 086 室

受访人简介

李振声（1931—　），山东淄博人。遗传学家，中国科学院遗传发育研究所研究员，中国科学院院士（1991）。1951 年毕业于山东农学院（现山东农业大学）农学系。长期从事小麦远缘杂交与染色体工程研究，育成小偃麦 8 倍体、异附加系、异代换系和异位系等杂种新类型。将偃麦草的耐旱、耐干热风、抗多种小麦病害的优良基因转移到小麦中，育成了小偃麦新品种小偃四、五、六号，其中以小偃六号最为突出，累计推广达

1.5亿亩。小偃六号已成为我国小麦育种的重要骨干亲本，其衍生品种有50余个，累计推广3亿多亩。建立了小麦染色体工程育种新体系，利用偃麦草蓝色胚乳基因作为遗传标记性状，首次创制蓝粒单体小麦系统，解决了小麦利用过程中长期存在的"单价染色体漂移"和"染色体数目鉴定工作量过大"两个难题。育成自花结实的缺体小麦，并利用其开创了快速选育小麦异代换系的新方法——缺体回交法，为小麦染色体工程育种开辟了一条新途径。1987年任中国科学院副院长。曾获全国科学大会奖（1978）、国家科技发明一等奖（1985）、陈嘉庚农业科技奖（1989）、何梁何利科学与技术进步奖（1995）、中华农业英才奖（2005）、国家最高科学技术奖（2006）。

我来院里担任副院长之前，是叶笃正先生主持农业工作。我接的是叶先生的班。60年代，竺可桢副院长就已经在布局农业考察与试验方面的工作了。当时原南京土壤所副所长熊毅先生在北京组织了一个土壤考察队，在黄淮海的旱涝盐碱地区河南封丘县布置了试验点。原中国科学院地理所所长黄秉维先生在山东禹城县布置了旱涝碱治理试验点。当时的国家科委副主任范长江同志和中国科学院生物局局长过兴先同志，亲临现场考察，积极支持了此项研究。所以80年代黄淮海工作实际上是60年代工作的继续，有20年的试验示范成果，有老一辈科学家的工作积累。当时科学院在黄淮海地区的工作已经有了成熟的治理经验，包括试验、示范和在县域范围内的推广，但是还没有来得及变成国家行为。我在1987年6月调入中科院任副院长后，协助周光召院长管理生物和农业方面的工作，推动了这项研究，组织了25个研究所，400多名科研人员，深入黄淮海第一线，一起推广封丘、禹城、栾城等试验点和各所的支农科研成果，持续6年。这就是我们常说的农业科技"黄淮海战役"。

酝酿、准备、动员阶段

"黄淮海战役"的组织准备与实施的过程比较复杂，从 1987 年起大概有以下几个主要阶段。下面按时间顺序作一说明。

缘起

这件事是怎样引起的呢？那是在 1987 年的 7、8 月份，国务委员宋健同志召开了各部委主管领导座谈会，讲农业生产的形势。当时我国粮食生产处于 3 年徘徊局面。1978 年，我国实行了农业生产家庭联产承包责任制，调动了农民的积极性，加上国家加大对农业的投入等措施，粮食产量的提高明显加快了速度。1978 年全国粮食总产量 6 000 亿斤，到 1984 年，6 年时间，粮食产量达到 8 000 亿斤。6 年增产 2 000 亿斤，是我国粮食增产最快的时期。解放初期，全国粮食有 2 000 亿斤，到 1958 年，粮食增加到 4 000 亿斤，花了 9 年时间；1958 年到 1978 年，增长了 2 000 亿斤，花了 20 年时间，当然中间有"文革"的影响。而 1978 年到 1984 年，6 年时间就增产了 2 000 亿斤。但是，达到 8 000 亿斤之后，连续 3 年粮食徘徊在 8 000 亿斤左右，没有增长。而那几年人口增长非常快，3 年增长近 5 000 万。这时，国家有点着急了，如何打破粮食生产的徘徊局面呢？我们从理论上大概可以理解为单纯依靠生产关系的改变是不行的，生产力也要改变。没有生产力的改变和生产技术的提高，粮食产量是难以提高的。就在这次会议上，宋健同志请各部委研究提出如何打破粮食生产徘徊局面的建议。我代表中科院参加了会议，接受了这项任务。

会议结束后，我就向周光召院长汇报，接着召开中科院的农业专家会议。会议就在科学院第一招待所召开，当时把科学院农业方面的专家都请来了。沈阳林业土壤研究所的曾昭顺同志任组长，地理所所长左大康同志任副组长，还有许越先、赵其国、程维新、朱兆良等十几个人，关起门来讨论了约半个月，就是分析形势，总结经验，提出建议，然后形成了比较一致的意见，由李松华同志组织起草了一个报告。这时的组织工作主要是李松华同志负责，当时她在生物局主管农业工作。

报告写好后，在一次会议上，我见到宋健同志，就当面给了他。后来他在转给我的一份参考文件的右上角上写了一段话："振声同志：看了你们的报告，如茅塞顿开。"这封非正式的信函，给了我们很大的鼓舞。

封丘经验的启发

1987年10月4日，中科院在河南省封丘县中国科学院南京土壤所封丘实验站召开封丘站开放会议，参加会议的有100多人。我代表科学院与河南省宋照肃副省长共同主持了这次会议。省里很重视，会议规格比较高，南京土壤所赵其国所长、老专家马世骏先生，有关所的代表和新乡专区王专员、封丘县领导等都参加了会议。会议第一天，进行现场考察；第二天开会，汇报工作与总结。考察后我注意到两组可供对比的数字：一组是粮食亩产，潘店万亩示范方小麦和玉米平均亩产达到1 000斤，而新乡专区王专员介绍，全专区8个县粮食平均亩产400斤，说明该地区粮食生产有很大的增产潜力。另一组数字是，封丘县原来每年吃国家返销粮7 000万斤，而推广中低产田治理措施后，到1987年给国家贡献了1.3亿斤。一正一负全县增加了粮食2亿斤。这两组数字有力地说明了中低产田治理的潜力。这是这次会议最大的收获。

封丘的经验给我们很大的启发。封丘会后，我与秘书黄正一起乘火车去陕西杨陵搬家①。在途中，我们讨论了将封丘经验推广到面上的问题。当时，并没有想到要推广那么大的面积，只是想争取把封丘的经验推广到新乡地区。在推动一项什么事情时，我们常说："手中无典型，说话没人听。"我想，封丘是一个好典型。它的经验可以用数字表达出来，有说服力。它显示了科技对粮食增产的重要作用，值得推广。但，能不能实现，还不知道。

各级领导的支持

一件事情的成功，机遇也是非常重要的。我从杨陵搬家回来后，时隔半月，到 1987 年 10 月 25 日，党的十三次代表大会召开了。我是陕西省选的代表，开会时中组部把我的关系转到了国家机关代表团，和孙鸿烈同志、胡启恒同志在一个组里。会议期间，我向周光召院长汇报了封丘考察的情况和把封丘经验推广到新乡地区 8 个县的设想，光召很重视。当时，我们开会住在国谊宾馆北楼，正好河南省代表团就住在南楼。光召是中央委员，有代表名册。于是我们从代表名册中查到了新乡地委书记孔茂山的名字和房间号，另外新乡农科所所长也是代表。当晚，我就去拜访了孔茂山书记和新乡农科所所长，与他们讨论是否可将封丘经验在新乡地区推广的问题。孔书记很好，他很了解封丘，马上就说可以推广。他说："我们专区一共有 8 个县市，其中有 6 个粮食基地县，1 个棉花基地县，每个县国家给 300 万元经费支持。你们能不能派科技人员来，我们可以结合起来搞。"听了他的话，我当然很高兴！这表明我们的工作得到了地方领导的支持。

---

① 李振声调任中科院副院长之前，在中国科学院西北植物研究所工作。此时指从研究所所在地陕西杨陵搬到北京。

封丘的经验到底是什么呢？过去封丘到处都是盐碱地、沙荒地、涝洼地，旱涝碱灾害很严重，粮食产量很低。有史以来就很穷困，历史上赵匡胤"陈桥兵变，黄袍加身"的故事，就发生在那个地方。盐碱地怎么治理呢？据封丘站同志介绍，最早是熊毅先生学习巴基斯坦的经验，在封丘打了5眼梅花井，从井里抽水灌溉农田洗盐，同时挖排水沟排盐，这叫"井灌沟排"；后来又修渠，引黄河水灌溉农田，挖沟排盐，这叫"渠灌沟排"。总之是灌排结合，治理盐碱地。经过治理后，变成良田，亩产可从几百斤提高到1 000斤。此外，他们还治理了背河洼，改为稻田。中科院的同志在那里与地方领导、群众相结合，积累了治理旱、涝、碱各类中低产田的成功经验，而且都有具体的科学分析和措施，所以新乡孔书记很信任我们中科院。

我在得到新乡书记的支持后，又去找了河南省代省长程维高。之前，他是南京市市长。有同志告诉我，他和当时中国科学院南京土壤研究所的专家李庆逵先生关系很好，对科学院比较了解。我找到他向他介绍了上述情况，问他支持不支持，他表明支持。新乡领导支持，省领导支持，我们就更有信心了。光召很高兴，让我们去找田纪云副总理汇报。当时田纪云副总理就住在我们楼下。光召一约请，他就答应了，第二天下午就让我们去汇报。汇报时光召、鸿烈、启恒和我都在。鸿烈全面汇报了科学院与农业有关的工作情况。当时中科院与农业有关的科研人员有1 500多名。我汇报了我们在河南省所做的工作。田纪云说很好。他说，还不知道你们做了这么多的工作，你们可以写个报告。他又说，但是我不可能像对新乡那样，每个县给300万元，"我可以给钱，但是必须滚动使用"。汇报后，光召同志说，田纪云同志给我们出了个难题，就是经费必须滚动使用。这个难题，在我们的报告中必须回答。当时，对这个难题，我的确胸中无数，而这个问题不解决，就无法给田纪云写报告，封丘的经验也就无法大面积推广！这成了当时我们工作的主要问题。经过商议，我们想，唯一的办法就是再深入实际，进行调查，带着问题去寻找经验和答案。

调研后的信心

我和李松华、刘安国、吴长惠，还有赵其国等专家，花了 17 天时间，在黄淮海地区做了调研和考察。因为时间紧，我们基本上是夜里坐车，白天考察。考察了河北栾城、南皮，山东禹城，安徽蒙城，江西千烟洲，最后到南昌开会总结。

经过调查，我们发现了两个典型，一个是兰州沙漠所在禹城工作的高安小组，他们在沙河洼的沙地治理中取得了成功经验。他们治理了 20 亩沙地，投资 1.8 万元，一年后收回来了 2 万元。这是一个非常重要的例子。他们怎么治理的呢？禹城沙河洼原来是黄河老河床故道。据历史记载，华北平原是由 300 多条古老的河流滚动冲积形成的。它的地下水是淡水，而且只有 2 米深，抽水很容易。土地平整后种大豆、花生，亩产 300 多斤，西瓜也可当年收获，葡萄长得也很好。这是第一个典型。第二个典型是安徽蒙城，是地理所所长左大康组织搞的，他是黄秉维先生的接班人。他们的经验是利用世界银行贷款进行中低产田治理。世行贷款要求 50 年还清，我们的银行贷到下面要求 15 年还清。蒙城的经验就是旱改水。利用涡河水，从河南上蔡流经蒙城，把旱地变成水地，一年一季小麦、一季水稻，治理成功了。世行贷款 3 年即可收回。当时世行贷款项目办公室的同志说，用收回来的钱进行经营，就可替农民还清款，农民一分钱也不用还。这两个典型例子，回答了田纪云同志提出的钱要滚动使用的问题。

调查回来之后，我就找到国家计委科技司司长秦声涛。他在我来北京之前曾到陕西考察，我受陕西省科技厅委托，陪他考察有关农业科研单位，历

时两个星期，所以我们比较熟。我就先向他汇报，他马上说我可以支持你们
2 000 万元。这虽是他个人表态，但非常重要，进一步增强了我们的信心。
后来，经光召与国家计委副主任张寿联系，最后落实了 1 000 万元。为了不
失时机地推动工作迅速展开，我们没有等待国家计委的拨款。光召当机立
断，决定科学院先拿出 400 万元作为启动经费，开展工作。这就显示出光召
的决心了。没有这 400 万元的启动经费，我们是无法行动的。后来，刘安国
说要给在黄淮海奋斗的科技人员增加补贴，没有钱怎样补呢？我们是带着技
术、带着资金下去的。当时对我们来说这是很大的一笔钱啊！所以我们去搞
"黄淮海战役"是有准备的。没有准备打什么仗！

项目正式启动了

有了思路有了钱，我们就着手与河南、安徽、河北、山东等几个省联
系。这几个省我们都跑到了，还与地方政府签订了协议。每个协议上都盖了
中国科学院和省政府的公章。此时，具体工作多了起来，在怀柔举行的院党
组扩大会上决定设立农业项目管理办公室，专门负责黄淮海的管理工作。当
时的中科院副秘书长张云岗同志推荐刘安国做办公室主任，还有李松华、吴
长惠等同志，都做了很多具体工作。经过这一系列准备后，有了项目，有了
钱，有了办事机构，项目可以正式启动了。

1988 年 1 月 15—18 日，全院动员大会在中关村中科院的"四不要"礼
堂召开。会议由周光召院长主持，杜润生同志、国家计委副主任张寿同志都
出席了会议。当时中央一号文件都是由杜润生同志主持起草的。杜润生同志
能出席会议，李松华同志起了很重要的作用。她与杜润生同志一直保持着工
作上的联系，所以能请杜老出席。会议的具体文件是由我主持起草的。在这
次动员大会上任命了"三军司令"，河南省"司令"是生物局局长钱迎倩，

河北省"司令"是资环局局长孙枢，山东省"司令"是地理所副所长许越先。这个会议有上百人参加，中科院外地相关科研院所的领导和科研骨干都来参加了。会后，与农业有关的科研人员就下到黄淮海第一线了，大约有25个研究所的400多人参加。

1988年2月22日，《人民日报》头版头条发表了题为《农业科技"黄淮海战役"将揭序幕——中科院决定投入精兵强将打翻身仗》的报道。这篇报道，大大鼓舞了科学院参加人员的士气，同志们以很高的热情参加了农业科技"黄淮海战役"。

以上是我们从酝酿，到准备，到动员阶段的工作情况。

实施阶段

下面我讲实施阶段的情况。

科技与生产见面会后四省全面启动

实施阶段的第一仗是在山东德州打响的。2月下旬，我们在德州召开了一个科技与生产见面会。中科院有100多位专家到场。会议由山东省副省长马忠臣和我一起主持，把德州13个县市的领导都叫来了，省农业厅、科技厅厅长也都来了。方式就是专家介绍可以支农的成果，地方介绍需求。大会开完后，地方干部对哪个成果有兴趣，就去找介绍的那个专家接头、座谈。马忠臣和我在会上都讲了话。下午，马忠臣有事回济南去了。晚上我召集各县带队的人开了一个座谈会，了解对口交流的情况和下一步的打算，大家互相交流一下情况。各县都说会议开得很好，回去先向领导汇报，再安排下一步工作。其中，禹城县汇报得最好，说准备拿出20万斤粮、20万元钱、350吨柴油，搞一个沙地治理大会战。会战时间就定在3月8日，三八妇女节。这个县安排比较具体，其他县都不具体。根据我在地方工作的经验，一个会议开得好不好，不能只停留在口头上，关键要看能不能落实，参会人员说向上级汇报后再定，那究竟能不能落实就不好说了。我想，见面会结束后，怎样落实是值得琢磨的关键，随后我就给马忠臣打了一个电话，商量怎么落实的问题。我认为不采取措施会议就白开了。山东省委副书记陆懋曾原来是山东省农科院院长，我认识他。我对马忠臣说，请你找一下懋曾同志，问问能不能我们三个人一起都参加禹城会战。征求懋曾意见时，他说他也去。这样一来，到3月8日会战时，各县、各市一二把手都参加了。从此德州13个县就都行动起来了。

这次科技见面会后落实了7个点，包括德州、平原县、齐河县、临邑

李振声（右1）在南皮县考察

县、武城县、夏津县等，从山东开始启动，进入到真正实施阶段。我们总结经验以后，又到河南召开了科技与生产见面会。这个会也开得不错。南京湖泊所来人了，生态中心来了一个小组，由李继云与盛学斌研究员负责，还在卫辉市李元屯乡展开了大面积中低产田治理工作。另一个组由冯宗炜领导。武汉水生所派来了养鱼专家。南京土壤所在原所长赵其国院士亲自指导下，开展了将背河洼地改造成水稻田的整治工作。河南豫北的工作全面铺开了。石家庄农业现代化所在河北栾城和南皮县建了两个实验基地。南京土壤所在安徽怀远建了实验点。四个省的工作全面启动。

陈俊生的赞扬

1988 年 5 月 23 日，国务院秘书长陈俊生从上海回北京，想路过禹城时看看。当时我还在河南，就连夜赶到禹城。由禹城站程维新研究员为主汇报、原山东省省长赵志浩和我陪同，考察了"一片三洼"治理现场。陈俊生看了以后很满意，说："你们创造了科研与生产相结合的典范，为黄淮海中低产田改造和荒洼地开发治理提供了科技与生产相结合的宝贵经验。"他走之后留下一个小组，这个小组的同志就在禹城展开了调查，之后写了一篇题为《从禹城经验看黄淮海平原开发的路子》的报告。这个报告上报给了田纪云副总理、李鹏总理等，为李鹏总理考察禹城做了准备。

李鹏总理视察

1988 年 6 月初，李鹏总理、陈俊生秘书长与 11 位部委领导进行黄淮海农业考察，我全程陪同。他们要在 17—18 日考察禹城。光召和启恒同志提前到达，准备接待。李鹏总理到达后，光召同志亲自汇报和陪同。李鹏总理考察后，为禹城站题词："治沙、治碱、治涝，为发展农业生产作

1988年6月周光召院长(前右2)陪同李鹏总理(前右3)视察禹城试验站

出新贡献"。他在会议总结讲话中说:"这里取得的成果,对整个黄淮海平原开发,乃至对全国农业的发展都提供了有益的经验。"

到8月份,国务院国家土地开发建设基金管理领导小组成立,同时领导小组发布了《国家土地开发建设基金回收管理试行办法》和《关于国家科研单位和部属院校科技人员参加黄淮海平原农业研究与开发有关问题的试行办法》两个文件。中国农业科学院院长王连铮和我被吸收为该领导小组成员。从此黄淮海中低产田治理和农业综合开发全面展开。

黄淮海增粮占全国一半

经过6年的中低产田治理后,据中科院地理所对黄淮海地区339个县的调查,中低产田较多的县都获得大幅度增产,证明中低产田治理确实对粮食增产发挥了重要作用。

据1993年的统计资料,我国粮食从8 000亿斤增长到9 000亿斤时,黄淮海地区增产了504.8亿斤，占全国粮食总增量的一半。这与我们原来预测的黄淮海地区的粮食增产潜力（500亿斤）是非常吻合的。

黄淮海平原综合治理与开发项目获得国家特等奖。中国科学院有21人荣获"黄淮海平原农业开发优秀科技人员"奖励。地理所还获得了第三世界科学院奖。

1988年5月23—25日，国务院秘书长陈俊生到禹城考察后在撰写的报告中说："几十年来，中科院、农科院及省内外的科研单位、高等院校的数百名科研人员，一直深入生产第一线，风里来，雨里去，离家别亲，蹲点试验，付出了巨大的劳动，为科学技术转化为生产力做出了重要贡献。大家看到，来自兰州、南京、北京的中国科学院治理荒沙、涝洼、盐

李振声（左4）于2007年重返禹城试验站题写"黄淮海精神"后与程维新（左6）、欧阳竹（左8）、刘安国（左9）、唐登银（左10）、张兴权（左11）等同志合影

碱地的科研人员，在荒郊野外的沙滩上、鱼池旁、盐碱窝建房为家，辛苦工作，无不令人感叹敬佩。"这既是对中科院等单位工作的高度评价，又是对"黄淮海精神"的真实写照，也是中科院老一代科学家留给我们的优良传统。

2 中科院为农业中低产田改造做出了示范

刘安国 口述

时间：2008 年 7 月 1 日上午

地点：中国科学院大楼 254 室

受访人简介

刘安国（1941—2012），研究员，原中国科学院农业项目管理办公室主任。1964 年毕业于北京大学地质地理系经济地理专业，同年分配到中国科学院地理研究所经济地理研究室从事科研工作。1974 年调到中科院院部，从事科研管理工作，先后为一局（生物、地学）、四局（化学）、化学部工作人员，环境科学委员会办公室工作人员、副主任，计划局综合计划处处长、副局长，农业项目管理办公室

主任，科技开发办公室副主任，自然与社会协调发展局局长，资源环境科学与技术局学术秘书，高技术促进与企业局学术秘书。1988年5月至1992年12月主持农业项目管理办公室工作。1995年5月至1998年4月被中科院选派担任广西壮族自治区人民政府主席科技助理。2001年在中科院高技术产业发展局退休。

开发的背景

黄淮海平原农业综合开发的背景是怎样的呢?

黄淮海平原是指黄河、淮河、海河的冲积平原，地处河南、山东、安徽、江苏、河北5省，为我国重要农业区之一，由于盐碱、风沙、洪涝等灾害的影响，粮食产量较低，受传统农业的制约，农业结构也不合理。但是黄淮海平原又是我国农业生产潜力最大的地区。上世纪80年代中期，我国粮食产量处于3年徘徊的严峻局面，这对于当时约12亿人口的大国来讲，是非常不安全的。党中央、国务院非常重视这个问题，一直在寻求解决问题的途径。

中国科学院为国家解决粮食问题义不容辞，而且中国科学院有这方面的技术实力。此时，黄淮海就凸显在我们面前。因为中科院在黄淮海地区已经做了多年的工作，取得了一批有推广价值的重要成果，所以在黄淮海平原农业工作实施多年的基础上，1987年，中科院联合黄淮海平原各省向中央请战，共同进行农业综合开发。目标是：到20世纪末，实现"5232工程"，即粮食达到500亿斤、棉花2 000万担、油料3 000万担、肉类200万吨。自1987年开始，中科院组织了30多个研究所，600多名科技人员投入到黄淮海平原农业综合开发主战场，开辟了 18 个万亩试验示范区，工作范围涉及河南、山东、安徽、江苏、河北 5 省 44 个县（市）。在非常艰苦的条件下，科研人员克服重重困难，在当地各级政府的密切配合、大力支持下，成功治理了盐碱风沙灾害，提高了粮食产量，调整了农业结构，做出了示范样板，促进了当地农业发展，提高了经济效益。科研结出丰硕成果，培养了一批年轻的科研人员，还多次获得国家表彰。

中科院组织工作很充分

1987 年 6 月，李振声同志调任中国科学院副院长，主管农业工作。他毕业于山东农业大学，研究育种。他当副院长之前，培育出的小偃六号已经非常出名了。据说振声同志是周光召院长三顾茅庐请到中科院来的。说是三顾，其实是"顾"了好几次。振声同志原来是中国科学院西北植物研究所所长、研究员。光召同志是到陕西杨陵振声同志所在的单位当面请他出任副院长的（本来振声同志是要在陕西省当副省长的）。振声同志很谦虚，他对光召同志说，其他事情我干不好，只能帮你搞农业问题，所以他到院里工作的任务是非常明确的。

振声同志调任中科院副院长后，院里决定成立"农业综合开发领导小组"，李振声副院长任组长。1988 年中科院要成立一个农业办公室，院党组开了一个务虚会，会议决定为提高机关干部水平，实行干部轮岗，拿我做试点。那年我任中科院计划局副局长，竺玄同志任局长，主管我们局业务工作的是孙鸿烈副院长。我负责联系地学局和生物局，院里决定把我从计划局调到农业办公室当主任，保留计划局副局长身份。农业项目管理办公室挂靠在生物局，只参加生物局的支部活动和政治学习，业务由主管副院长负责，所以我直接归李振声副院长领导，向李振声副院长请示、汇报工作。如果李振声副院长不在，我可以直接向周光召院长请示，后来真是这样施行的。1991年农业项目管理办公室挂靠在新成立的科技开发办公室。我虽然也是科技开发办副主任（挂名的），但原有工作程序不变。所以办公室其实是李振声副院长挂帅，我们具体干活。农业项目管理办公室不是正式机

中国科学院文件

（88）科发干字0630号

关于成立院农业项目管理
办公室的通知

院属各单位，院机关各部门：

经研究决定，成立农业项目管理办公室，作为院农业重中之重项目领导小组的办事机构。其职责是：负责全院农业重中之重项目的具体管理、协调和组织实施及全院的科技扶贫工作。

刘安国同志任农业项目管理办公室主任（副局职）。该办公室设在生物科学与技术局，办公地点在院机关四楼二十七号房间。

（电话：六七七）

构，意思是不在中组部备案，但是办公室的公章是独立的，对外是生效的，这一点很特殊。而且办公室经费，按照现在的说法，就是计划单列，由院里直接拨款。办公室有8个人。1个主任，3个副主任，他们1个是北京农业大学毕业的，1个是南开大学生物系毕业的，1个是中国科技大学生物物理系毕业的，都跟农业有关。1993年农业项目管理办公室划入自然与社会协调发展局，其公章仍有效。

让我担任农办主任，我是没有思想准备的。振声同志到院里工作后，抓农业问题，非常忙碌，我很敬佩。我和原中科院副秘书长、政策局局长张云岗曾向振声同志建议组建一个工作班子，我还提出了两位人选。那天我正料理岳母去世的事，没有上班。竺玄同志突然打电话到家里说："安国，鸿烈（孙鸿烈，时任中科院副院长）同志要跟你说事儿。"我问他什么事，他不说，只说让我上班到鸿烈同志那里去。这就是竺玄同志的水平

了，该说什么，不该说什么，说到什么程度，他非常明白。我第二天上班后直接去鸿烈同志办公室。他说："党组决定你任农办主任。"我感到很突然，因为当时李松华同志在资环局是负责农业工作的。李松华是我的上级呀，我很尊重她。我说怎么处理这个关系呢？我提出让她当主任，我当副主任。鸿烈同志说这件事由他处理，让我服从党组决定。后来决定让李松华同志在农业研究委员会工作，还担任了资环局学术秘书。李松华是个非常好的同志，很能干，很敬业，黄淮海工作中出了大力。我们都尊重她，遇事也常常向她请教。

农业项目管理办公室成立了，人员到位了，作为"农业综合开发领导小组"的办事机构，同时组建了"农业研究委员会"。

黄淮海平原农业综合开发项目启动以后，孙鸿烈副院长帮了我一个大忙。当时院里车库存有一辆日本进口的越野车，没有启封。鸿烈同志说："这个车就归你专用了。"有了这辆车，又给我配备了固定司机，工作起来方便多了。平时这辆车就放在地理研究所。几年里，这辆车跑遍了中科院在山东、河北、河南、安徽、江苏的试验站和实验区。到山东禹城，我们

《关于调整、充实中国科学院农业研究委员会的通知》和《中国科学院农业研究委员会名单》影印件

一般晚上出车，早晨抵达，节省了很多时间。

考察与报告

李振声和陈俊生的调研及报告

1987 年，李振声同志到科学院以后，首先组织了一个专家组，到大江南北考察了一圈。而且分别与安徽、河南、山东、河北的政府官员接触，希望能联合起来。所谓大江南北就是南方红壤地区和北方的黄淮海地

1988 年春李振声副院长（前排居中）在黄淮海考察，刘安国（右 1）、吴长惠（左 1）陪同

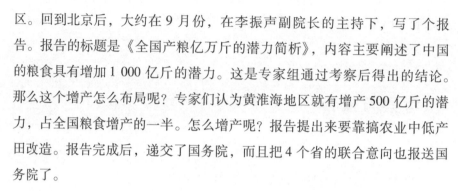

区。回到北京后，大约在 9 月份，在李振声副院长的主持下，写了个报告。报告的标题是《全国产粮亿万斤的潜力简析》，内容主要阐述了中国的粮食具有增加 1 000 亿斤的潜力。这是专家组通过考察后得出的结论。那么这个增产怎么布局呢？专家们认为黄淮海地区就有增产 500 亿斤的潜力，占全国粮食增产的一半。怎么增产呢？报告提出来要靠搞农业中低产田改造。报告完成后，递交了国务院，而且把 4 个省的联合意向也报送国务院了。

1988 年初，国务院批准了这个报告。

李鹏考察中科院禹城试验站

现在对"揭开了黄淮海平原农业综合开发的序幕"的时间有两种说

1988 年 5 月国务院秘书长陈俊生（居中戴眼镜者）视察中科院禹城试验站

法，一种是以国务院批准报告的时间为准，一种是以李鹏总理视察为准。过程是这样的：给中央报告以后，当时的国务院秘书长陈俊生亲自到山东禹城考察，实际上就是看我们中科院在那里的试验站。陈俊生是笔杆子，考察后就给国务院写了一个报告，题目是《从禹城经验看黄淮海平原开发的路子》。我们认为"黄淮海平原农业综合开发揭开序幕"，应是以1988年6月李鹏总理一行视察山东禹城为准的。

当时的总理李鹏看到陈俊生的报告后很重视。6月份，李鹏总理亲自率领一个代表团，到山东禹城考察中科院禹城试验站。代表团成员都是农林口负责人，他们大多数都是副部长级以上领导。李振声副院长是以代表团成员的身份参加的。

国务院领导要来，我带先遣队到禹城做准备。那时的路还是坑坑洼洼的。禹城只有一个3层的宾馆，还是用世界银行贷款建设的。其他的就是县招待所，一排一排的平房。我们住在招待所，任务就是把李鹏总理一行要看的地方先看一遍。那是"清水泼街，黄土垫道"呀！把要去看的点布置一下，道路平一平。我们后来才知道，宾馆的服务员全部是从济南调来的，一人发一个小徽章，没有那个徽章就不能进宾馆。周光召院长、胡启恒副院长也先到了。光召同志是中央委员，安排在宾馆里了。启恒同志就没有安排。我们想这样不合适，就去找有关方面交涉。启恒同志还不让我们去说，她人挺随和的，说就跟我们一起住招待所。后来还是把启恒同志安排在宾馆了。

李鹏一行在禹城参观了中科院试验站和"一片三洼"之后，又参观了试验站的试验场地。在那儿还闹了一个笑话。当时正在给李鹏介绍怎么排水，结果拿管子那个人不知怎么搞的，把水管子里的水滋到李鹏身上了。当时把我们吓得够呛。警卫马上就过来了。李鹏当时一乐，说："不挺凉

1988 年 6 月，李鹏总理考察中科院禹城试验站。前排左起：李振声、周光召、李鹏、山东省委副书记陆懋曾。后排左起：1 左大康、3 刘安国、4 李宝贵（禹城县县长）
（原载《德州经济研究——禹城县黄淮海平原农业开发专辑》1988 年第三期）

快吗？天挺热。没关系。"这样大家就都轻松了。

李鹏一行考察完后举行了座谈会，我没有参加。陈俊生召开的座谈会，李振声副院长、山东省委书记和省长参加了，我也参加了。当时禹城县的领导说了一句非常公道的话："如果没有科学院在这儿的帮忙，就没有今天的禹城。"我认为这是比较尊重历史的。这不是因为我是科学院的人我才这样说。因为我们科学院从 50 年代开始，就在禹城建试验站了，就有科学家在那里工作，进行盐碱地的治理，已经取得了很好的成绩，为后来"黄淮海战役"的成功打下了坚实的基础。

"黄淮海战役"开始以后，我们陆续组织了两次记者团去禹城采访。报纸上也经常报道禹城的事。

现在，禹城市里不是宽街道就是广场，盖了高楼，根本就不是过去农村的模样儿了。走得离城再远一点儿，能看见一排一排的猪舍，一排一排的果树，那才是到村儿了。禹城依托中科院微生物所的技术，开发了功能糖产业，目前年综合产能 90 万吨，产销量占国内市场 80%，国际市场 25%。

所以，我们说黄淮海平原农业综合开发揭开序幕是以 1988 年 6 月李鹏总理一行视察山东禹城为准的。

1988 年 5 月李振声副院长在河南省封丘县考察中科院南京土壤所盐碱地改良试验区。左起：吴长惠（农业项目办副主任）、李继云（遗传所专家）、×××、蒋秀珍（南京土壤所科技处）、卢震（农业项目办）、刘安国、李振声、洪亮（农业项目办）、苗主任（河南新乡县农业综合开发办公室）、常副厅长（河南省农业厅）、×××、赵其国、俞仁培（南京土壤所专家）

谋略、布局与政策

李振声的人品和智慧

我特别要提出的是李振声副院长的人品和智慧。因为他是整个"黄淮海战役"中谋略、布局与政策的决策者之一，是功不可没的。我举个例子：中国科学院跟农业部和中国农业科学院一直有矛盾。这是历史渊源，也许是因为专业相近吧。但是在李振声副院长主持了农业工作以后，矛盾弱化了。这跟李振声副院长的人品有关系。他是很客观的，认为农业领域的工作主要还是农业部做，中科院只能做其中的某一部分。比如说大量的育种、常规的育种，就不是中科院的优势。但是其中某一个品种，或者中科院采用了新技术，那是另外一回事。农口的人对李振声副院长非常尊重。他们有事都去找他咨询。所以在黄淮海平原农业综合开发工作中和农口的关系没有那么紧张。2007 年，李振声副院长获得了国家最高科学技术奖，农业部的支持是很重要的。

李振声副院长也是很懂政治的。李鹏总理到山东视察时，省领导都来了，李鹏总理走了之后省里要开誓师大会。李振声副院长给山东省领导建议，说虽然这是农业生产问题，原本省长来就可以了，但是省委书记也必须到位。如果省委书记到位，地市县的一把手谁也不敢不来。意思是什么呢？就是誓师大会的精神不用再传达了，回去直接贯彻。李振声副院长在农村待过，他懂得这套程序。事实果然如此，第一把手都来了，落实直接到位了，整个山东就动起来了。

建立聊城工作站

山东我们抓了两个点。禹城是原来的点，以后我们又扩大到聊城，在聊城成立了工作站，聊城把党校的一部分房子提供给我们使用。聊城跟禹城挨得比较近，我们有些技术就转移过去了。我就是在那里结识了现在的新疆维吾尔自治区党委书记王乐泉（2010 年调任中央政法委副书记），那时他是聊城地委书记。他当过学校的老师、山东团委书记，到聊城实际上是锻炼，准备提拔他。年龄小我五六岁吧，人很豪爽。山东人待客热情，一定要喝酒，而我根本不喝酒。有一次跟我同去的一位女同志酒量很大。这位女同志把玻璃杯往那儿一放，说，你们说喝多少，倒吧！山东人一看，吓坏了，说这人胆儿也太大了。我就在旁边说："她喝多少酒都没事，跟喝水一样，到嗓子眼辣一下，从来没有醉过，随便喝！"王乐泉乐了，说："得得得，咱们随便吧。"

"拨"改"贷"

对黄淮海平原农业综合开发项目投入的资金是非常明确的。国家计委给了 1 000 万元，那时 1 000 万元不得了了。中科院配套出资 1 000 万元，所以当时我手里的钱是 2 000 万元。当时思想解放，要搞农业综合开发和科学研究，能不能把这笔钱的一部分变成贷款使用呢？当时决定把国家计委拨付的 1 000 万元划转到"国家经委、中科院科技促进经济发展基金会"，委托基金会以贷款形式发放。基金会负责贷款项目审查，具体办理借、还款手续。农业办公室没有决定权，只能推荐。总的目的是希望能把项目做活，资金滚动使用。结果这个试验不成功。我认为一来是基金会没给我们管好这笔钱，二来是贷出去的款借款人也不还。借款的人跟我都很熟，好多人的心态是看你把我怎么样吧？反正我没钱还你。我们累得够呛，赚钱却很难。考虑到当时的各种环境因素，我专门写报告给院长，把借贷给平了。反正活儿也干了，原来就是拨款，也就算了。不过也有表现好的课题组，把钱还回来了。

那时的银行贷款从程序上讲也是允许的，只要说是搞农业综合开发就可以。中科院和农业部联合，每年从银行申请 5 000 万元的贷款。其中中国科学院有 2 500 万元，中国农业科学院有 2 500 万元。

国务院和地方都成立了相应机构

黄淮海平原农业综合开发正式启动之前，国务院成立了"农业综合开发领导小组"。李振声副院长是领导小组成员。组长是陈俊生。领导小组成员都是国家管钱、管水、管农等部委的领导人。成立领导小组不是我们建议的，但是我们建议要搞黄淮海平原农业综合开发，需要方方面面的配合，所以必须有一个高层次的班子协调各方面的关系，所以才成立了这样一个领导班子。这样一来，每个省都组建了农业开发办公室，黄淮海工作才得到了各方面的配合与支持。

我们和当地政府的关系也是非常好的。有一个故事：我到下面跑来跑去都是靠我的专车，车身上印着"中国科学院"5 个大字。有一次司机违规，交警把车扣住了。我的司机比较"鬼"，他一个电话就打到试验站去了。试验站的人马上给公安局打了一个电话。车立刻被放了不说，那扣车的警察还被批评了一顿。后来我紧着跟人家道歉，公安局说这个越野车，谁也不能扣。当地人都认识这辆车。这个例子说明当地人对科学院的感情是发自内心的。

制定特殊政策

黄淮海平原农业综合开发拉开序幕后，中科院集中了精兵强将，有三四百人。说他们是精兵强将，是因为他们在研究所里都是业务上的明白人，不是草包架秧子。他们分别来自于中科院地理所、南京地理与湖泊所、南京土壤所、兰州沙漠所、长沙农业现代化所、长春应用化学所等中科院的科研单位。从1988年开始，他们就集中在河南封丘、河北南皮、山东禹城三个试验站开展工作了。

为了鼓励科研人员安心在黄淮海地区工作，我们制定了两项政策，现在想起来都是比较得意的。一项是到黄淮海地区的野外补助，比其他地区的野外补助高；一项是人事局当时评聘高级技术职称，黄淮海项目指标单列。各所职称评定后资格在我这里的专家组通过。当时这两项政策起了很好的作用，鼓励科研人员留在黄淮海地区奋斗。因为搞黄淮海项目可能论文就写得少了。我们要求必须有论文，因为你是在科学院工作，但是你也必须在应用方面做出成绩来，否则是评不上职称的。同时，我们还创造各种条件，如举办研讨会等，鼓励和帮助科技人员，特别是年轻科技人员出版论文集和有关专著等。

1991年12月中科院农业项目管理办公室荣获中国科学院"七五"重大科研任务先进工作集体奖。办公室主任：刘安国；副主任：吴长惠、韩存志、王燕；工作人员：王青怡、洪亮、孙永溪、卢震

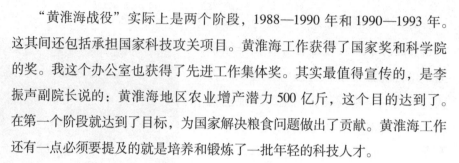

　　"黄淮海战役"实际上是两个阶段，1988—1990 年和 1990—1993 年。这其间还包括承担国家科技攻关项目。黄淮海工作获得了国家奖和科学院的奖。我这个办公室也获得了先进工作集体奖。其实最值得宣传的，是李振声副院长说的：黄淮海地区农业增产潜力 500 亿斤，这个目的达到了。在第一个阶段就达到了目标，为国家解决粮食问题做出了贡献。黄淮海工作还有一点必须要提及的就是培养和锻炼了一批年轻的科技人才。

　　"黄淮海战役"让我刻骨铭心，始终激励着我。

禹城篇

1 禹城农业科技工作的两个阶段

许越先　口述

时间：2009 年 2 月 3 日下午，2010 年 3 月 15 日

地点：中国农业科学院图书馆楼 115 室

受访人简介

　　许越先（1940—　），原中国农业科学院副院长、研究员。1964 年毕业于南京大学地理系，同年分配到中国科学院地理研究所。曾任地理研究所副所长，1995 年调任中国农科院副院长。长期从事区域农业和农业水资源研究，从上世纪 60 年代开始，对黄淮海平原旱涝碱治理、中低产田改造和区域农业发展，从点到面进行 30 多年多方位研究，取得一些有价值的研究成果。近 10 多年，对全国区域农业结构、区域

农业集成创新和现代农业科技示范园的建设与发展开展研究，为国家有关主管部门提供了一些咨询意见。主要著作有《黄淮海平原农业自然资源开发》《节水农业研究》《土壤盐分的水迁移运动及其控制》《现代农业科技示范园：区域农业集成创新的平台》等。以上研究工作，曾获国家科技进步二等奖（1986）、中国科学院科技进步二等奖（1986）、第三世界科学院农业奖（1993）、北京市科技进步二等奖（2003）等。

黄淮海平原旱涝盐碱风沙的治理及区域农业发展，是我国改造自然、发展生产取得的举世瞩目的伟大成就，是将科技成果转化为现实生产力、科技行为转变提升为政府行为，进行区域农业开发的成功案例；是科技工作者群体长期深入实际，艰苦奋斗，多部门、多学科联合攻关的创举；把在50年以前还是靠吃国家救济粮的贫穷落后的黄淮海平原，变成了国家最大的农业商品粮基地，把原来南粮北调最大的粮食供给区，变为北粮南运重要的粮食调出区。这一奇迹般的历史变化，蕴涵着几代科学家的心血和智慧。在长期工作实践中形成的"黄淮海精神"，是科技工作者的一种献身精神，也是中华民族伟大复兴历程中凝聚成的民族精神。在这个过程中，发生了许许多多动人的故事，值得回味，值得记忆，值得深思，值得传颂。

中国科学院开展的黄淮海农业科技工作，可分为两个大的阶段。第一阶段，从上世纪60年代中期到80年代中期，主要进行中低产田治理，是试验示范研究成果积累的阶段。第二阶段，从1987年下半年到1993年，农业"黄淮海战役"全面展开，是将点上经验向面上推广，将科技成果转化为现实生产力，取得宏观规模效益的阶段。两个阶段的工作我都全程参加了。

我先从第一阶段谈起。

从禹城旱涝碱综合治理实验区到"一片三洼"科技攻关

多灾缺粮的黄淮海平原拖了国民经济发展的后腿

黄淮海平原是黄河、海河和淮河三条河流冲积形成的大平原，涉及冀鲁豫苏皖京津 7 省市的 339 个县（市），总面积 37 万平方公里，耕地面积 2.9 亿亩，是国家的心腹之地。20 世纪五六十年代，区内有盐碱地 3 000 万亩，风沙地 3 000 万亩，旱涝瘠薄地 4 000 万亩，每年都有大面积耕地绝收，保收年粮食亩产也只有几十斤。农民种的粮食不能自给，国家每年都要从南方调运大批粮食，发放给农民以维持生存底线，这种"返销粮"，农民叫"救济粮"。黄淮海平原多灾缺粮的局面，拖了国民经济发展的后腿，国家决心要治理这片土地，扭转南粮北调的局面，其中一项重要举措是引导科技工作者投身到黄淮海治理的实际工作中来，中国科学院地理研究所就是其中一支非常活跃的力量。

一百单七将参加禹城抗旱

1964 年我从南京大学地理系毕业后，被分配到中国科学院地理研究所水文研究室工作。当时国家规定新毕业的大学生都要到农村参加一年的"四清"运动和劳动锻炼。

在寿县一年的"四清"运动和劳动锻炼于 1965 年 10 月结束。刚回到北京，领导就把我派到山东德州，参加"德州地区旱涝碱综合治理区划"

的总结工作。这项工作从4月份开始，前几个月是野外考察和调研分析，其中地理所18人，其他是地方的科技人员，由地理所自然地理研究室副主任汪安球带队。工作目的是在认识自然的基础上，提出治理区划，为改造旱涝盐碱等自然灾害提供科学依据，在黄淮海平原树立一个样板。

"德州区划"总结工作完成后，汪安球先生让我和王明远同志负责总结报告的印刷校对工作，直到1966年2月下旬，通知我回所准备参加北方14省抗旱工作团的工作。

从1965年冬天起，北方14省连续几个月发生大旱。当时周恩来总理亲自部署，从中央和国家机关抽调人员，组成抗旱工作团，分别到各省支援抗旱工作。山东省工作团团长是林乎加同志，后来任北京市委书记、农牧渔业部部长。副组长是范长江同志，时任国家科委副主任。我于1966年2月27日从德州回到北京，3月1日乘快车前往禹城，400公里路，当时的快车竟用了7个多小时。参加禹城抗旱的共107人，比《水浒传》108将少1人，大家戏称107将。这支队伍以中国科学院和国家科协为主，由范长江同志亲自挂帅，地理所尉传英副书记等人参与领导，汪安球和遗传所余渊波同志参与业务指导。

当时的禹城县城距火车站7华里，我们到禹城后先在县城集中一段时间，动员、学习和劳动，然后分组下到各生产队（村）去，深入调研。到5月初，各组回到县城，进行整训。在县城时，我和地质所陈墨香同志等4人住在招待所的平房里。3月8日早晨突然感到剧烈摇晃，我们顾不得穿衣服跑到门外，后来才知道是河北邢台发生地震。

破禹城

20世纪60年代，整个黄淮海平原都很贫困，禹城由于水灾更为频繁，比周围几个县更加困难，因此，我们一到禹城就听到"金高唐，银夏津，破禹城，烂陵县"的说法。还听到传说中大禹在这里指导治水的故事，老县城城墙的一块石头上有文字记载，县城西北 8 公里的一块高地上有纪念大禹的禹王亭遗址。现在遗址上已建成宏伟的禹王殿和新禹王亭。

"破禹城"这个称呼，我们在工作过程中深有体会。有一次在考察路上看到一个村子破破烂烂，村边农田都荒着，村里也没有人烟，问县里同志，他们说因为生活困难，整个村子的人都到东北去了，是又一次"闯关东"。据介绍，在实验区里这样的"空心村"有七八个。还有一次在外边考察回来晚了，在禹城车站附近一家小餐馆用餐，吃饭的人还没有讨饭的人多。我们吃着吃着就有两个讨饭的小姑娘突然向我们碗里吐了两口唾沫。饭，我们就不能吃了，她们就拿去吃了。

一天考察时，在徒骇河河堤上看到一个奇怪的事情：远远看见一群人抬着一顶花轿，等走近看轿下还有一口棺材，我越看越纳闷，轿子和棺材这两个不相容的东西怎么会放在一起呢？若是婚嫁却没有陪嫁，若是送葬却没人戴孝，也没有哭声。我问村民，他们说这是"办鬼亲"，是禹城一带的民俗。凡未婚男女去世，无论相差时间多久，若死去男女两家愿意，将女方尸骨放在男方坟里，也就在阴间完成了婚事。他们说是"人间有办鬼亲，阴间有办人亲"。虽然这是迷信，但也看到人们对爱情的美好追求。

3 月下旬，抗旱工作团分组驻村劳动和调研，我们组共 5 位同志先后在七里铺村和魏寨村，住农民家里，跟社员群众同吃同住同劳动。在村子的一个月时间里，大部分是劳动，还有就是骑自行车出去考察。春天的禹城天天刮风，经常出现扬沙天气，劳动和考察一天后，我们是头昏脑涨，浑身酸软，嘴唇干燥。吃的是红薯面蒸的窝窝头，晚饭能有一个炒青菜，早、中两餐都是以咸菜为主。住的是炕，我们 5 个人挤在一个炕上。炕比较小，腿都伸不开，但也能睡得很香。对睡眠干扰最大的是房东的一窝鸡，这窝鸡就养在我们住的房子里，每天早晨4点多钟公鸡就开始鸣叫，总把我们早早叫醒。这期间生活艰苦，但我们都很乐观，觉得这样锻炼很有意义。

历史应铭记的两个人

第一个人是汪安球。

我参加"德州区划"工作总结时，第一次见到汪安球，他也就是40岁左右的年龄。从德州到禹城大半年的时间里，我一直在他的领导下工作，所以印象很深。他是一位思想活跃的学者，知识渊博而又没有架子，年轻人很愿意接近他。他的大脑像一本百科全书，随便问他一个地理、历史或社会问题，他都能对答如流。《红楼梦》他读了7遍，号称"半个红学家"。在"德州区划"结束时，他就计划选择禹城县作为深入治理改造盐碱地的一个点。他把这个想法向范长江同志汇报后，范长江同志采纳了他的意见，才把山东抗旱工作的基点放到禹城。很可惜，在"文化大革命"中，由于在深夜写大字报太疲劳，出现笔误，在大字报上写到被打倒的人的名字要打"×"，他把"×"打到领袖的名字上，被造反派揪斗，经不起折磨，在自家卫生间上吊自杀了。我认为禹城有今天，作为开创者，他功不可没。

第二个人是范长江。

范长江带着107人，到禹城南北庄"安营扎寨"，这个地方是他亲自选定的。他看着禹城县的地图说，南北庄在实验区的中心，不南不北，抗旱指挥部就设在这里。实验区的技术路线也是他亲自定的，就是采用巴基斯坦"井灌井排"的模式。他强调：实验区要用"实践"的"实"，不要用"试试看"的"试"。实验区技术路线确定后,如何启动?范长江向国家申报了 100 万元资金,这在当时是一个很大的数字,规划打 310 眼试验机井,打井的工作交给地质所陈墨香同志承担。打井后的第二年又遇到严重旱情,实验区外的玉米遍地枯黄,实验区内像沙漠中的"绿洲",取得丰收。政府和农民看到这个景象,建设实验区的信心更强了。

范长江同志和我们在一起共同战斗了几个月,跟我们一起调研,一起劳动,一起学习和座谈。在听一位同志关于学习群众经验的发言时,他插话说,群众经验是我国农业生产宝库中的丰厚财富,而现在我们把自己锁在外边,要找到一把打开这个宝库的钥匙,主要是要放下架子,甘当群众的小学生。还有一次给我们作报告,他再次号召我们到群众中去,认真学习群众经验,最后还发出豪迈的语言:"让黄淮海在我们脚下震荡!"

1966 年的夏天,"文化大革命"的风声越吹越紧,7 月份范长江同志便被单位的造反派叫回去参加运动,后来在河南确山"五七干校"投井自杀。1973 年我到确山"五七干校"劳动,还看到了那口井。2009 年 9 月 24 日,山东省农业开发办公室和德州市政府召开"山东省农业综合开发 20 周年纪念座谈会",我在发言时,其中很长一段话是回忆范长江同志当年在开创禹城实验区中的事迹。这些鲜为人知的事迹让同志们听了很感动,有的记者在会后又找我采访和了解。我真诚地希望历史不要忘记他。

禹城旱涝碱综合治理实验区的诞生

5 月底工作团领导研究决定以南北庄为中心,将石屯、伦镇、安仁 3 个公社交界的 130 平方公里范围内周边环河相对封闭的区域,划为实验区进行抗旱科学实验,范长江同志亲自定名为"禹城旱涝碱综合治理实验区"。130 平方公里的实验区内,有 13.9 万亩耕地,其中 11.5 万亩是盐碱地，一片一片白花花的，还有大量的红荆条。小麦地里缺苗很多，老乡说是因为在幼苗时就被碱死了，"不拿苗"。当然现在这些现象都看不到了，年轻人甚至不理解也想象不到了。当时的措施是施行"井灌井排"，就是通过打机井，抽水灌溉抗旱。抽水后降低了地下水位，等于用井来排地下水，腾出地下库容，增加土壤渗透能力，减少涝灾，一灌一排使表层土壤含盐量减轻，这就是"井灌井排"作用的基本原理。

在两个多月的时间里，大家分工负责，全部精力投入到实验区的规划和建设中，我和鲁北根治海河指挥部的同志都在水利组，负责实验区排涝水系的规划工作。后来在实验区的基础上，中国科学院和中国农科院分别建立了试验站。历经多年的建设和发展，成为改造中低产田的成功样板，成为培育一代又一代科学家的科学园地，也是我学术发展和成长的摇篮。

5月底到8月8日，我们陆续被撤回北京参加"文化大革命"。

"文革"期间实验区工作未停顿

1966 年 8 月，科技人员全部撤离禹城，回京参加"文化大革命"。之后在长达 10 年的时间里，禹城的领导虽然换过多次，但实验区的工作并没有因"文化大革命"完全停顿，同中国科学院的联系也没有中断。我在这期间又八到禹城，分别来修编排涝规划，论证引黄灌溉的作用和影响，以及推广我们另一个课题"土面增温剂"的应用工作。每来禹城一次，就能看到禹城大地的可喜变化。使我深为感动的一件事，是一位年轻的农民刘同志，在实验区建设初期，跟着打井队做一些体力辅助工作，打井任务结束后，负责地下水位观测井的观测任务。全区有几十口观测井，每月上中下旬观测 3 次，可以领到 3 元钱的劳务费。"文化大革命"期间有五六年的时间，没有领导，也无劳务费，但他照常坚守岗位，坚持监测地下水，没有中断一次。1977 年 3 月，我第 8 次来禹城安排我的试验项目。他把监测记录拿给我看，我顿时对这位普通的农民生出由衷的敬佩。由于他无私的奉献和朴实的敬业精神，保持了观测数据的连续性，我们才能分析出地下水变化规律和土壤盐水变化关系，后来成为多篇学术论文引用的数据，从而为科学调控水盐动态提供了依据。

"文化大革命"期间，研究所体制有了大的调整，通过批判学科建所，把研究室全部打乱，按科研任务编成连队，军代表进驻，进行军事化管理。我当时在地理所二连八班，主要任务是研制和推广应用一种能代替地膜覆盖的"土面增温剂"，其中 1974 年到 1976 年在河南商丘地区的工作，由于地区生产指挥部领导的支持，成绩最为显著。后来我们又在禹城推广。

"文革"后的禹城实验区

1977 年，应禹城县科委的邀请，我们继续在禹城开展工作。9 月 23 日，我们下火车后，县里派一辆小车把我们接到招待所，安排在最好的房间。同 11 年前相比，禹城各个方面都发生了很大变化，县城已从老县城迁到火车站附近，建了新县城。在南北庄盖了几排平房和庭院，禹城县新成立的改碱指挥部就设在这里，常务副县长杨德泉负责指挥部工作。科委马逢庆主任是指挥部办公室主任，常驻南北庄。我们来到指挥部和马主任等人研究县里的要求和我们的想法，了解到实验区由于 300 多眼机井和排涝系统发挥了作用，农田林网基本形成，平整土地等农田基本建设也做得很好。实验区粮食亩产也由 11 年前的不到 100 斤提高到 800 斤。实验区的变化，令我们非常高兴，从而也增强了我们长期在这里工作的信心。

1979 年 3 月 25 日，山东省科委孙杰处长在杨德泉的陪同下来到实验区召开座谈会。参加座谈会的除地理所 3 位同志，还有中国农科院土肥所、山东省林科所和鲁北根治海河指挥部的几位同志，从 70 年代以后这些单位也陆续来实验区开展工作。孙处长在会上首先传达了全国科学大会后山东省科技工作的部署。他说禹城实验区和中国农大主持的河北曲周实验区，都已列入"人与生物圈"项目，对外开放。省科委刚结束的工作会议确定 521 个科研项目，其中重点 27 项，又突出攻克 9 项重中之重，禹城实验区是 27 项和 9 项的头一项。为此，他要求参加单位增加力量，共同努力，从高起点出发开展实验研究工作，省科委提供资金和条件。孙杰处长的话鼓舞人心。我在会上也发言，谈了地理所的设想。这个座谈会成为实验区发展历程中一个标志性会议。它标志着由工程治理为主的阶段转变为以联系生产实际进行试验研究为主的阶段。

座谈会后，各单位在一起开了两天论证项目的科研协作会。孙处长再次来到南北庄定下来 5 个项目：1. 实验区水盐运动规律与水盐平衡研究；2. 井沟结合排灌体系布局与标准研究；3. 土地合理利用、培肥地力研究；4. 农田林网改善农田生态系统研究；5. 高产稳产现代技术应用和样板田建设研究。其中第 1、2、5 项都有地理所的研究内容，特别是第一项是由我们牵头，为此在实验区渠道上布设了 7 个水文观测点，增设了 100 多个地下水观测孔和 20 多个土壤盐分取样点。地理所气候室的同志建立了水面蒸发站、气候观测站、观测地面气象梯度变化和遥感试验的观测塔。同年秋天地理所挂牌成立了"禹城综合试验站"。

孙杰处长来禹城座谈后，实验区的工作条件有了很大改善。在县"改碱指挥部"以南又盖了几排平房，专门给科研人员用。人数最多的是地理所，其次是农科院土肥所。土肥所也成立了"禹城改碱试验站"。

这一时期的工作条件虽有改善，但生活仍很艰苦。我们每次从北京到禹城都要背三个包，一个包是铺盖卷，一个包是文献资料，一个包是吃的东西，包括炸酱等。住下来后我们自己轮流做饭，到集市上买菜很便宜，鸡蛋两分钱一个。在日记里我还记载着跟卖鸡蛋的农村妇女讨价还价的故事。野外生活比机关生活艰苦，但生活在大自然环抱的生态环境里，田野、果园、树林、渠水，也给人以野趣的享受。

通过实验区 10 多年农业的快速发展和多学科的联合研究，便形成了治理旱涝碱的禹城模式，就是后来广为传播和推广的"井沟平肥林改" 6 个字。这是生产实践的结晶，也是科学实验的结晶，其实质是"综合"。长期以来农口和水利口从事盐碱土改良研究的专家，一直分成两个学派，一是生物学派，一是工程学派。禹城模式提出后，双方都接受综合治理的观点，两派争议渐渐销声匿迹。在这期间我发表了《禹城实验区土壤盐分变化及影响因素分析》《土壤盐分的水迁移运动及其控制》等论文，对禹城模式 6 个方面技术的作用及其综合效应进行了理论分析，解读了禹城模式的科学内涵，受到社会的关注。水利部南水北调办公室还把文章作为他们调水规划的附件，用以支持他们的结论。

在河北青县遭遇车祸

1981 年 11 月 16 日，地理所左大康所长带队，乘坐一辆巡洋舰越野车，赶赴禹城参加实验区成果鉴定会。当车刚开过河北青县，迎面过来一辆大卡车，后面紧随着的一辆微型小货车，在加速超越大卡车时，和我们的车相撞。小货车被撞解体，司机骨折，动弹不得。我们的车被撞后又前行了 7 米，向右侧翻在路上。左所长坐在副驾驶座，身上有擦伤，问题不大。我和张仁华两人在前排座位后面的工具车厢内，坐在马扎上，由于后面没有依靠，两手一直紧抓前面靠背，撞车时只觉得马扎急速向右滑落，一点伤也没受。最惨的是在我前面的唯一一排座位上的 4 个人，吴长惠、程维新、洪加琏和孟辉。翻车时左边三条汉子一齐挤压在孟辉身上，但她当时没见外伤，后来才知道内伤很严重。程维新撞得头破血流，十分吓人。吴长惠直嚷肋部和腰部疼痛难忍。我们从车里爬出来，把吴长惠、程维新两个重伤员扶在路旁，让他们坐下来休息。左所长安排我、孟辉、洪加琏 3 人陪吴、程两人前去沧州医院救治，并负责和禹城联系；左所长和司机等留在现场，负责和司机班联系。正好这时有辆大卡车经过，把我们 5 人连同对方重伤司机一起送到沧州人民医院。经医院检查，吴长惠 7 根肋骨骨折，程维新头部外伤，经处理包上纱布活像战场上的伤员。对方司机伤势最重，两腿骨折，鼻子下边穿个洞直到嘴巴。我们了解到他是济南服装二厂的职工，车上是他一人开车，无人照顾。我们都觉得救死扶伤应当不分单位，一视同仁，对他也要像对我们的人一样照顾。我和孟辉用担架抬着他在医院楼上楼下来回几次，把他在病房安顿好，并联系了他的单位。

在青县出事时大约是上午 11 时，一直忙到下午 5 点多，禹城来接的车赶到，大家才聚到一起用晚餐，互相慰勉："大难不死，必有后福。"饭后赶到禹城已是深夜。

在这次车祸中表现最突出的是孟辉，内伤最重的也是孟辉。她当时在资环局办公室负责成果管理，是吴长惠请她一起来禹城参加成果鉴定。在事故现场和医院里，她和男同志一样抬伤员，办理各种就诊手续，跑来跑去，不叫苦，不说累。我跟她是初次见面，她的表现使我十分敬佩。回到北京一个月后，她感到右臂和右身麻木，到医院检查才发现颈椎第三、四关节受损，到中医研究院等单位治疗，进展缓慢，到现在还有后遗症。

与黄淮海工作相关的三个项目

第一，南水北调研究。

南水北调有东、中、西三条输水路线。东线和中线的供水区都在黄淮海平原，上世纪50年代新乡灌溉研究所所长栗宗嵩就提出从长江调水解决华北缺水的问题，70年代水利部正式开展南水北调规划研究。国家给中国科学院下达了"南水北调对自然环境影响"的项目，具体由地理所左大康牵头，水文室刘昌明主任协助。在此之前，室领导刚刚决定让我担任水文室业务秘书，因此南水北调项目很多文字的起草和具体组织协调工作，都交给我来做。我也就成了南水北调的项目秘书。

1979年10月6日在禹城县宾馆召开项目协作会，参加会议的有来自中科院系统、水利系统、农业系统等10多个单位的60多人，会议落实了13个课题。

1980年10月，联合国大学9位专家，在联合国环境规划署比斯瓦斯教授带领下来到北京，同地理所组成联合考察团考察研究南水北调对沿线自然环境的影响。8日从北京出发，先沿中线由北向南考察河北、河南和湖北三省沿线地区，地理所提供一辆小卡车（外国专家都带很大的旅行箱，卡车是放箱包用的），还有两辆面包车和一辆越野车，沿线考察了石家庄、新乡、郑州、南阳、丹江口、武汉等地。从武汉坐船转到南京，再乘汽车沿东线由南往北考察江苏、山东、天津，在扬州、江都、淮安、徐州、济宁、禹城、沧州、天津大港等地，考察历经21天换了19个宾馆，对沿线自然、经济、社会、环境等问题作了全面了解。考察结束后，在北京联合举办了"南水北调对自然环境影响研讨会"。研讨会论文编辑成《远距离调水》中英文两个版本出版。国家有关部门透露，东线调水工程将于2014年全面建成通水，我们的研究成果为处理调水的环境问题曾提供过重要依据。

第二，"万亩方"。

1981 年我国开始实施发展国民经济的第六个五年计划。"六五"科技攻关计划中，有一项低产田区域治理项目。1982 年 3 月 30 日，左大康所长召集地理所有关室主任和黄淮海研究的有关同志 20 多人开座谈会，讨论能不能承担这个项目。他说："区域治理这个项目是国家计委、经委、科委联合下达的攻关项目，由院内外有关单位共同承担，院内由地学部和生物学部负责，而地学部布置给地理所承担。具体任务就是在禹城和封丘实验区各划出 1 万亩耕地，投入先进实用农业技术，进行农业高产攻关，这项任务简称'万亩方'。"在一定面积农田里投入硬技术发展生产，这在地理所历史上从未做过。左所长在主持会议的讲话中有点为难，他希望大家发表意见。会上讨论热烈，争议很大，多数人对项目没有信心。会议快结束前我作了发言，大概意思是：中国科学院很多研究所在黄淮海地区做了大量研究工作，是成龙配套的，现在国家要我们在禹城和封丘搞两个"万亩方"，我们应该以积极的态度承担下来。两个"万亩方"好像两只眼睛，对中科院在黄淮海的总体工作能起到"画龙点睛"的作用。这个发言扭转了会议的消极气氛，得到同志们的共鸣。左所长很兴奋，当即决策组织力量承担下来。经过 3 年紧张的工作，攻关任务完成得很好。

从"六五"开始，以后的几个五年计划都有中低产田区域治理项目。由于"六五""万亩方"攻关取得很好的成果，"七五"攻关便大胆地承担了"一片三洼"这个更为艰巨的任务了。

第三，"一片三洼"。

"一片三洼"是指原实验区 13.9 万亩的一大片和另外的三个荒洼地，包括历史上遗留下来从未种过庄稼的重盐碱荒洼北丘洼、由大大小小的沙丘连片形成的沙河洼以及长期内涝积水的低湿地辛店洼。"三洼"代表风沙、盐碱和涝洼制约生产的三个类型。"一片"代表黄淮海地区大面积的中低产地。"一片三洼"通过科技攻关能够治理好，发展好，就会给黄淮海农业发展提供最有说服力的样板。这就是为什么李振声副院长来禹城调研后，很快提出把点上的科技成果往面上推广的原因，也就是国务院陈俊生秘书长来禹城调研后写出《从禹城经验看黄淮海平原开发的路子》长篇报告的依据。

"一片三洼"由地理所程维新总主持，地理所张兴权、兰州沙漠所高安和南京地理所庄大栋分别负责"三洼"工作。这项工作情况可以访谈他们，我就不多说了。

从禹城实验区到"万亩方"到"一片三洼"，虽然有科研单位和地方政府的结合，但仍以科技行为为主，虽然积累了大量用于生产的研究成果，但只能作为实验研究链条上的一个环节，科研人员无力进行大面积推广。李振声、陈俊生等高级领导以敏锐的眼光，发现了这个问题，通过他们影响中央政府的决策，才催生了1988年区域农业综合开发国家计划。这项计划一直到现在还在实施，对我国农业的发展起了不可替代的作用。我认为从禹城这个案例中能看到科技行为转变提升为政府行为的过程，也就是过去常说的科研要走在经济建设的前面，现在所说的科技引领发展的道理。

中科院农业科技"黄淮海战役"打响

农业科技"黄淮海战役"的酝酿和准备

1987 年 10 月初,李振声副院长参加中国科学院河南封丘试验站开放会议,同省市领导研究把封丘经验推广到面上的问题。之后又到禹城调研,看到 60 年代开始治理的 13.9 万亩低产地建成中高产地的巨大变化,又考察了"一片三洼"。李副院长调研后认为禹城"一片三洼"的治理在黄淮海地区更具典型性,更应该把治理经验往面上推广。

1985 年 2 月,地理所任命我为科研业务处处长,1987 年 3 月中国科学院任命我为地理所副所长,院所和省地县的大部分决策我都参加了。1987 年 11 月 23 日至 26 日,地理所、兰州沙漠所、南京地理所的有关同志专程到禹城和县领导共同研究提出了"将禹城试区经验推广到全县的初步意见"。山东省科委何宗贵主任在讨论中发表了重要意见。12 月 4 日,地理所左大康所长亲自到禹城为李副院长和山东省领导来禹城做准备。12 月 7 日至 8 日,李振声副院长、李松华、罗焕炎、左大康等和山东省委陆懋曾副书记,省科委何宗贵主任,德州地委马宗才书记、王久祜副专员,在禹城召开院、所、省、地、县五方领导协商会,决定把禹城经验推广到德州地区。12 月 14 日至 16 日,我和唐登银、程维新、胡朝炳同志,到德州和地区有关同志组成联合工作组,起草了《将禹城经验推广到德州地区》的请示报告。12 月 18 日,时任山东省常务副省长的马忠臣同志听取了德州地委的汇报,认为这是一项战略性措施,符合山东省的需要。他提出再形成三个文件：（1）禹城试区经验介绍，（2）德州行署向省政府和中科院的报告，（3）山东省和中科院向田纪云副总理的报告。联合起草工作小组紧接着于 12 月 19 日至 21 日，夜以继日地工作，完成了上述三个文件的起草。按马副省长的要求，呈田副总理的报告中将原计划向德州地区推广扩大到鲁北德州、聊城、菏泽、惠民、东营 5 个地（市）。

田纪云副总理的讲话成为黄淮海工作的重要指导思想

1988 年 1 月 6 日，山东省政府朱启明顾问和德州地区领导，来京向李振声副院长转达了山东省领导和中科院领导一起向田纪云副总理汇报的意愿，李振声副院长向他们传达了 1 月 4 日田副总理接见周、李二位院领导的讲话要点，包括同意中科院和地方政府共同承担黄淮海农业科技开发的意见。

李振声副院长所传达的田纪云副总理的讲话，其重点和实质是什么？讲话给中科院的农业科技工作发出什么样的讯息呢？大概意思是：首先分析了全国农业发展面临的严峻形势，就是在 1985 年前连续几年的快速增长后，粮食生产进入连续 3 年的"停滞不前、稳而不增"的局面，给国民经济发展带来明显影响。改变这种局面，只能采取积极措施，一靠政策、二靠科技、三靠投入，开创出农业发展的新局面，争取到 2000 年全国粮食产量达到 1 万亿斤。田副总理进一步指出："政策和科技潜力不可估量，看能否把潜力挖出来。"如何挖掘科技的潜力？他明确提出"农业开发与基地建设"的意见，国家重点抓东北的三江平原和黄淮海平原两大片。三江平原重点是荒地开发，黄淮海平原重点是中低产田治理开发，要按项目一片一片开发，建设几个商品粮基地。要把建设项目的土地占用费全部用于农业的土地开发，为了用好这笔资金，国家成立农业开发基金会，田副总理亲自任理事长，陈俊生同志任秘书长，李振声副院长参加基金会。黄淮海的农业开发，希望中科院、农大、农科院积极承担，要把成熟的技术经验大面积推广应用，转化为现实生产力。周光召院长当即向田副总理请战，要投入力量开辟黄淮海农业科技主战场。田副总理表示，要请战就下决心干一片。现在回想起来，周光召院长、李振声副院长1月4日向田副总理的汇报和请战，田副总理的讲话，成为中科院"黄淮海战役"重要的指导思想。我们在山东省各地考察和建立试区的过程中，对田副总理讲话都作了再转达。

中科院农业科技"黄淮海战役"揭开序幕

1988年1月15日至18日，中国科学院在北京召开"黄淮海中低产田综合开发治理研讨会"，参加会议的有25个研究所和院部11个局（办）的有关人员97人。周光召院长，孙鸿烈、李振声副院长等院领导出席会议并在会上讲话，邀请时任中央农村政策研究室主任杜润生、国家计委副主任张寿到会作报告。地理所、南京土壤所、石家庄农业现代化所、南京地理所在会上介绍了山东、河南、河北和淮北地区中低产地区治理开发的初步设想，另有20个单位作了专题发言。会议经过研讨，表示一定按照中央要求和院的部署，通过5至8年努力，在治理开发中低产田基础上，完成增产100亿斤粮食的硬任务，大家决心要把这场硬仗作为新的"淮海战役"来打。

会议在对黄淮海工作进行动员的同时，也作了具体部署：冀、鲁、豫、皖部分地区的78个县（市），8 000多万亩中低产田开发的地区，定为5区、3市、4县。其目标是通过6~8年的科技开发，新增100亿斤粮食。5区包括德州、惠民、聊城、菏泽、沧州地区；3市包括新乡、濮阳、东营；4 县包括亳县、涡阳、蒙城、怀远等。地理所牵头组织 13 个所 150 人，承担山东工作区德州、惠民、聊城、菏泽、东营 5 个地（市）的任务。南京土壤所牵头组织 13 个所 190 人，承担河南工作区新乡、濮阳 2 个地（市）的任务。石家庄农业现代化所牵头组织 12 个所 108 人，承担河北工作区沧州地区任务。南京地理所组织 6 个所 50 人，承担安徽工作区淮北 4 县的任务。上述 4 个工作区域以山东、河南为重点，4 区域负责人又被戏称为 4 个"司令"，我为山东工作区的"司令"。1988 年是我的本命年（48 岁），参加黄淮海工作的大都是跟我年龄差不多、60 年代的大学毕业生。

2 月 22 日《人民日报》和《科技日报》分别在头版头条发表文章，题为《农业科技"黄淮海战役"将揭序幕——中国科学院决定投入精兵强将打翻身仗》。这时才把最初借用的"黄淮海战役"更为准确地表述为中国科学院农业科技"黄淮海战役"。

在 1 月 15 日院黄淮海会议之前，地理所就已明确了自己的任务，成立了黄淮海工作领导组，有唐登银、黄荣金、程维新、李宝庆、凌美华、戴旭等同志，我任组长。为了让我把主要精力放在主持黄淮海工作上，所领导研究决定把我在所内分管的工作全部交给别人。全院黄淮海会议后，山东片的工作立即行动起来。

科学技术与生产见面会

我们接受任务后，内心充满激情。要扎实向前推进，首先要弄清院内各所能拿出什么技术成果，地方县乡等基层单位对农业科技有哪些需求。这个问题我一直在脑中琢磨。恰好 2 月 9 日德州行署王久祜副专员和地委农村工作部董昭合部长一行来地理所商量工作。大家一见面立刻激活了一个创意，就是开见面会——科学技术与生产见面会。这个创意形成后，我很兴奋，并拉着唐登银同志，晚上到王、董住的宾馆，专门研究这个问题。他们听了十分高兴，当场商定：①由中国科学院地理研究所和德州地区行署联合主办；②会议日期定于2月26日至29日，会议地点在德州市；③会议内容主要是地县领导和涉农企业介绍情况和技术需求，研究单位介绍适用技术，双方在会上对接洽谈；④参加人员是中科院有关所和德州地直单位、县乡分管农业的领导，200人左右。我当场起草了会议通知，双方带回去向领导汇报。作为"序幕"后的第一场大戏的这个见面会，双方在一起商量和设计的时间不到一个钟头，会议通知不超过150字，我想这可能就是"战时"效率和作风吧。

2月26日至29日，科技与生产见面会在德州如期举行，李振声副院长和马忠臣副省长分别在大会上作了报告。虽然大家都未过完正月十五，但参会人员异常踊跃。中科院28个局、所的近百名科技人员到会，24人在大会上介绍了251项农业科技成果，地区、县乡原计划100人参加会议，结果猛增到600多人。德州的同志们兴奋地告诉我们，通常的会议越开人越少，而且会场内人声嘈杂，这次会却越开人越多，没有座位就站在走道上听，全场自始至终鸦雀无声，他们感到十分惊喜。白天听技术报告，晚上各县乡、企业领导就到各研究所的房间深入了解和洽谈合作意向，来洽谈的人从房内到走道排着长队等待见面。这种对科技的渴望和需求的场面，是科技人员从未见过的，他们也感到十分惊喜。

参会人员普遍认为会议开得成功，开得精彩，深受教育，深受鼓舞，进一步提高了对农业科技"黄淮海战役"决策的认识，开始找到了一条科技与生产相结合的改革路子，沟通了信息，增进了了解。通过双方共同努力，中科院有关所和德州地区13个县（市）达成协作意向354项，达成了在德州市、平原县、乐陵县、武城县、齐河县、夏津县建立 6 个新的治理开发试区的协议。会议还落实了中低产田开发的范围和面积，确立了组织领导体制。会议产生了广泛和深远的影响，河南、河北和安徽工作区也相继召开了这类会议。

2 月 26 日晚上接到通知，要我赶回北京参加田纪云副总理主持的黄淮海农业开发工作会。27 日凌晨 4 点半我乘所里的巡洋舰越野车出发，用了 7 个小时于中饭前赶到北京。会议下午 2 点开始，5 点钟结束。在会上田副总理重点讲黄淮海冀、鲁、豫、苏、皖五省都要分别制定农业开发规划、农村改革和农业开发政策，再次强调农业发展一靠政策、二靠科技、三靠投入，科研单位也要给些事业费等。杜润生同志和农、林、水、计委等部委领导也作了发言，中科院领导周光召、李振声以及钱迎倩、李松华、赵其国同志也参加了会议。散会后我立即返回德州，到达宾馆已是夜里 12 点。地理所左大康所长、邓飞书记，几个所参会的主要成员都未睡觉，等我回去传达会议精神。我把会议要点介绍了半个小时。应马忠臣副省长要求，3 月 29 日上午在董昭合部长陪同下专程到济南，向马副省长汇报了会议情况。

禹城农业开发大会战

见面会后，各县回去都传达了会议精神，禹城县还决定 3 月 8 日在沙河洼组织一次群众性的农业开发大会战。3 月 6 日晚上，李振声副院长给我打电话说，见面会各县带队的都是副县长，要真正把工作抓起来，必须有第一把手的重视，3 月 8 日禹城的大会战是很好的方式，已和山东省马副省长、陆懋曾书记商量好，都来参加大会战，下午就召开县党政一把手会议，进一步部署开发工作。他要我通知中科院科技人员全部参加会战和会议。

3 月 8 日上午，禹城县农田建设万人大会战在沙河洼和辛店洼轰轰烈烈地展开，李振声副院长、陆懋曾书记和马忠臣副省长，地区和各县书记、县长同大家一起劳动，场面十分壮观。

下午在禹城宾馆召开地县两个一把手

1988 年 3 月 8 日禹城农田建设大会战沙河洼现场，陆懋曾（左 1）、李振声（右 1）、许越先（右 2）和大家一起劳动

会议，再次对黄淮海开发作深入动员，部署了开发规划工作，要求一把手亲自抓，不等不靠，积极主动投入到开发中去。

山东工作区的工作部署

"黄淮海战役"总目标是把现有科技成果往面上推广，围绕这个目标和山东工作的任务，我们作了具体部署，提出"突出中间，带动两翼，点面结合，步步为营"的工作方针。德州地区处于 5 个地（市）中间，原有工作基础最好，作为重点放在工作的突出地位，采取多点示范，向外辐射的工作方式，向东带动惠民和东营，向西带动聊城和菏泽。在实施步骤上大致分为两个阶段，第一阶段：开发先行、打开局面、奠定基础；第二阶段：稳定队伍、专题深入、发展成果。第一年主要把德州、聊城、东营 3 个地（市）的工作开展起来，第二年再开展惠民、菏泽地区的工作。

1988 年第一年的工作取得了可喜成效，在 7 个县（包括禹城）建立了 9 个开发示范区，示范面积扩大到 3 000 亩，辐射推广面积 90 万亩。示范推广的技术成果 39 项，建立了 3 个工作站，派驻 4 个科技副县长，组织相关人员先后在 5 个地（市）、23 个县（市）全面考察和深入座谈，全院 13 个研究所 205 人进入主战场。

3 月 25 日至 4 月 4 日，我带队分别考察了乐陵、平原、齐河、武城 4 县，并同县领导商定选点建立示范区的具体事宜。首先到乐陵县，考察了沙荒地、涝洼地和枣粮间作 3 个类型。乐陵小枣中外闻名，肉厚、核小、病果少。十几万亩枣粮间作农田非常壮观。县里同志介绍，在 60 年代困难时期全靠小枣营养，使枣区农民无人患肝炎病（当时各地肝炎病发病率极高）。县里还有一棵古树称唐枣，传说唐初罗成在此拴过马，说明这里种枣历史悠久。枣粮间作之所以经久不衰，据留在乐陵试区工作的同志介绍这有其科学道理，枣树根深、抗旱、发芽迟，不影响粮食作物生长。在每年 5 月干热风季节，有调节气温、防干热风效果。在经济上除粮食收入外，又增加枣树收入，因此是一种立体高效的种植方式。有一天考察时，我们又遇到风沙满天的天气。县里同志说，乐陵一带是抗日老区，原有很多树，都被日本鬼子伐光了，风沙危害很大。有一年，不到 10 岁的姐弟俩在田间玩，忽然吹来一阵风沙，看不见天日，姐姐拉着弟弟的手趴在一条田沟里，风沙越来越大，把这条田沟填平了，两个孩子被活活埋死在田沟里。这个悲惨的事件，足以说明风沙的危害之大。这次考察后，地理所气候室 4 位同志由叶芳德同志牵头，留下来在杨家乡和张家乡建立试区，开展风沙地利用和治理示范工作。

在平原县考察时跟县领导商定，选在尹屯乡重盐碱地建立示范区，由地理所董振国、于沪宁同志负责；在齐河县考察后，决定在安头乡建立试区进行中低产地开发示范，负责人为地理所的刘恩宝、巴音同志；到武城县考察时，长春地理所赵魁义专程前来参加考察，并和县领导商定在大屯乡重盐碱地建立示范区，由长春地理所赵魁义、富德义负责。

4个县考察部署之后，由地理所和兰州沙漠所分别在德州市（现在的德城区）的二屯乡和夏津县的双庙乡建立两个示范区，负责人分别是姜德华和赵兴梁同志。至此德州地区6个新试区基本落实启动。

从夏津县再看风沙危害

人们都知道我国西北地区有沙漠和风沙危害，但往往不明白在黄淮海平原地区也有大片沙丘危害。实际上这都是黄河惹的祸。黄河是中华民族的母亲河，但在一千多年的历史上，却改道9次，决口泛洪"三年两次"，影响范围北至卫河到天津，南至淮河中下游。最后一次改道发生在1855年，从河南铜瓦厢决口改道，由原来经皖苏北部"夺淮"入海的河道改为现在经鲁北东营市入海的河道。新中国成立后60年没有发生一次决口，确实是水利建设上的一大伟绩。黄河下游是"地上河"，堤内河床比堤外农田高五六米，决口和改道河流带着大量泥沙，一泻千里，留下多处沙带和沙丘，形成岗、坡、洼交错的微地貌，平原上是"大平小不平"。前面讲到的禹城、乐陵都有风沙地。当我到夏津县考察时感到这个县的风沙地貌类型最为典型。兰州沙漠所的同志在"见面会"后，就组织人员到夏津调研，并建立了示范区。我7月19日到夏津时，他们已作出规划和治理改造方案。夏津示范区赵兴梁先生向我们介绍说：夏津县有西沙河、东沙河、北沙河3条沙带，总面积28.6万亩，都属季风性风沙。他把3条沙带又分成若干小区，进行分类治理。他们工作细、进度快、治理措施科学有效，后来向省黄淮海农业开发办公室林书香主任汇报，被给予高度评价。赵先生已年近60，是一位非常专业也非常敬业的长者，大家都很尊重他。

我们现场考察3条沙带，由县政府张成道常务副县长陪同。我们看到大片沙丘地，只有稀疏的树木，附近的农田大都种棉花。张副县长说有些年份棉花得种3次才能定苗。一次两次播种后，一场大风一来，连土带棉籽被风吹跑，再接二连三地补种。他还说沙区刮风后房内也会落下一层沙，碗里、灶上、水里和食物上都有，一人一年要吃掉一块土坯那样多的沙子。我们看到一个村子已有半个村正被沙丘吞埋，只露出点房顶，老百姓不得不搬迁。还有一户住着人的房子，沙丘已移动到家门口并埋了半边墙，严重威胁着这家人的安全。张县长告诉我，像这样的村子全县有好几处。真是触目惊心！但也进一步激发我们快把黄淮海治理好的决心。

1995年，我调到农科院任副院长，那时中科院试验站已有3栋楼房，而农科院试验站还是在70年代的平房里办公。两个站工作条件反差太大。我在地理所时对这种差异习以为常，但调到农科院就感到羞愧了。我想改善站上的工作条件，就找张成道书记商量。张成道是位很有思想又能干实事的县领导，我到农科院工作时，他已升任为禹城县委书记。他非常热情和诚恳地对我说："许副院长，我们是老朋友，你的事就是我的事，而且农科院也支持禹城做了很多工作。禹城的财政虽不富裕，也要凑出钱来给农科院盖栋楼，但农科院也要象征性出点钱。"听了他的话我非常高兴，就把农科院和中科院的房屋设施拍成对比的照片，带到院党组会研究，虽然农科院经费紧张，但会议还是决定同意和地方共建这栋办公楼。这件事一直记在我心里，当然也记在农科院常年在试验站工作的同志们的心里。

在聊城地区考察调研

德州地区的工作基本部署到位后，我们应邀到聊城地区考察、座谈，商定联合开发事项。4月13日至21日我带领地理所、兰州沙漠所、南京地理所、长春地理所共15人，考察了全区8县（市）50个点，最后一天召开"黄淮海农业开发专题报告会"，我们6位同志在会上作了发言，聊城400余人参加了会议。这次会议实际上开成了聊城地区的科学技术与生产见面会。当时的聊城地委书记王乐泉同志在考察和报告会期间跟我们举行了两次座谈。

各县（市）都非常重视和热烈欢迎我们考察，每到一县都是县委书记、县长亲自迎接。冠县张书记说："全县有20万亩盐碱地、34万亩沙荒地，中央采取黄淮海开发的措施，全县人民都非常高兴，今后我们这种落后地区一定会加快发展。这是中央对我们的关怀，也是中科院对我们的关怀。"茌平县委徐书记一见面就激动地说："有人替农业说话我们感激不尽。老说农业是基础，基础不牢，上边的大厦也不会稳当，黄淮海综合开发，事关国家前途。过去常听说中科院考古发现多，引不起农民的兴趣，现在中科院出了明白人，替农民说话，这是全国农民的福。"各县都有类似张书记、徐书记这样的高度评价。从中可看出，当地人民对黄淮海开发的迫切要求，也可看到高层领导正确决策的民意基础。

陈俊生、李鹏相继视察禹城

1988年5月23日，陈俊生同志来禹城视察。下午2点我们在北京接到禹城县的通知，地理所派两辆车，院所8人连夜行车，到禹城已是凌晨3点。24日我们陪同陈俊生同志一行，看了试验站。他对站上开展蓄水、保水、水的运动规律研究很感兴趣，并说节水潜力很大。他下午考察"三洼"，晚上听取汇报，第二天召开座谈会。山东省赵志浩省长，李振声副院长都赶来参加会议。陈充分肯定中科院和禹城县的工作，对20多年来科研人员长期在野外，每年有八九个月在示范区工作的这种献身精神给予高度评价，提出要给科技人员发奖。

陈俊生同志回到北京，于 6 月 8 日完成了《从禹城经验看黄淮海平原开发的路子》长篇调研报告。6 月 11 日姚依林副总理批示："同意俊生同志的意见。"田纪云副总理批示："禹城的经验很好，报告所提建议也是可行的。"

6 月 17 日至 18 日，李鹏总理视察禹城，陈俊生秘书长、杜润生主任及 7 个部委领导同志陪同。周院长和振声、启恒副院长、左大康所长等也专程到禹城。山东省梁步庭、陆懋曾、姜春云等同志也来了。李鹏总理视察试验站看到蒸发试验和管道输水试验时，兴奋地说："华北缺水，要研究节水农业，中科院要写个报告给我，我给你们批。"他还为试验站题词："治碱、治沙、治涝，为发展农业生产作出新的贡献！"在视察沙河洼时题词："沙漠变绿洲，科技夺丰收"。第二天在禹城宾馆召开大会，李鹏总理在会上作报告，高度评价科研单位和地方政府的工作，指出"国家农业发展寄希望于黄淮海平原"，要建立资金和科技投入新机制，"要搞好节水农业"。

接到总理的批示后，院领导让我主持这个项目。我们组织 12 个研究所的 60 多位专家，设置 6 个课题 28 个专题，分别在山东禹城、聊城，河南封丘，河北南皮等试区，投入 8 套节水技术、5 个节水新材料、5 个抗旱作物新品种等适用技术进行试验示范，于是节水农业研究也成为黄淮海主战场的重要组成部分。现在节水农业越来越得到国家的重视，各单位开展了多方面的研究。李鹏总理批示的这个项目，是节水研究中起步较早的研究工作。

7 月 27 日，《国务院关于表彰奖励参加黄淮海平原农业开发实验的科技人员的决定》公布。地理所程维新获一等奖，左大康和我等 5 人获二等奖。程维新和其他单位获一等奖的 16 位同志一起应国务院邀请到北戴河度假。李鹏总理等中央领导接待了他们，并召开座谈会听取意见。田纪云副总理在会上作了《希望有更多的科技人员为农业的开发建设贡献智慧与力量》的重要讲话。16 位农业科技人员向全国科技人员发出《积极投身于黄淮海农业开发事业的倡议书》。11 月 26 日山东省召开表彰黄淮海平原农业开发优秀科技人员大会，中科院长期在山东驻点的 42 位科技人员分别被授予一、二等奖，左大康、我和程维新等获一等奖。

林书香拨款 100 万元

林书香时任山东省农业厅副厅长兼农业综合开发办公室主任（后任省计委主任、副省长），参加了中科院在山东的一系列活动，对我们的工作非常了解。1989 年 5 月，我在聊城位山灌区研究灌区管理项目时，接到他打来的电话："许所长，你们在山东做了大量工作，对我省农业综合开发起到重要引导和示范作用，请你把工作情况和需要的经费，写个简要报告给我。"接到这个电话我又兴奋了一阵，连夜写完申请 47.5 万元的报告，第二天亲自到济南向他报告。他听了情况，翻看一下报告内容，立刻说："你们的工作

许越先（右2）与国家开发办主任周清泉（右1）、山东省农业开发办主任刘玉升（右3）在一起

量很大，这 40 多万的经费是不够的，我给你 100 万元，分两期给你。"并交代当时在场的开发办刘玉升副主任办理（刘玉升后接任开发办主任，是我们重要的合作伙伴）。我觉得批准的科研经费比申报数多一倍，这是空前罕见的事，也说明他对我们工作的肯定。林的表态使我深为感动，也深记在心，这件事我经常讲给同志们听。

中央主要领导在中南海接见 27 位专家

中国科学院 1988 年工作会议期间，中央主要领导要在中南海接见中科院专家，院领导从有关研究所挑选 27 位专家到会，我和土壤所赵其国所长都在 27 人之列。接见地点在中南海怀仁堂小礼堂，11 月 8 日上午 9 时准时开始。中央常委和田纪云等领导同志到会。首先周光召院长一一介绍了 27 位专家的情况，并简要介绍了中科院的办院方针及一年来的主要成效。振声副院长重点汇报农业科技主战场情况，在谈到黄淮海和节水农业时，振声副院长两次要我插话补充。启恒副院长重点汇报高技术研发工作。中央主要领导最后作重要指示，共讲四点：一是肯定中科院一年来的工作成效，特别是在主战场上与生产相结合，有突破；二是谈形势；三是讲我国今后科技发展方向；四是讲在改革开放条件下要更好地发挥科技队伍优势。我觉得 27 位专家中，我和赵其国同志是作为黄淮海农业科技主战场的代表，会议的一个重要内容也是关于农业科技，再次说明中央对农业的重视。我坐在第二排中间温家宝同志旁边。他当时任中央办公厅主任，在会议正式开始前主动同我做了简短的交谈。

周光召院长在"黄淮海战役"启动一年后亲自到山东调研

1989 年 3 月初，我接到院里通知，院领导要到山东调研，要我参与陪同。3 月 6 日，我们乘坐一辆旅行面包车离京。我记得车上有周院长、李副院长、干部局张志林局长、办公厅葛能全副主任和刘安国、吴长惠、佟凤勤等同志。地理所录像组陈杰修同志随队录像。3 月 6 日下午到达第一站德州，

在项目区现场，许越先（右 1）向周光召院长（中）介绍情况

接着到武城、夏津、聊城、齐河，11 日到东营并召开黄淮海农业科技工作座谈会，然后到烟台和青岛调研其他领域的问题。周院长一路上和我们座谈时，对黄淮海工作充分肯定，并对下一步工作提出重要的指导意见。

"黄淮海战役"取得圆满成功

1993 年，我们承担国家农业开发办公室咨询研究项目"黄淮海平原农业综合开发深化方向"，要求在实地调研基础上，总结前 6 年的开发成效，为在 2000 年前进一步开发提供咨询建议。当时我带领课题组用了一个多月时间，在冀、鲁、豫、苏、皖 5 省 31 个地市进行全面考察，到 90 多个项目区进行深入调研，同省地县三级政府领导座谈讨论 60 多次，获得大量第一手资料，结合我们自己收集的有关文献，通过综合分析，提交了研究报告，取得很多重要结论。我们调研所到项目区，看到中低产田开发的路子，基本上都是应用禹城实验区"井沟平肥林改"的模式。当时我

们就感到，禹城经验已在黄淮海大面积推广，而科研成果的推广，只有将实验研究的科技行为转变为集成科技、资金和政策的政府行为才有可能。

前几天我又翻阅了我们的研究报告，发现田纪云副总理确定的到 2000 年全国粮食总产达到 1 万亿斤的目标，以及院领导向中央请战许诺的在 6~8 年内"黄淮海战役"涉及的 8 个地市新增 100 亿斤粮食，都提前超额实现。1988 年到 1993 年，黄淮海平原粮食总产由 864 亿公斤增加到 1 068 亿公斤，6 年增 204 亿公斤，增长 24%，农业综合开发项目区增 87 亿公斤，为全区粮食增产贡献 46%，而项目区耕地面积仅占全区 23%。1998 年全国粮食总产突破 1 万亿斤。

1992 年刘安国（左 1）、李振声（左 2）、许越先（左 3）在应邀考察澳大利亚农业科技时合影留念

中科院"黄淮海战役"主攻的德州、聊城、菏泽、惠民（滨州）、东营、新乡、濮阳、沧州 8 个地市和安徽 4 县，6 年新增粮食 111 亿斤，其中山东工作区共贡献 78 亿斤，德州贡献了 26 亿斤。亩产也有大幅度提高，年平均递增 34 斤，比黄淮海全区平均 18 斤高 16 斤。现在回过头来看看这些数据，中国科学院长期在黄淮海地区的实验研究工作，为提升区域农业综合生产能力和农业的全面发展做出了巨大贡献。中科院"黄淮海战役"取得重大胜利和圆满成功！

禹城模式、禹城经验、"黄淮海精神"

1996 年 8 月，禹城县召开"纪念禹城实验区创建三十周年大会"，我在会上作了《从禹城农业发展看科技的力量》的发言。由于 30 年来我亲身见证了禹城农业的巨大变化，又有面上研究的积累，而且又从中科院调入农科院，我觉得应当在一定高度上，以禹城为案例，把科技与生产、精神与物质等问题，从理论与实际的结合上讲讲自己的认识。我用 15 分钟简要地讲了 3 个问题：禹城模式、禹城经验和"黄淮海精神"。禹城模式就是前面讲的"井沟平肥林改"综合技术治理中低产田的模式，这个模式在黄淮海平原全面推广，为北方区域农业发展，扭转南粮北调局面做出了独特贡献。禹城经验比禹城模式具有更为丰富的内涵，除了科技研发，还包括多学科队伍的联合攻关，科技成果的多渠道转化，科技人员在政府的参政议政，科物政结合的科技承包，农业科技园区的创建，以及地方政府对科技强有力的支持等，其实质是科技与经济的紧密结合。禹城经验里蕴涵着两个基本内容。一是禹城人的科技意识；二是科技人员的"黄淮海精神"。"黄淮海精神"就是长期在艰苦环境下坚持农业科研及成果转化的刻苦精神，联合攻关团结奋斗的精神，为国家、为人民、为科学忘我献身的精神，在科学研究上孜孜不倦、持之以恒、勇于探索和创新的精神。禹城模式、禹城经验和"黄淮海精神"是我们的宝贵财富，充分体现了经济发展中的科技力量。

2002 年 11 月，学部联合办公室在广东中山市召开学风建设研讨会，当时负责学部办公室工作的孟辉同志，请李振声院士以"黄淮海精神"为主要内容准备一篇发言稿。李先生给我打电话，要我先起草，我很快赶写成《让"黄淮海精神"在新时期发扬光大》的稿子，把"黄淮海精神"的实质和具体表现作了进一步阐述，李先生作了部分修改，要我以两人的名义在会上发言，之后发言稿又被几个单位转载。

2009 年 9 月下旬，山东省农业开发办公室和德州市人民政府联合主办，在禹城召开纪念农业综合开发 20 周年座谈会。省开发办和德州市委、市政府主要领导及德州市各县有关部门同志参加，我、程维新、高安、欧阳竹和农科院许建新应邀作为嘉宾出席。我们都在会上作了发言，我通过回顾禹城实验区和"黄淮海战役"的历程，认为黄淮海农业综合开发治理的成功，贵在综合、贵在联合、贵在结合、贵在坚持。

感谢山东的同志没有忘记我们！

选择禹城作典型 2

唐登银　口述

时间：2008 年 8 月 6 日上午

地点：中国科学院地理科学与资源研究所唐登银办公室

受访人简介

唐登银（1938—　），中国科学院地理科学与资源研究所研究员。1959 年毕业于中山大学地理系。曾任中科院地理所副所长、中科院禹城试验站站长、中科院农业专家组副组长、中科院生态研究网络科学委员会委员、水分分中心主任。主要从事农田能量平衡与水量平衡野外定位实验研究，研究内容涉及农田蒸发、土壤水分、作物—水分关系等；在中科院生态研究网络建设、黄淮海平原中低产田和荒地的治

理开发工作中，主要的成就包括参与发起了中科院生态研究网络的建设和发展，开创和领导了中科院禹城站的建设和发展，参与和发起了中科院农业开发项目的立项，并主持了"十五"农业重大项目。深入开展了农业蒸发相关研究，主持和推动了在禹城站实施的农田蒸发测定方法和规律研究，是我国蒸发研究的开创性成果。先后获得国家发明奖、国家科学大会奖、国务院农业开发奖励、中科院科技进步二等奖和自然科学二等奖、中科院野外工作先进个人等荣誉。

中科院重视农业问题是传统

我是学自然地理专业的，1959 年大学毕业后就到中国科学院地理研究所工作了，跟着老所长、著名科学家黄秉维先生做课题。

中国科学院的老传统就是把农业问题看得很重，而且认为地理学应当为农业服务，也不是一般性地做些软课题，而是做样板。当时竺可桢先生和黄秉维先生认为地理所最要关注的，就是中国的农业问题。地理研究所包括的学科很多，服务的面也很广。但是从解放以后建所开始，老一辈科学家就一直把农业问题放在一个十分突出的位置。此外，地理学从空间来讲，研究的范围是一个比较广的尺度，至少也应该是中尺度，可以是省域、全国，甚至全世界。最小范围也是县域，所以农业问题正是题中之意。竺老、黄老还有一个重要贡献就是定点研究，建立站点，建立网络，而传统的地理学只重视路线考察。不仅如此，他们还利用站点的试验成果，进行示范推广。我能到中科院地理所这么重要的单位来工作，同时这个单位又在研究方法上不同于传统的地理学，对我来讲是一个很重大的变化。虽然开始也很不适应，但是我努力向老专家学习。所以从 1959 年到现在，我几乎一直在农业第一线工作，而且一直在农田里做试验，就是在"文化大革命"期间那样"抓革命"，我们还是在农村"促生产"，包括程维新、张兴权等同志都是这样。1978 年"文革"一结束，我们这帮人就到禹城去了，建试验点，搞试验。我们凭着对农业的感情，对农业的了解，搞土面增温剂，抑制蒸发等试验工作。

土面增温剂在全国搞得很火

在黄淮海的大战役之前，我们国家的生产水平比较低，农田塑料薄膜不仅缺乏，而且价格高昂。我们研究的土面增温剂是用工业生产的一些废料，制成制剂，喷洒在地面上，以减少土壤水分蒸发。这一方面可以节约水，另外一方面可以增加土壤温度。"文革"结束后，这项技术在科学大会上获得了国家科学大会奖。那时增温剂在全国搞得很火，被普遍推广。这是"文革"中地理所少有的一项成果。"黄淮海战役"打响之后，我们和禹城地方政府结合，很快就把其他工作也推动起来了。历史渊源就是这样。

1988 年 7 月，国务院授予近百位科技人员"黄淮海平原农业开发优秀科技人员"称号，我、左大康、程维新、傅积平、凌美华、许越先、张兴权等中国科学院 21 位科研人员也名列其中，这是我们长期工作积累的结果。

选择禹城的必然性

当时为什么要选择禹城做试点呢？从科学规律来讲，必须要选择有代表性、典型性的地方，我们研究所地处华北，首先考虑要解决华北平原的问题。华北平原是中国最重要的区域之一。它面积广阔，人口众多，是重要的农业区域，农业生产有巨大潜力，也有很多问题，例如旱涝、盐碱、风沙等等。中科院还在黄淮海平原选择了若干点，例如河北的南皮、河南的封丘等。

选择禹城是必然的。禹城在黄淮海平原是很有代表性的地方，而且禹城这个地方开发也是很有潜力的：第一，因为它存在比较严重的旱涝、盐碱、风沙灾害；第二，因为它地下水资源很丰富，再加上引黄的水相对比较近，水是最基本的条件，有水其他事情就都好办了；第三，因为有地方政府的大力支持和配合。这也是我们长期在基层和基层政府打交道留下的深刻印象。禹城政府领导就是这样，和他们打交道之后，觉得他们很好，支持科技工作。后来的事实也证实的确如此，需要地方怎么协作他们就怎么协作，该出劳力就出劳力，该要投资就给一点钱，整体上很支持、很配合我们的工作。他们有强烈的改变现状的愿望，所以他们很相信、很依靠我们。我认为当时禹城这些领导是走在了时代的前面的。事实证明，这些干部搞了十年八年之后，他们的素质普遍比周边的区县领导要高，提升的机会好像也较多，有很多人都到德州当官去了。

从 1961 年起，连续 5 年，中科院地理所在德州进行农田水量平衡的实验。1965 年，国家科委副主任范长江同志亲临前线作了规划部署，地理所又开展了德州地区旱涝碱治理区划，并在此基础上，建立了禹城改碱实验区。旱涝盐碱地治理好以后，粮食产量大幅度上升，农业综合开发也上了一个台阶。

实践证明，选择禹城作为农业综合开发治理的典型，是完全正确的。禹城的经验不仅在山东省得到推广，在全国都有示范带动作用。

既搞科研又搞管理

长期在艰苦的农村工作，我们对生活和工作上的困难都习以为常了。比如喝咸水，有点拉肚子，卫生条件差一些，但是好像觉得都可以接受，面对艰苦，很平静。像我们这代人，割麦子、插秧、打场都会干。别人认为苦，我却不以为然。我认为很平常，大家都是这样走过来的。

那时我是禹城试验站的站长。作为站长，我既要管生产实践，跟农民打交道，推动示范，还要管生活、管基建。一方面，在科研上，既要考虑应用方面的问题，也要考虑到基础性的研究。目标是治理盐碱，提高产量，节约用水，在黄淮海的问题上发挥我们的学科优势。比如水量平衡、水量运动的一些规律，书本上有，我们也在实践。比如说，挖沟排水，把盐水排掉；比如施有机肥，实施盐碱土的改良，这些都是我们水量平衡、水量运动的知识延伸。这是我的专业，我的业务。另一方面，我还和工人一起去拉砖，水管不够了就跟司机跑一两百公里去买水管子。再一方面，虽然我们的成果写在大地上，但是还要作成文章。"一片三洼"治理成功后，大家讨论，提意见，最后把它形成文字，提炼出精华，概括成经验，形成材料，向领导汇报。在形成文字中我起了一定的作用，但并没有留我的名字，因为这些成果都是集体的。

"一片三洼"得到李振声副院长等领导重视以后，经验被推广到禹城。禹城相关方面的机构如计委、农业局、水利局、畜牧局的负责人等组织起来，制订了一个推广计划。比如要花多少钱？搞哪些项目？我就要负责组织协调这些工作。很快，"一片三洼"又要推广到德州地区。德州地区的农林水等各方面一大批地方干部组织起来制订全德州的推广计划，我又要跟大家谈，推广面积有多少，投资需要多少，劳力需要多少等问题。按理说这些都不应该是我的专业。其实我是搞基础研究的。大学毕业后，我是黄秉维先生的学生。"文化大革命"把我作为修正主义苗子批判，属于"只专不红"的人。"文革"中，我的地位很糟糕，说我"站错队"，是"保守派"。我爱人也被打成"现行反革命"。那时毛主席的"红宝书"都不发给我们。其实我心里是很害怕的，不知道今后怎么办？如果我被打成"地富反坏右"这辈子就完了。即使这样，业务书我都还留着，我坚信知识是有用的。我过去学俄文，"文革"当中我学英文，就是看毛主席语录的英文版。我不会念，但是我会认。后来广播电台教英文，我就跟着学。改革开放后，英文考试，当时就没有几个人能考，我就考及格了。所以1979 年到1981 年我去英国做访问学者了。黄秉维先生、左大康先生可能都对我寄予希望，希望我在基础理论上作出成果来。但是后来我是禹城试验站站长，就变成了什么都要管这样一种工作状态。尽管很多项目上没有我的名字，我心里也很坦荡。我要做的就是让大家同心协力，无论是基础研究还是推广、应用，我都支持。我们这个群体是很协作、很团结的，不论是搞基础研究还是应用、推广，大家都是齐心协力的。我们的工作性质决定了不能像纯基础研究那种类型的工作，一支笔、一台电脑就可以了，我们必须协同作战。我们当时那种团结协作的精神，恐怕到今天都有借鉴意义。今天再要一个群体集合起来像“黄淮海战役”那样工作就很难了。比如说创新基地，一个研究员带两个人，一个组那样小，是无法完成像黄淮海那样一个综合的国家大项目的。这个我们体会是比较深的。

禹城试验站近照——实验楼和养分平衡试验场（温瑾摄）

80 年代初期，禹城试验站已经可以接待外宾了。在原来的盐碱洼地上盖了小楼，外国人都可以住在站上了。

3 值得怀念的 "一片三洼" 治理历程

程维新　口述

时间：2008 年 7 月 28 日上午

地点：中国科学院地理科学与资源研究所 3224 室

受访人简介

　　程维新（1937—　），中国科学院地理科学与资源研究所研究员。1963 年毕业于安徽农学院（现安徽农业大学）。曾任禹城市科技副市长，中国科学院农业项目办公室禹城工作站站长，中国科学院禹城实验区项目主持人。长期从事农田蒸发与作物需水、区域农业综合治理与开发研究。1986—1995 年一直主持禹城试区的国家科技攻关与中国科学院农业开发项目。提出了浅层淡水盐碱洼地、浅层咸

水重盐碱荒洼地、季节性积水洼地、季节性风沙化古河床洼地的 4 种治理模式，曾获国务院一级表彰奖励（1988），国家科技进步特等奖（1993），第三世界科学院农业奖（1993），国家科技进步二等奖（1987），中国科学院科技进步特等奖（1987），中国科学院科技进步一等奖（1990），山东省农业开发一等奖（1988），山东省委、山东省政府授予省级专业拔尖人才称号（1995），"八五"国家科技攻关成果奖（1996），山东省德州地区"科技明星"称号（1993）。享受国务院政府特殊津贴。在任禹城市科技副市长期间，曾多次被中国科学院评为先进科技副县（市）长。

我参与的禹城试验站筹建工作

20 世纪 60 年代初，中国科学院地理研究所在山东德州建立了一个试验站。试验站位于京杭大运河西侧约 2 公里。当时的运河水很深，很清，水质非常好，很多船舶在运河中穿行。夏季，我们傍晚经常在运河里游泳。德州试验站以水热平衡为主要研究方向，主要研究农田蒸发、潜水蒸发、水面蒸发、土壤水分、热量平衡等，各种仪器设备比较齐全，特别是测定农田蒸发的仪器，当时在国内居于领先地位。德州试验站是以水文室的水文物理组为主，组长是凌美华。

1978 年，为了解决旱涝碱治理过程中提出的许多科学问题，我和唐登银与水文室主任刘昌明、左大康同志研究决定，在禹城实验区内建立以水量平衡与水盐运动规律研究为主的野外试验站。禹城试验站以水文室的蒸发组为主，唐登银是组长，我是副组长。最初的建站设想是按德州站的模式建立一个蒸发试验站。1978 年秋，我们去禹城实验区为建站选点，与禹城实验区负责人杨德泉和禹城实验区办公室主任马逢庆同志商量，决定在南北庄的东南方约 1 公里处建站，建站所需经费（包括建房、仪器和设备）都由国家课题支付。

禹城试验站筹建工作由我负责。1979 年 4 月，我去禹城筹建试验站，马逢庆同志派了 2 位同志协助我工作。麦收前，盖起了 4 间砖瓦房、1 座库房和厨房，建起了围墙。洪加琏同志负责筹建气象场，逢春浩同志负责筹建土壤水分观测场。为了尽快完成建站任务，我与刘昌明同志商量，将赵家义同志从水文室的径流实验室调来协助制造水力蒸发器。后来我又与水文室党支部书记孙祥平和刘昌明同志商量，决定将赵家义同志正式调来参加禹城站的筹建工作。由于有德州试验站的建站经验，各项工作进展顺利，速度很快，于 1979 年 9 月建成了一个气象观测场、一个农田蒸发场、一个土壤水分观测场。1979 年 10 月 1 日各项试验观测工作正式开始。马逢庆同志为我们配备了 4 个观测员，从事各项观测任务。张兴权同志等在禹城实验区负责土面增温剂的试验。至此，中国科学院禹城综合试验站正式建成。从此开创了中国科学院禹城试验站以水量平衡和水分循环为主、以盐碱地治理为主要目标的定位科学实验研究。

1980 年，由于增加了工作人员，为了满足我们的住房要求，马逢庆又在东园盖了 4 间砖瓦房，住房增至 8 间。我们把它简称为东园。

1981 年，根据禹城站的发展需要，中国科学院地学部主任李秉枢、地理所所长左大康、刘昌明、孙祥平等同志与我们一起进行新站址选点。经过与杨德泉同志和禹城县协商，在实验区的南园买了 32 亩地作为禹城试验站的新站址，我们简称为南园，也就是现在禹城站的所在地。此时，气候室已加入到禹城站。禹城站正式命名为中国科学院禹城综合试验站。

禹城实验区的几点往事

盐碱疑似地上霜

我是安徽农业大学毕业的,最早学的是农学,后来成立了农业气象专业,就把我调出来当预备教师。后来中央发现大学毕业生少了很多,那时又是3年困难时期,院系又在调整,就把农业气象这个专业撤掉了。我是学了3年农学,又学了3年农业气象,毕业时是从农业气象专业毕业的,所以我是一个杂家,又学农学又学农业气象。1963年一毕业,就分配到中国科学院地理研究所来了。

1963年10月底,我与高考同志一同前往德州试验站。当晚9点多钟到达德州。刚到那里时还闹了一个笑话。那天晚上,我背着行李走在运河西侧的渠道上,只见渠道上一片雪白,脚下发出"咔嚓,咔嚓"的响声,就像南方冬季里下的霜。我想天气这么热,怎么会下霜了呢?高考同志告诉我这不是霜,是盐碱,还告诉我大水之后返盐特别严重。出生在南方的我,有生以来第一次听到"盐碱"两个字。第二天一早,看见试验地里白茫茫一片,像被白雪覆盖了似的。这就是我第一次见到的盐碱地。从此我就与盐碱地结下了不解之缘,一辈子与旱涝盐碱打交道,治理的也是盐碱地,从事科研工作也没有离开过黄淮海,而且主要工作范围就是在山东地区。

1963年冬和1964年,由于老同志要在北京搞总结,由我负责站上的日常工作。当时在试验站观测的还有单福芝、高考、王汉斋和王洁同志,

陈科信和逄春浩两位研究生也常去站上观测。

参与了《德州地区旱涝碱综合治理区划》

1965 年，我在安徽搞"四清"，所里把我调回来参加《德州地区旱涝碱综合治理区划》。这是我所的重大科研项目，组织了我所自然、地貌、水文、气候等学科的科研人员参加。在汪安球、邢嘉明同志的领导下，我参加了德州地区的野外考察，参加了作物配置和旱涝碱与作物布局等编写任务。这项工作对于我了解面上的情况十分重要，使我看到德州地区旱涝碱的严重性，认识到旱涝碱是制约该地区农业发展的最主要的自然灾害。

1966 年，在旱涝碱综合治理区划的基础上，当时的国家科委副主任范长江带队，创建了禹城旱涝碱综合治理实验区，当时的面积是 13.9 万亩。其中盐碱地面积是 11 万多亩，那是白茫茫一片啊，荒无人烟！老百姓说："夏天白茫茫，秋天水汪汪，只见播种不见粮。"我们当时考察时，地里是一片耐盐的荒草，根本看不到一棵树木，荒草是唯一的植物。1966 年建区时有中国科学院的地理所、植物所、遗传所、地质所等 8 个研究所的部分科研人员在那里工作。

禹城实验区治理盐碱地的历程

过去的禹城被称作"破禹城"。"文革"期间，禹城实验区几次派人来到我们所，让我们帮助恢复实验区。为什么要恢复实验区呢？这里面有个故事。为此我写有一篇文章，题目是《播种希望的人们》，其中我写了一段"310 眼井的启示"。

当时建禹城实验区的时候，地质所打了 310 眼试验机井，叫"井灌井排"，就是通过打井，把地下水抽上来进行灌溉，降低地下水位，控制地表积盐。因为盐碱地区有一个特点，叫"高、大、有"。这3个字是形成盐碱地的主要因素。"高"是地下水位高，地下水离地面只有1米左右。"大"是这个地区的气候比较干燥，蒸发量很大，水分蒸发了，盐就在地表积累了。"有"是土壤里含有大量的盐分。因此通过打井，把地下水抽出来，进行灌溉，地下水位就下降了，地下水位下降就加大了地下水和地表的距离。灌溉还起到淋洗土壤盐分的作用，所以叫"井灌井排"，这是禹城实验区治理旱涝碱最早的措施之一。1968年大旱，全年只降了308.5毫米雨水，全县农田基本上都绝收了。只有打了310眼机井的这一片土地上面是一片丰收景象，就是这310眼机井上面的土地挽救了禹城人民的生命。实验区的丰收，使群众确实看到了科学技术威力强大，不仅可以改造不利的自然条件，而且可以丰收。所以后来县里多次派人到我们所里来，要我们重返实验区。1977年我正式重返实验区。从1977年到现在30多年，我都没有离开过禹城实验区。

后来，禹城实验区由"井灌井排"演变成"井灌井排"与"井灌沟排"相结合的治理模式。这是因为禹城实验区一马平川，坡降很小，到处是涝洼地。夏天降水，地表水汇集到这里，就积水形成内涝。我们发现，只是"井灌井排"，单一依靠机井抽水不行，还应该跟挖排水沟相结合，因此又挖了很多排水沟，形成了完整的的排水系统。这样就解决了排水的问题。水多了不行，水少了也不行，地下水位高了不行，低了也不行，就是在水方面做文章。

再往后，第三步就发展到"井沟平肥林改"治理模式，形成比较完整的治理旱涝碱的技术体系。"井"是打井。"沟"是挖排水沟。"平"是平整土地，为什么平整土地呢？以前，农民为了种庄稼，把盐碱地上的盐弄到田边上，中间留一小块地，可以种一点东西，盐是往高处爬的，把盐搂到边上来，边上就成了盐檩子，高低不平。从天上往下看是一块大平原，但地面却用盐檩子把盐碱地分割成一小块一小块的。这样不符合大生产的要求，所以要平整土地，把盐檩子全部平掉。这个工作量是很大的。土地平了以后，因为盐碱土的肥力条件很差，就要增加肥力了。通过种绿肥，增施有机肥改良土壤，这就是"肥"的意思。"林"是植树造林，在禹城实验区建立一个比较完整的农田防护林带体系。"改"就是改革耕作制度。"井沟平肥林改"是比较完整的治理盐碱地的技术体系。

从"井灌井排"到"井灌沟排"，再到"井沟平肥林改"，是治理盐碱地的三个演变过程。

值得怀念的"一片三洼"治理历程

为什么 80 年代后期要搞黄淮海平原农业综合开发？为什么要在这个地区开发？我认为有两点，第一是国家需要。当时国家粮食产量徘徊不前，国家急需增加粮食，到底哪里粮食增产潜力最大？这方面原中国科学院副院长李振声最清楚了，那就是黄淮海平原。第二是因为有基础。从 1953 年中科院就开始在这个地区工作。我在《科学时报》发表了《中科院在黄淮海平原的足迹》一文，简述了我院几代科学家在黄淮海平原的战斗历程。最近李副院长到禹城去了几次，我又有点感想，我也写了几篇随感，在《科学时报》发表了三篇，都是谈科学院长期在黄淮海这个地区工作的情况，而且这个地区有禹城试验站、封丘试验站，有禹城实验区、封丘实验区，还有南皮实验区，这就是基础。

"一片三洼"的历史回顾

谈到禹城治理旱涝碱，就要说说"一片三洼"。我先讲讲经过。

1985 年所里决定由我和张兴权主持禹城试区"七五"国家科技攻关。我虽然在禹城工作多年，对禹城的基本情况也有所了解。但是"七五"国家科技攻关任务要求高，任务重，如何搞心中无数。为了使立项工作更符合实际，我与诸多同事以及吴长惠同志，禹城县的杨德泉、马宪全、董怀金、王心源等同志和有关职能部门一起，对全县进行了多次野外调查，并且和禹城县的各级领导座谈讨论，对各种方案进行分析比较，逐步形成共识。其基本点就是要把禹城县存在的制约农业发展的主要问题，和县领导想要我们干什么，我们能干什么结合起来。根据我们的考察，禹城县境内的盐碱地面积大，有大片沙荒地、积涝洼地急需治理。这些问题十分重要，也是黄淮海平原存在的共性问题，意义十分重大。县里也希望我们从事这方面的开发研究。这就是"一片三洼"课题形成的基础。

记得"一片三洼"最后决策是在禹城县招待所四排 46 号房间，在场的有副县长杨德泉、办公室主任马宪全以及吴长惠、董怀金。当时吴长惠问我："老程，你构思好了没有？"因为当时我是负责人。我讲我初步有个想法，但是还不完整。吴长惠说："不完整没有关系嘛，征求一下大家意见。"我就说根据黄淮海平原存在的 3 个主要问题，3 种类型，就是风沙地、涝洼地、重盐碱地，作为主要的治理方向。而这 3 种类型禹城都有，就是"一片三洼"。吴长惠说老程你怎么不早些讲，说："你就是茶壶里煮饺子倒不出来。"我说我这个人没有构思好的事情就不会轻易讲出来，我还要考虑人的问题。他说没有关系，你需要什么人我给你找。他就从沙漠所、南京地理与湖泊研究所调人来了。这些人就是"一片三洼"治理的主力军。"一片三洼"的设想，得到了大家的一致赞同。这就是禹城实验区"七五"国家科技攻关课题"一片三洼"的形成过程。新闻媒体将禹城实验区"一片三洼"称为"小黄淮海"。

这一段历史离不开李振声副院长。1987 年 11 月 17 日，李副院长叫我、唐登银，还有张翼，到他办公室去汇报禹城实验区的工作。一开始李副院长就讲："我刚从封丘回来，是李松华陪我一起去的。封丘搞得很不错，他们的经验值得推广。"接着唐登银汇报了禹城试验站的情况，我汇报了禹城实验区的情况。我说，我们的主导思想就是把黄淮海平原面上存在的共性问题提炼出来，在一个县域范围之内选择一些比较典型的地域进行治理，取得经验之后，再在黄淮海平原推广应用。我们在禹城选择的要治理的地区叫"一片三洼"。"一片"就是老实验区这一片，大约是 13.9万亩，其中有 11 万亩盐碱地。"三洼"，一个是浅层咸水重盐渍化洼地

媒体对"一片三洼"治理成功的报道

（北丘洼），一个是季节性风沙化洼地（沙河洼），一个是季节性积水洼地（辛店洼）。这样形成了禹城新的治理模式，因为这"一片三洼"代表了黄淮海平原主要的中低产田的类型。李副院长听了我的汇报之后，说："老程，你这个想法好。"他立即表示要亲自去看看。几天之后他果然到禹城去了，就看"一片三洼"。那时是在"七五"期间。我们通过一年多的时间考察规划之后，进行了初步治理，一年时间就取得很好的效果。沙地林网也搞起来了，树也栽起来了，葡萄也非常好，花生什么的都长得相当好。看了之后，李副院长非常高兴。后来又到了涝洼地。涝洼地采取的是鱼塘台田措施，把挖出来的土堆成台田，就是"高种下养"，台田种庄稼，下面池塘养鱼。当年台田一片丰收景象，亩产好几百公斤。当地历史上从来没有这么高的产量，所以非常受当地群众的欢迎。重盐渍化洼地也取得很大进展，地膜覆盖植棉获得丰收。当时"一片三洼"的面积一共是23万亩。

北丘洼的负责人是张兴权、欧阳竹，沙河洼的负责人是高安、陈采富，辛店洼的负责人是庄大栋、王银珠、胡文英。当时我所参加北丘洼盐碱地治理的还有张翼、董云社、逢春浩、李运生、刘恩民、王吉顺等。

地方政府的大力支持

当时我提出治理"一片三洼"时，有许多同志很担心，说："老程，你这个人胆子也太大了，就这么一点钱能治理23万亩？此前，在'六五'期间，我们花了50万元，1万亩都没有治好。现在100万元治理那么大的面积能行吗？"当时我的思路和他们不一样。我的思路是我们中科院不能单枪匹马地搞，不能单靠科学院，像这样区域治理的工作必须要依靠地方。所以在搞调查研究，搞整个规划时，我们基本上是和县里的领导同志、技术人员一起考察，把考察结果和我们的想法结合在一起，所以得到

1989 年 10 月 14 日《人民日报》刊登新华社记王洪峰摄影报道：中国科学院地理所副研究员程维新（左 1），在节水节能、盐碱荒地的改造、农田覆盖等方面做出了突出成绩。去年他被聘为山东禹城县科技副县长，并受到国务院的通报表彰。

了地方的支持。"一片三洼"治理需要的人力、物力、财力，还得靠地方。比如沙河洼，李副院长提出要在 1988 年三八妇女节去搞会战，要调 4 万人，调多少补助粮食、多少柴油，我们是没有办法的，这必须要靠地方政府。要把我们的思路、想法、规划内容让决策者了解，最终变成决策者的行动，就好办了。所以很快，一年多的时间就把三个洼的面貌改变过来了。

国家领导给予高度评价

李副院长回京后，马上给当时任国务院秘书长的陈俊生汇报，他分管农业。陈俊生从浙江返京时，于 1988 年 5 月 23—25 日专程到禹城考察，就看"一片三洼"。我陪李副院长接待陈俊生。李振声把我介绍给陈俊生，上中巴时，陈俊生叫我坐在他身边，一路上问得很详细。我利用这个机会，把禹城实验区"一片三洼"的设想、科研进展和科技人员的奉献精神，以及禹城实验区集中了黄淮海平原的主要问题进行综合研究，科研如何与地方经济发展相结合，开发性研究必须得到地方政府的支持才能持久，治理规划的内容必须让决策者都知道，并变为他们的行动等问题，详细地向陈俊生做了汇报。陈俊生听得很认真。坐在后排的李振声副院长和山东省赵志浩副书记也不时给以解释和补充。

陈俊生看了"一片三洼"后，对我们深入实际，在荒野僻壤搞科研、搞开发给予了高度评价。他说："你们创造了科研与生产相结合的典范，为黄淮海中低产田改造和荒洼地开发治理提供了科技与生产相结合的宝贵经验。"

在陈俊生视察结束后，李振声和陈俊生有下面一段对话：

李振声："秘书长，你看了'一片三洼'之后觉得怎么样？"

陈俊生："我看到的比你讲的好得多。"

李振声："有你这句话，我就放心了。"

上面这段话是事后李振声跟我说的。李振声还跟我说："我当时跟陈俊生同志汇报时没有把禹城实验区说得那么好。话不能说得太满，要留有余地。这次秘书长看了很高兴，评价非常高，说明我的汇报是真实的，得到了秘书长的肯定。"

陈俊生回京之后就写了一篇《从禹城经验看黄淮海平原开发的路子》的调查报告，并上报给中央。李鹏总理看了报告之后，1988 年 6 月 17—18 日，就带了 11 个部的部长，到禹城来视察了。一辆专列，在一个县城里停两天！真是史无前例。后来座谈会我也参加了，我当时是负责人嘛。

李鹏总理在座谈会上指出："这里取得的成果，对整个黄淮海平原开发，乃至对全国农业的发展都提供了有益的经验。"会议上所有人的发言都不是官话。比如李鹏讲，要落实政策，政策上面要给予优惠。后来院里就对黄淮海工作的各个方面，从政策方面，包括职称、经济补助等都进行了一些调整，对鼓励黄淮海的科研工作起了很大的作用，做到了政策倾斜。李鹏还题了词，"治碱、治沙、治涝，为发展农业生产作出新的贡献",还有"沙漠变绿洲,科技夺丰收"。这些题词都是非常具体的。我感到李鹏总理还是比较实在的。

特别值得总结的经验——科技成果是这样转化成生产力的

禹城实验区被誉为"镶嵌在华北平原的一颗明珠"。我想有这么几点值得关注:

一是它的典型性和代表性。素有"小黄淮海"之称的禹城实验区,集中了黄淮海平原制约农业发展的各种自然灾害,治理难度极大,是历史上遗留下来的一块最难啃的"硬骨头",其中以沙河洼、辛店洼和北丘洼最为典型。沙河洼历史上是黄河故道,沙丘连绵不断,风沙飞扬,埋地压庄,周围 21 个自然村深受其害;辛店洼是全县最低点,是地表水的汇集区,每年积水期长达 4~5 个月,农民只能在洼边种些杂粮之类,收成极少;北丘洼属于重盐碱咸水洼地,地下水矿化度高,土壤含盐重,修建津浦铁路后,形成封闭洼地,成为旱涝盐碱等各种矛盾最集中、最典型的地区。"三洼"治理是黄淮海平原农业开发中的关键性课题。

二是它的治理速度和效果。长期积水的辛店洼,采用挖鱼塘建台田的生态工程措施,做到当年治理,当年开发,当年利用,当年见效。鱼塘里养的鱼亩产达到 700 多公斤,台田上果树、牧草生长茂盛,粮食产量超过 1 000 公斤,低洼地种的香稻、茨菇、茭白、莲藕等都取得了大丰收,成为典型的荷香四溢、鱼蟹满池的"北国江南"。沙河洼采用水利先行,林草紧跟,沙地防护林和沙地经济林相结合的治理措施,仅用 2 年时间,建立了完整的沙地防风林体系,栽培的葡萄、山楂、梨、苹果等 20 多种水果生长旺盛,栽种的花生、蔬菜、西瓜等都获得好收成。李鹏总理看到后十分高兴,挥笔题词:"沙漠变绿洲,科技夺丰收"。北丘洼采用浅群井

"强灌强排"技术,结合其他农业、水利措施,用3年的时间,硬是把"治碱不露脸"的重盐碱地改造成良田,白花花的棉花取代了白茫茫的盐碱。这就是时间,这就是速度,这就是效率。

三是它的示范性和推广价值。3种类型洼地建立了3种治理模式,形成了3种配套技术。三洼治理是一个科研与生产相结合的典范,它为同类型地区的治理提供了可资借鉴的示范样板。禹城实验区的经验很快在同类型地区推广应用。仅山东省沿黄低洼易涝地区推广面积就达300余万亩。全国有20多个省(市、自治区)来实验区考察,先后有40多个国家和地区的300余人次来禹城实验区参观考察。一些外国专家认为,禹城实验区的经验不仅在中国有实践意义,而且对其他国家也具有推广价值。

黄淮海成功的经验——"黄淮海精神"

这里回过来讲,黄淮海农业开发的成功,体现了团队精神。我指的团队精神是整个体系,有两个方面。第一个方面是从上到下的推动作用。第二个方面就是我们科研队伍的内部建设,团结协作。三个洼是不毛之地,通过一年的时间治理获得了大丰收,这也是史无前例的。

禹城实验区的成果是多方面努力的体现。我把它总结成:一、自上而下的推动作用,二、高度负责的团队精神,三、忘我工作的奉献精神,四、公正公平的工作作风。

第一个方面,从上到下的推动作用。李振声在这里面起到了推动的作用。光靠我们在下面干活,起不了大的作用。比如"一片三洼"治理,弄得再好也就是在那样一个小区域里。李振声在一个更高的层面上推动了一下，通过陈俊生，通过他们来感动上面，再通过李鹏总理，才能决策。也只有领导们实地考察之后，才得到这样一个感性的认识，觉得黄淮海潜力很大，才能被感动，才能决策，之后就变成一个国家的行动了。对此我有很深切的体会。这个作用是非常巨大的。

第二个方面，我觉得团队精神是一个重要的组成部分。禹城实验区的"一片三洼"，牵涉到很多专业，单靠我们地理所治理不了。比如治沙，我们虽然搞过，但是比不上沙漠所，养鱼比不上南京地理与湖泊研究所。这里要提到一个关键人物就是吴长惠。当时他是在地学部，分管我们这一片，我们治理"一片三洼"的时候，他是跟我们一起考察的，帮我们调兵

1988 年 6 月周光召（前排左 5）、胡启恒（前排左 4）与禹城试验站有关人员合影。前排左起：1 高宪春（禹城县副县长）、2 李宝贵、6 杨德泉（禹城人大常委会主任）、7 罗焕炎、8 李松华、9 凌美华（中科院地理所专家）。后排左起：3 程维新、5 许越先、6 张云岗（中科院科技政策局局长）、8 刘安国、9 董怀金、10、唐登银（照片由刘安国提供）

遣将，帮我们协调各方面力量，在我们科技攻关团队的形成和工作中起了重要作用。禹城实验区当时有 22 个研究所的科研人员在工作，前后来过 300 来人，而且合作得很好。每一个洼，每一个项目，他们都很认真负责地实施。所以我讲的这个团队精神是多方面的。

兰州沙漠所副研究员高安（左 1）与中科院派驻禹城的科技副县长程维新（右 1）在一起研究工作（朱羽摄，《经济日报》1988 年 11 月 14 日）

第三个方面就是同志们忘我奉献的精神。有几个同志我印象很深，他们为 "一片三洼" 治理作出了很大贡献，比如我们所的张兴权，南京地理与湖泊研究所的庄大栋，沙漠所的高安等，他们是三洼治理的负责人。他们带领各自的团队出色地完成各项任务，得到各界好评。还有南京地理与湖泊所的胡文英同志。她是一位女同志，一年在禹城工作七八个月，有时到春节才回去。她动了一个大手术，就是胆囊切除术，刀口还没有好，就到禹城现场来工作了。而且她丈夫被车撞了，为了工作和照顾丈夫两不误，她让她丈夫到站上来养病。她丈夫是空军学院教数学的，我们搞一些模型，他也参与了。她母亲 90 多岁了，她也没有时间照顾。我认为胡文英是做了很大贡献的。后来她是江苏省巾帼英雄，还荣获了 "三八红旗手" 的称号。年轻人里，像欧阳竹也是很不错的。我提到的是每个团队的头头。每个团队都有六七个人，每个人都有许多值得写的事迹。当时钱很少，每个点大致每年是 4 万元钱，后来农业开发办给了一点钱，最多也就七八万元钱吧，就是这点钱。我们钱少，但干了大事，得到国家承认。不光是我们所，所有在那里工作的科技人员，每年大体上都在那里待半年到 8 个月。春节一过就去了，收了麦子，种了玉米，回来休息个把月，然后再去，秋收秋种，一直到封冻才回家过春节。农民正月十五以前是不工作的，饭店不开门，如果那时开车去的话，路上大约要走七八个小时，找不到一个饭店，有时就要一直饿到禹城。后来我们就知道了，就自己带一点干粮吃。最早我们正月初四就去了。大家家里都是有老有小的，但都长年在那里，荒郊僻野，喝的都是苦的盐碱水。风沙很大，大家开玩笑说我们一年要吃一个土坯。年轻同志谈情说爱的地方和时间都没有。广播电视台做了几篇报道，采访了欧阳竹，写了《泥土之恋》，还有《他们从大西北走来》。"黄淮海精神"我认为最可贵的是大家的奉献精神，所以陈俊生他们都很感动。李鹏同志都讲，从兰州沙漠所过来，水往东流，从艰苦的地方来还好一点。从南京这样好的地方到这个盐碱地、涝洼地来工作，不容易呀！

我们在那里的工作是不分白天黑夜的，晚上没有灯时坐在外面，也是聊工作。没有电视，点个蜡烛或者是煤油灯。每天自己弄点东西吃吃就下地干活了，或者请当地农民来做饭。我们那个点比较差，没有水喝，要到田里的井里去打水喝。井水里有虫子，有粪，有杂草，有青蛙，什么都有，有照片为证。住在农民家里，一下雨就出不去了，就没有菜吃了，就有点咸菜。但是那时也没有觉得苦，好像觉得工作就是这样的，一心就是想怎么样把工作干好，当时就是这种心情。而且互相之间还有一个竞争心理。三个洼，你搞得好，我的洼搞得不好，就好像很丢面子似的。南京地理与湖泊研究所的点就好一点。南方人很会弄，一小块地，各种各样的蔬菜都种了，还养点鸡养点鸭养点猪，可以改善生活。沙漠所那个点也比较好一点，也种点菜，养点猪。我们那个点的土壤、水质都不好，盐碱地种了东西长不出来，所以蔬菜、猪肉、鸡蛋只好到集上去买。后来，我们北丘基地也种菜，养鸡、养猪、养牛、养羊、养鱼，生活有了很大改善。

试验示范地有几十亩，都是我们自己耕种。首先我们要自己做出成果来，才能在农民那里推广应用，如果失败了，影响就不好了。我们请一些农工，但是我们自己也干。播种的时候，我们也自己拉犁，是很辛苦的。老同志起了很大的带头作用，年轻人也很努力，很能干。

第四个方面是公正公平的工作作风。我自己不是吹牛，我的工作还是得到认可的。作为负责人，我还是能一碗水端平的。经费是公开的、透明的，由张兴权同志统一管理。就这么多钱，每个点都一样多，这样大家就没有意见了。当时县里面拿出一些钱来想改善一下我们的生活和试验条件，我们有 3 个点，县里问我怎么办。我想我们是主持单位，应该先考虑

2007 年 5 月李振声院士（左 3）和原农办主任刘安国（右 3）与中国科学院禹城农业综合试验站老领导唐登银（右 1）、程维新（左 2）、张兴权（右 2）及现任站长欧阳竹（左 1）在试验站合影

兄弟所，因为他们的困难比我们多，他们从兰州来，从南京来，我们毕竟还有一个试验站作后盾，各方面条件还是相对比较好的。我说沙漠所住的地方离治理区有好几里地，先给他们盖房子。后来在沙漠里盖了一个小院子，满足了沙漠所同志的住房和科研需求。李鹏看了后称它为"沙漠宫殿"。县里第二批钱下来了，我说给南京地理与湖泊所盖。第三批钱下来了，才给我们自己那个点盖房子。我这样做，大家对我的工作还是心服口服的。

县里给我们的支持是相当大的。每年都给我们物质上的支持，盖房子、修路、配电、拉电话线。那时候拉电话线是很费钱的，因为要栽电线杆子，但第二年就通了电话。

1989 年长春应化所在禹城帮助建了一个工厂，生产地膜。我们采用地膜覆盖技术，覆盖后就种棉花，获得了丰收。

现在他们富了。2009 年我和张兴权去我们那个点转了一遍，打听了一下，现在盐碱地全部变成好地了，柴堂村仅开发盐碱荒地每人增加耕地就有 4 亩地，亩产量都在 800 到 1 000 公斤。

附 中国科学院地理研究所在禹城实验区的主要贡献

（程维新整理提供）

一、在禹城实验区发展的不同阶段，为黄淮海平原旱涝盐碱综合治理提供了配套技术：

（1）60 年代，提出了"井灌井排旱涝盐碱治理技术"；

（2）70 年代，提出了"井沟平肥林改"治理旱涝盐碱综合技术；

（3）80 年代，提出了"重盐碱地、渍涝洼地和风沙地"综合治理配套技术；

（4）90 年代，提出了"治理区生态稳定性和农区畜牧业发展技术"。

二、建成多种类型、各具特色的试验基地

（1）创建了"禹城旱涝碱综合治理实验区"，面积 14 万亩。禹城旱涝碱综合治理实验区是我国最早建立的以区域治理为目标的大型综合试验区之一。

（2）建立了低湿地整治与鱼塘台田生态工程试验基地，提出了半湿润地区鱼塘台田生态工程综合治理低湿地模式。

（3）建立了风沙化土地整治与经济林发展试验基地，提出了季节性风沙化土地、乔灌草防护林和沙地经济林相结合的防护体系综合治理模式。

（4）建立了重盐化咸水洼地整治与水盐调控试验基地。提出了强排强灌、覆盖抑盐与大水淋盐综合调控水盐运动治理重盐化咸水洼地模式。

三、推动了黄淮海平原农业开发

1988 年陈俊生同志在视察禹城试区后，亲自向中央写了《从禹城经验看黄淮海平原开发的路子》的报告，揭开了黄淮海平原农业开发的序幕。禹城试区的经验推动了山东省鲁西北地区盐碱地（1 652 万亩）、风沙地（894.4 万亩）和低湿易涝地（428.3 万亩）的治理与开发，并促进了黄淮海平原可垦宜农荒地（1 033 万亩）、宜林沙荒地（1 044 万亩），水产养殖（911 万亩）的农业开发和农林牧副渔全面发展。

四、促进了禹城农业持续稳定增长

禹城试区低湿地、风沙化土地和重盐化荒地综合治理，使荒洼地的水土资源得到充分利用，当年治理，当年见效，效益显著。"三洼"治理成果，带动了禹城市 10 万亩荒地资源开发和 55 万亩中低产田向高产田转变。

通过对不利自然条件的治理、荒地资源开发、中低产田改造和高产农田建设，使禹城市农业发生了巨大变化。试区粮食产量已由建区初期的亩产 90 公斤，提高到 900 公斤以上，增加了 10 倍。1988 年以来，坚持以盐碱、渍涝、风沙土地的治理开发与中低产田改造并举的方针，促进了粮食生产的新飞跃，1994 年被农业部列为全国粮食大县。粮食亩产自 2005 年至今，已连续 5 年超吨粮。

五、农区牧业实现新突破

中低产田改造、农业综合开发和种植业的发展为畜牧业提供了丰富的秸秆和精饲料。为了改变第二性生产滞后于第一性生产的局面，1989 年初，中科院李振声副院长及时提出"禹城农业要上新台阶，畜牧业是突破口"的指导思想，加速了畜牧业发展。在长沙农业现代化所的支持下，禹城市组织实施以肉牛、肉鸡饲养和系列加工为重点的"一大一小"工程以及良种繁育、肉牛改良、规模育肥、加工销售体系建设，一个以优良种公牛群、基础母牛群、一代商品群和人工授精网的"三群一网"繁育体系已基本建成。1993 年被确定为"国家级秸秆养牛示范县"，1994 年被农业部授予"全国秸秆氨化先进单位"，1995 年被授予"全国秸秆养牛十强县"。

目前，大牲畜饲养量已由1987年的6.5万头上升至2005年的40万头，畜牧业产值占农业总产值由15.6%上升至45%。

六、为国家农业引用外资提供了依据

世界银行在对禹城试验区进行了实地考察以后得出了"有碱""能改""效益好"的结论。禹城实验区的成功经验，为国家农业引用外资提供了依据，使禹城列入首批农业引用外资的项目县之一。

七、较早成功实践科技成果转化为生产力的典范

从中科院引进一批技术项目，推动了禹城经济发展。如禹城塑料厂的建立、葡萄酒酿造技术、浓香型酒微生物发酵技术、低聚糖等十余项高新技术，已形成生产规模，扩大了生产能力，提高了经济效益。低聚糖已成为禹城市的支柱产业和利税大户，禹城市被授予"中国功能糖城"的称号。

4 "强排强灌"啃下"硬骨头"

张兴权　口述

时间：2009 年 8 月 22 日下午
地点：山东禹城 CERN 禹城试验站

受访人简介

张兴权（1939—　），中国科学院地理科学与资源研究所研究员。1964 年毕业于兰州大学地质地理系，同年被分配到中国科学院地理研究所工作。1979 年起，一直在山东省禹城市从事黄淮海平原农业环境治理、资源开发和农业发展试验研究，主要从事"抑制土壤蒸发"，光分散地膜农田应用效果试验，"一片三洼"综合治理开发国家科技攻关工作，"治理区生态稳定性与农区牧业发展"，"禹城试区资源节约型高产高效农业综合发展研究"等项研究工作；曾获山东省轻工系统优秀成果

三等奖，中科院科技进步一等奖，国家计委、科委、财政部重大科技攻关成果奖励，国家科技进步二等奖。1988 年获国务院二级表彰奖励，1993 年享受国务院政府特殊津贴。与程维新等专家合作发表了《洼地整治与环境生态》《农田蒸发与作物耗水量研究》《河间浅平洼地综合治理配套技术研究》等专著。

1979 年，是我人生历程中值得怀念的一年。这年 10 月，我作为一名普通科技人员，正式进入了黄淮海平原波澜壮阔的综合治理开发科技队伍，至 2000 年退休，前后参加和参与主持了禹城实验区"六五"到"九五"国家科技攻关，亲身感受了禹城市以至黄淮海平原农业生产条件的巨大变化和区域经济的快速发展。其中遇到过挫折、烦恼和沮丧，但更多的是喜悦和兴奋。20 多年过去了，至今许多往事还经常浮现在我的脑海中，挥之不去。

禹城试验站建站前的几次重要活动

中国科学院正式批准建立禹城试验站的时间是 1983 年。在此之前，我曾参与过左大康同志组织的一次黄淮海平原大型学术会议和三次大规模考察活动。这几次学术活动对禹城试验站的建设产生过重大影响。

我想先回顾建站之前的一些背景。

石家庄学术会议

第一次大型学术会议，大约在 1978 年 7 月，地点在河北省石家庄市。

当时，我正从事"土面增温剂"试验研究工作。一天，孙祥平书记要我到业务处去一下。业务处长是左大康同志，他告诉我，中科院地学部委托地理所在石家庄召开一次大型学术会议，让我放下手头工作，临时帮帮忙，去做会务工作。那时我还年轻，单身无拖累，除业务工作外，也参加一些行政性活动。因此，我就爽快地接受了领导的安排。也许是这次任务完成得好，接下来所里组织的三次黄淮海平原大型考察活动，又抽调我做会务工作，几乎每年都有一次。这让我差点转行做了行政工作。

石家庄会议是"文革"后中科院召开的第一次黄淮海平原学术研讨会，院、所都十分重视，中科院地学部和中科院地理所主要领导都出席了会议，与会代表有 100 多位，还邀请了院外学者和黄淮海平原五省科委负责人，其中有许多老先生。我现在还能记得的有黄秉维、郭敬辉、邓静忠、施成熙、卢沃锐等。这些老先生深受"文化大革命"折磨，多年不曾参加这样的学术会议，这次一见面，情绪十分激动。一谈起"文革"对黄淮海平原科研造成的损失，就充满愤慨和焦虑。由于当时正值盛夏，天气炎热，左大康同志特地要我们会务组人员对这些老先生的生活起居给予重点照顾，因此我同他们的接触就比较多。

这次会议主要是组织落实"南水北调及其对自然环境影响的研究"这一课题。但给我印象最深的是，与会学者们认为，黄淮海平原位置十分重要，"文革"对黄淮海平原综合治理试验研究造成的损失十分严重，旱涝盐碱治理不仅对本地区，对全国经济发展的意义也十分重大，因此，恢复和加强黄淮海平原的科研工作已十分迫切。他们表示，一定要争取时间把"文革"造成的损失夺回来。这些议题也是当时普遍存在的问题。

有个小插曲，也能反映当时的粮食生产状况。接待会议的是河北省招待所，与会代表吃饭还定量，每顿的主食，不仅年轻与会者，连老先生都说吃不饱。我们会务组在向省办公厅反映这一情况时,用开玩笑的语气说:"靠给100多位代表粮食定量,也不能使河北省粮食过关。"这个小插曲表明,当时黄淮海平原治理和加速农业发展是多么迫切。

这次石家庄会议,是院地学部和地理所召开的一次重要学术研讨会,它是在"文革"结束后的关键时刻,在具战略意义的黄淮海地区,及时恢复和加强地学科研工作的一次重要会议,也是向黄淮海地区重新集结科技队伍、调动科研力量的一次动员会议。

三次大规模考察

石家庄会议后,地学部又委托地理所对黄淮海平原先后进行过三次大型考察。前两次考察,大约是在1979年和1980年的7、8月份,每次历时半个多月。考察的地区有山东省禹城,河北省南宫、南皮、典周,河南省封丘、红旗渠引黄灌溉区、开封沙区、商丘等实验区。专家组由院内外学者组成,我还能想得起的学者有中国科学院南京土壤研究所祝寿全、王遵亲、俞仁培先生,国家地震局地质研究所罗焕炎先生,水利科学研究院杨振环先生(后为水利部部长)等,中国科学院地理研究所左大康、黄勉先生等,院里有吴长惠、赵剑平先生。

考察组每到一地,首先由当地政府介绍旱涝盐碱地治理和农业发展情况,然后,专家组参观实验区,现场听取盐碱地治理经验介绍,随后与当地领导和科技人员一起,讨论存在的问题、解决的途径和科技需求。考察活动中,左大康同志每到一个实验区,不仅全面观察治理效果,还特别对每个实验用什么方法进行治理,对变化过程有没有作观测和实验记录,都询问得非常详细。记得当时很多实验区,介绍的大多是治好了多少盐碱地,粮食产量增加了多少,而对治理过程中的一些要素变化,不是没有安排观测，就是测试手段落后，观测数据不全。遇到这种情况，左大康同志就显得失望和无奈。

这两次考察活动，专家学者比较一致的看法是，黄淮海平原旱涝盐碱治理虽受到"文革"影响，但有些地区的领导和科技人员，在最困难的时期，仍按 1966 年前后由国家科委带领科学院专家制定的治理方案，坚持进行了旱涝盐碱的治理。如山东省禹城和河南省封丘两实验区，坚持采用"井灌井排"配套技术，成功地治理了大面积盐碱地。因此，专家组认为，首先，要总结它们的经验，由点到面，推动黄淮海平原旱涝盐碱治理和农业发展；其次，要加强实验区的试验观测和相关规律研究，为治理提供科学依据。

现在回顾这两次考察活动和后来的发展，我感到这是地学部和地理所领导深入实地，全面了解黄淮海平原旱涝盐碱治理和农业经济发展现状、存在问题和技术需求的学术活动，是为科研队伍在黄淮海平原的宏观布局和确定研究重点做准备。从中也可以看出，重点工作是加强不同类型区的实验区（站）研究力量，开展治理和发展过程中相关要素变化规律的试验研究，并通过区（站）的试验示范，由点带面，推动类型区和黄淮海平原的全面治理和经济发展。

第三次考察大约在 1981 年或 1982 年。前后历时 20 多天，考察地区是南水北调中线和东线。这次考察围绕南水北调的环境后效而进行。专家组成员中有 9 位联合国大学的专家，院内外专家除上两次大部分成员外，还有水利部、长江流域规划办公室，以及京、津、冀、鲁、豫、皖、苏五省二市的水利厅、科委的专家。

这次考察活动，专家多、内容多、涉及的省区多。回顾当时诸多讨论的议题和左大康同志的言谈，我意识到，专家们议论的重点问题是黄淮海平原是否需要调水？需要调多少水？调水后是否会加剧土壤盐碱化问题？专家们在评估黄淮海平原水量平衡和水对环境影响的问题时，大家都因农田蒸发资料缺乏而难以做出准确的结论。后来，这一重大研究课题同禹城试验站确定的"以水为中心，开展农田蒸发试验研究"的方向，可谓不谋而合。

选择无怨无悔

夫妻两地分居矛盾突出

20世纪70年代，由于"文革"影响，科技人员的工资、房子、孩子上学等成为难题。其中，科技人员夫妻两地分居的矛盾更为突出。时任中科院领导的胡耀邦同志，高度关注这些问题，亲自过问并解决。1974年或者是1975年北京市给了中科院450多人的进京户口指标。这个指标下来以后，一批年长的业务骨干的夫妻分居问题得到了解决。但我当时的年龄、资历、贡献，以及属于农村户口的家属，都不具备解决的条件。那时我们夫妻天各一方，收入低微，我只有56元工资，而妻子在农村劳动，我们的生活、精神压力可想而知。当时石家庄要成立农业现代化所，可以解决一部分科研人员家属的"农转非"问题。他们也表示愿意要我。如果我调到石家庄，夫妻分居的问题就可以得到解决，小孩上学的问题也可以得到解决。可是我又很犹豫。在北京工作、生活了十几年，离开北京，内心还是很难割舍的。而且到石家庄后，生活问题固然解决了，可熟悉的业务也得改变。是去是留？权衡利弊，一时难下决心，十分迷惘。无奈之际，我决定向当时地理所副所长左大康同志征求意见。我分配来所后和左大康就有接触，他对我比较了解。左大康同志听了我的诉说后，要我先从事业上考虑。他说："你毕竟是学专业的，到石家庄去，现在的专业和工作会有很大的变化，你要慎重考虑。"他告诉我，所里准备在山东省禹城县筹建野外试验站，如我愿意在野外站工作，可以先把家属安排在站上，这样既不影响业务工作，也可缓解目前的困难。他还要我相信国家会继续落实知识分子政策，解决夫妻两地分居问题也不会只有一次，以后再有机会，所里会考虑的。左大康同志一席话，使我在迷惘之中看到了希望。

为解决夫妻两地问题到禹城

1979 年 10 月，当时正在种植冬小麦。我带着我们所一项重大成果"土面增温剂"研究题目，也是我当时正在做的工作，到了禹城县南北庄。"土面增温剂"喷在地表之后，能抑制土壤水分的蒸发，抑制蒸发就能抑制返盐。当时禹城正在进行盐碱地的改良工作，所以我想看看"土面增温剂"能否在盐碱地改造上发挥作用。如果有作用，我在禹城也就能发挥作用了，这是此行的目的之一。目的之二，也是我真正的实质的想法是想实地察看各方面的条件，了解将家属迁到禹城的可行性。

来禹城后，我首先接触的是已在这里筹建试验站的程维新、赵家义、洪加琏、逢春浩 4 位同志。他们是 1978 年筹备建站时就来到这里了。我来后他们帮助我找地块，把试验工作按照计划布置下去了。我完成了试验工作的布置后，晚上没事时就向他们讲了解决家属问题的想法，问他们是否可行。因为原来我们都是一个组的同事，彼此了解。他们一致认为我的想法可行。那时我们生活上的困难主要依靠地方上的同志帮助解决，也就是禹城实验区的同志。禹城实验区和科学院还是两个系统。禹城实验区是地方行政管理的一个单位。当时的主任是马逢庆，他是原县委办公室的副主任，为我们做了大量的工作。在我到达这里的一个晚上，程维新等同志就引领我，见到了实验区主任马逢庆等同志。我谈了我的想法。马逢庆同志表示，实验区会帮助我解决家属来后的生活安排，吃住都没有问题。但是农村户口不太好解决。权衡利弊，我心里有底了。"加盟"禹城试验站，可谓"天时、地利、人和"。我庆幸这次禹城之行，决心加入这个新的科研团队。

这年冬天（或1980年春天），左大康同志来禹城开会，他找到时任禹城县副县长的杨德泉同志，说建站需要我这样的科研人员，说家属问题北京暂时安排不了，可否先安排在禹城。杨副县长满口答应。这个情况我是后来才知道的。但是我家属

1987年秋北丘洼盐碱滩（右起：张兴权、程维新、张毅）

的"农转非"问题暂时还不能解决，杨副县长说现在"农转非"卡得特别严，县上一年只有两个指标。他答应以后有机会就给我想办法。我得到这个消息后，当年5月份，就把家属户口正式迁入禹城。我有一个十四五岁的女儿、一个刚上小学的儿子和一个正准备上初中的儿子。当时实验区给我拨出两间原来的办公用房让我们夫妻俩住，把我爱人的户口放在一个

生产队里，好有粮食吃。后来站上又给我爱人安排点事情，也就有点收入了。我把母亲接到我北京的房子里，把孩子放在北京上学。我则两地来回跑，照顾在北京上学的孩子和禹城的研究工作。至此，两地分居困难得到缓解。我爱人比较勤俭，种些菜什么的，经济条件也得到一些改善。我也能较好地集中精力开展研究工作了。

对应用性较强的研究认识上有偏差

那时正值禹城试验站刚开始筹建，站址在农村，工作、生活条件和城市无法相比，真是"百废待举"，处处困难。当时，我们仅有的是实验区给我们新盖的五间平房小院，科研活动是实验区给划出的几亩试验地，经费有限。所以我们都是因陋就简，亲自动手，实验田的体力活都是亲自干，饭也是自己做。没有电，晚上靠蜡烛照明。

工作性质也与所里不太一样。区域综合治理试验研究，需要定点、定时、多点的系统试验观测资料，还要在农田做出示范，做出样板，在盐碱地能长出庄稼，才算成功了。工作花精力多、周期长、出结果慢，而且各项行政事务都需要我们亲自处理。每个人既要做好研究工作，又要操心建站的事务性工作，以及生活等问题。我因为是这里的常驻户，

1982 年春左大康所长（左）在禹城试验站向张兴权现场了解地膜覆盖抑制蒸发和抑制土壤返盐情况

他们回北京交代我一些事，我都要操心。

这样一来，我们的学术论文相对就比较少，外文水平的提高也受到影响。来自周围的一些议论，更令人困惑和不安。代表性的看法是"区域治理开发是实验性的、重复性的、技术推广性的工作，搞不出什么高水平的学术成果"。所以我们从事这项工作的一些同志，在职称评定、工资、福利等方面，常受到一些不公平待遇。职称问题解决不了很麻烦。虽然大家有这方面的担心，但是我们一起来的同志还是互相鼓励，没有丧失信心，还是继续搞好工作。县里对我们的工作也很支持。

国家领导和院领导给我们很高评价

"六五"攻关我参加了。负责人是凌美华，副组长是程维新，还有刘振声。我当时主要做盐碱地改良的抑制蒸发和抑制土壤返盐的试验研究工作。"七五"禹城实验区科技攻关课题负责人就是程维新同志了，我是第二负责人。

1988年5月和6月，原国务委员陈俊生同志和国务院李鹏总理，在中科院周光召院长和李振声副院长的陪同下，先后考察了禹城"一片三洼"综合治理开发试验、示范现场，对我们的工作给予了很高的评价。特别是陈俊生同志，在我们科技人员参加的一次座谈会上评价我们："在大地上书写了一篇高水平的学术论文，如果得不到承认，是很不公平的。"我对这句话印象很深，这说明我们的方向还是对的。李鹏总理说："这里取得的成果，对整个黄淮海平原开发，乃至对全国农业的发展都提供了有益的经验。"专家组对我们完成的禹城"一片三洼"综合治理试验研究成果的鉴定结论是："该成果居于国际先进水平。"

李鹏先后到沙河洼和辛店洼考察。原本还要到北丘洼考察，后来时间

103

来不及了，就没有到北丘洼。我们治理专题组的几个人一直在北丘洼现场等着，所以李鹏总理视察禹城试验站时的集体合影，就没有北丘洼我们这几个人。胡启恒、孙鸿烈副院长也先后到禹城视察，都对我们的工作进行了充分肯定。后来国务院还对我们进行了表彰：程维新是一级表彰；地理所还有 5 位同志获二级表彰，其中有左大康、唐登银、凌美华、许越先和我，只有我一个人是平头老百姓。这对我们是一个很大的安慰。

八喜临门

真可谓"喜事成双"，就在中央领导肯定和表彰我们研究工作的同时，落实知识分子两地分居的政策终于落实到我的头上了。在禹城整整 8 年，我爱人的户口终于进入北京，以后全家人的户口都回到北京了。老大和老三的户口是随父母进京。老大还被安排在中科院地质所工作。老二是自己考到第四军医大学，毕业后分配回到北京。接着我被提为副研究员，工资也增加了，住房也解决了。1988 年，我是职称，工资，住房，子女入学、就业等，积累多年的难题，一年间全部得到圆满解决。同志们开玩笑说我一年有八喜。每当回顾这段经历，总有"山重水复疑无路，柳暗花明又一村"的感慨。我深感当初选择来禹城的路选对了。对领导帮我之义，对周围同志助我之情，对帮我渡过难关的禹城这片热土，感激之情我将永远藏于内心深处。

敢啃硬骨头

北丘洼被公认为是块硬骨头

北丘洼有 2 万多亩地，重盐碱地有 4 600 多亩，有 5 大块，其他剩余的土地也是中低产田。"七五"期间，北丘洼被列入禹城"一片三洼"的范围，开始了综合治理科技攻关。时间从 1986 年开始，1990 年结束，共 5 年时间。最值得关注的是 1989 年 4 月，我们采用了"强排强灌"配套技术，对盐池刘村南一块重盐碱荒地进行治理。这块地从来没有种过庄稼，春天地里的盐碱能用手捧起来，曾被公认是"难啃的硬骨头"。这种类型的盐碱地，在黄淮海地区属于比较难以治理的类型。所以我们就选择了这一块进行攻关。我们 20 多天内取得成效，当年就种出了庄稼，成为当年治理、当年见效的典范。这块世代熬制硝盐的荒地快速改变面貌，引起了轰动，受到社会各界广泛关注。昔日名不见经传、被人遗忘的角落，一时之间，学者、记者、领导纷至沓来，电视台、报刊争相报道，群众像看稀奇似的看这一成果。治理前后的对比照片先后在国务院和山东省农业开发展览会上进行展示。听说当时主管农业的田纪云副总理看过照片后也都给予很高评价。"强排强灌"治理盐碱地还被作为范例，编入中学地理课本。我是怎么知道的呢？因为首都师范大学组织中学的地理老师每年都要到禹城来参观、考察。他们告诉我教材里有"强排强灌"这样的内容，因为不是很懂，所以问我，我才知道被编入了教材。

我再来讲讲北丘洼的治理，何以成为一块"难啃的硬骨头"。

北丘洼位处山东省禹城市西北部，总面积 18 平方公里。洼地大部分农田为盐渍化土壤，盐渍化程度不同，有轻度、重度的。洼地一些村名都贯以"盐池"称谓，如"盐池刘""盐池崔"，意为盐池中的村子。据当地传说，原国家主席李先念同志的专列有一次经过这里，看到铁路两侧盐碱地一片荒凉、白花花的盐碱景象，曾指示陪同的德州地方领导："这块土地需要改貌。"

导致北丘洼成为重盐渍化洼地的主要原因是洼地地势封闭、低洼，排水不畅。地下水埋深浅（1.5 米）、矿化度高（3～9 克/升），在春秋干旱季节强烈的蒸发条件下，耕层土壤积盐高达 0.3%到 0.6%，不能生长植物。由于不能生长植物，耕层土壤的有机质含量在 0.6%到 0.8%，土壤十分瘠薄。这样的盐碱地面积，在黄淮海平原还不算小。这是黄淮海平原治理难度较大的一类浅平洼地。当时在我们开始进行治理的时候，还没有一个快速有效的解决办法。

在我们来这里之前，60 年代，禹城县曾对北丘洼进行过一些治理，包括 1958 年"引黄放淤"，但是只灌，没有排，造成盐渍化。60 年代末至 70 年代修台田、条田，但是深度和高度标准都比较低，也发展了营造防护林、增施有机肥等，都没有取得显著的效果。这也使当地干部、群众认为"北丘洼没法可治"，是一块"难啃的硬骨头"。所以在我们治理工作开始不久，一位领导就劝我们说："这里治了几次都失败了，我劝你们趁早别治了，治不好会砸了你们科学院的牌子。"

我们分析以后，认为这个地方的治理难点在于地下水位高，导致春秋土壤强烈蒸发和上层盐分积累。应对措施，可采用当时行之有效的"井灌井排"配套技术。也就是春旱的时候从土壤深处抽水，用抽出来的水浇地。抽上来的若是淡水，用这个水浇地，既抗旱，又淋洗土壤的盐分。抽出水后还可以加深库容。但是北丘洼地下水矿化度高，抽出的是咸水，既不能抗旱，也不适宜灌溉，不能洗盐，反而会增加盐分。若采用常规的农业与生物技术进行治理，比如平整土地，多施有机肥等，都要在10年20年之后才有效果，甚至没有效果。这里有过这样的经验，所以也不适用。

起初，我们提出的配套技术包括：第一，北丘洼的引黄渠道已经修通了，地面有引黄的水渠，我们可以完善灌排体系。春天利用引黄河水条件，淡水灌溉，抗御干旱，淋洗上层土壤积盐。第二，可以采用农田覆盖（秸秆、地膜），抑制土面蒸发、返盐。春天种棉花之前，先用地膜覆盖了。夏天玉米封垄之后，用小麦秸秆把行间裸地覆盖起来，减少蒸发，秸秆腐烂后增加土地有机质。第三，发展林果和粮食栽种，香椿和棉花、枣树和粮食作物间作，改善农田水热条件，减少土壤返盐。第四，良种良法，提高粮、棉产量，增加农民经济收入。

以上4条，运行3年，治理效果虽有，但农田环境与作物产量变化不大。这时，同一课题的中国科学院南京地理与湖泊研究所主持的"渍涝洼地"治理，已建成鱼塘台田生态系统，鱼塘养出了鱼，台田产出了粮食；中国科学院兰州沙漠所主持的"风沙地"治理，沙荒地栽培的葡萄、种植的花生已结出了果，西瓜也获丰收。人家是"又有吃的又有说的又有看的"。虽然他们也都是我们这个大课题内的，但我们这里"没吃没看没说"的，这种差距对我们形成了无形的精神压力。我是课题组副组长，主持的治理进展不理想，心里特别难受。

"强灌强排"终于成功

压力也是动力。我们时时都在议论怎样找到一个办法，一炮打响，把表面的盐碱快速地压下去，再种上植物，真是吃饭也在议论，睡觉前也在议论。后来攻关组在总结经验教训的基础上，寻找到突破点，提出了"强灌强排"技术体系。所谓"强灌强排"，即在短时间内，采用淡水灌溉，淋洗上层土壤积盐；采用浅群井系统，抽排被淋洗的咸水。灌、排交替，反复进行数次，用强制的办法使耕层和根系层，也就是 15 厘米到 1 米的土壤含盐量降至适于作物生长的含量。后来我们请了北京市基建公司的老工人米师傅，帮助我们搞地下排水。我们所一位电工，手巧，把他也请来了。

1989 年 4 月，进行了"强灌强排"试验示范。试验地位处盐池刘村南，面积 24 亩，属重盐渍化荒地。我们对试验地进行了平整并建了灌溉畦，共打浅井两排，14 口，排距 40 米，井距 20 米，深 6 ~ 8 米，各井口用水平管道串联，并与抽水机和柴油机联接。抽水机采用水射泵在井管内

抽排咸水的"强灌强排"主要设施(1989 年，盐池刘村南)。左起：欧阳竹、陈瑁、李运生、张兴权、程维新

能形成真空，使地下水快速汇集到井管，仅用一台抽水机同时抽排 14 口浅井的咸水。

灌、排共 3 次，每次用时 7 天，试验共计 21 天。经过多次检测，发现盐碱土壤终于变成非盐碱土了。灌排结束后按土壤墒情及时播种了棉花、大豆、玉米、田菁等作物，耐盐的、不耐盐的，各种作物分别种上，使裸露土面尽快被作物覆盖，这些作物很快就出苗了。秋收后我们又赶快种上冬小麦，长势非常好。

1990 年课题主持单位北农大派人来预测亩产，结果亩产为 500 多斤，比我们实收的还要高。当地产量高的好地也就是这个产量。这一下就把这块硬骨头拿下来了！

试验结果，当年播种的作物达到周边村子产量水平。秋季种植的冬小麦，第二年（1990 年）产量达到了每亩 250 公斤。

10 多年后的 2008 年 5 月，故地重游，我对北丘洼进行实地考察，当年随处可见的"盐碱斑"，现已无处可觅。包括盐池刘村南当年做试验的洼地，5 大块盐碱荒地，均变成作物长势良好的农田。过去的盐碱荒地，现在春秋两季亩产量都在 800

2008 年 5 月张兴权（左）和程维新在盐池刘村南考察"强灌强排" 20 年后的高产良田景象

到 900 公斤以上，小麦在 400 公斤、玉米在 500 公斤左右。试验示范与生产实践表明，我们终于"啃"下了黄淮海平原咸水浅埋重盐渍化洼地治理这块"硬骨头"。

"强灌强排"技术创新的内涵

"强灌强排"独具创新的技术集成和快速高效的治理效果，获得了同行专家学者的好评，受到领导和群众的肯定。原地理所所长黄秉维先生在视察治理现场和听取汇报后，评价技术体系的设计"构思奇特"。成果鉴定组专家的评价是："技术整体优化组合上有所突破、有所创新、易于推广。"

对北丘洼"强灌强排"技术治理试验研究，还有几点值得回味。

第一，北丘洼的治理，综合了地貌学、土壤学、气候学、水文地质学、农业经济、农学以及农田灌溉等学科的相关原理，集成了农田灌溉淋盐、浅层抽排咸水，盐碱地适生作物栽培，抑制土壤返盐以及土壤培肥等技术，充分发挥了地理学的综合优势。治理试验示范的实践表明，地理学科在改造客观世界的过程中，

1988 年春周光召院长（中）视察北丘洼试验基地（北丘洼基地西），张兴权（右）在解说

既要发挥单一学科、单项技术的功能，更要坚持多学科交叉、多部门有机协调的综合优势。方案的设计和实施，不仅充分发挥了学科组专业人员的学科特长，同时，也调动了有实践经验和加工技能人员的积极性，使治理构想和试验设计与实践经验和加工技巧形成了较完美的结合，保证了试验示范的顺利进行。

　　第二，治理方案的制订，均以实地取样、实地考察和实地访问的资料为依据。我们没有采用当时公认的"井灌井排"技术，曾引起同行学者的质疑。在我接待的考察学者中，有的认为，北丘洼地势低、地下水埋深浅，治理首先要降低地下水位；有的认为，不将地下水位降到土壤返盐的临界深度以下，即使有治理效果，也难维持。他们的上述见解自有科学根据。但我们从北丘洼的自身特点出发，没有将降低地下水埋深作为主攻方向，而是将重点放在快速消除作物根系层积盐和有效保持淋洗和抽排盐分效果两个方面。前者突出"强"，后者强调"快"，即"强灌强排"有效消除上层土壤积盐；及时播种作物，快速形成生物覆盖层，这不仅取得当年治理、当年见效的成效，而且"八五"时期进行的治理区生态稳定性研究结果进一步表明，即使在地下水位仍保持在1.5米的条件下，随着农田作物层的稳定形成，以及相应的施肥、耕翻等农业措施的应用，盐渍化土壤已转化成非盐渍化土壤，土壤肥力和作物产量都得到大幅度提高。这一巨大变化进一步证明了我们治理思路和所采用技术的可行性和正确性，也彻底消除了起初对治理后效是否能持续的怀疑。

人还是要有点精神的

　　参加北丘洼攻关试验研究的同志有地理所的程维新、张翼、欧阳竹、逢春浩、李运生、董云社、刘恩民、王吉顺和我，协作单位中有植物所的张鹏、黎盛臣、董宝华，遗传所的姜茹琴、谷爱秋，古脊椎所的陈琯等先生。

1987 年秋孙鸿烈副院长（左 3）视察北丘洼试验基地（柴堂村东）

攻关初期，大家住在柴堂村柴吉平同志的宅院内（柴时任禹城县水利局副局长，家属住在县城，将农村宅院给我们住）。房子是土坯盖的，生活用水得到离村一公里外的一口土井去拉，遇到雨天，道路泥泞，吃不到菜是常事。一年后，搬到了新建的基地，由于生活用水矿化度仍较高，大家一到基地，无一例外地要肚子发胀和拉肚子。但人还是要有点精神的。在艰难的攻关岁月内，攻关组同志发挥了相互配合、团结协作和吃苦耐劳的精神，也正是依赖这样的团队精神和集体的聪明才智，才使处于重重困难中的科技攻关工作，得以顺利完成。这不是靠哪一个人，而是靠一个团队。

李振声院士一直倡导"黄淮海精神"。今天，我们地学野外台站的工作和生活条件已得到了很大的改善，试验手段、方法比过去有了很大进步。在此之下，要获得新的研究成果，"黄淮海精神"、与地方领导及群众紧密结合的传统，还需要继续发扬。

产业化的研究与实践

产业化可以提高县域经济水平

从 1965 年到 1995 年再到现在，在禹城实验区的科技攻关成果中，有关产业化的研究虽不占很大成分，但回顾攻关工作，我认为产业化的研究对提高禹城农业经济效益，特别对未来县（市）域经济发展，有着十分重要的意义。因为我们过去的工作都是集中在盐碱地改良，农业生产条件的改善，农业结构的调整方面。如果分成几个段落，就是从 1966 年到 80 年代，基本围绕着增加粮食产量，改善农业生产条件来做工作。结果就是粮食产量有了大幅度的提高，土地肥力也有了很大提高。第二个阶段就是从 80 年代后期一直到 90 年代末，基本是围绕着农区畜牧业的发展作结构性的调整，主要是为了增加农业效益，提高农民收入。做了一段之后，禹城的农业结构趋于合理。以前是单一粮棉生产，后来是种养殖业、水产、林业，都得到均衡的发展，这样农业经济效益和农民收入得到一定提高。现在应该是到第三个阶段了。特别是本世纪初以来，"九五"以后到"十一五"攻关，因为粮食产量已经保持了一定水平，所以当前的目标应该是既要高产还要高效，既要优质还要安全。资源节约，环境友好，可持续发展，向农业现代化这个目标迈进，特别要提高县域经济的水平。

我把禹城从 80 年代到 2005 年的产业结构和 GDP 大致做了分析。目前阶段 GDP 的增长是非常快的，已形成工业主导型的经济结构。我分析就是原来县里经济结构很薄弱，第一产业占到 70％到 80％，第二、三产业占到 20％到 30％。现在工业产值占到 50％，农业和第三产业各占到 20％左右。所以我们产业化的问题在攻关中提出来，有两个意义，一个是我们过去做了一些工作，二是今后还要加强这方面的工作。

从我亲身经历过的产业化过程，有两件事很有意思。自"六五"起，试区就从不同侧面对产业化进行了探索研究。我参与了其中"光分解地膜"产业化和玉米"产业链"的研究与示范工作。

引进产业化项目的成功与失败

"六五"期间，有一次地学部在禹城开会，吴长惠同志约我见到了参加会议的长春应用化学研究所陈忠汉先生。陈先生向我详细介绍了他们的研究成果"光分解地膜"，想把这项成果转让给禹城，邀我们协助完成光分解地膜的农田应用效果试验示范，并想在禹城实现产业化生产。他希望我参加他们的工作。

他是搞有机化学的，对农业实践不太熟悉，所以我们要对农田使用的效果做些测试，然后立项，进而产业化。

光分解地膜引起了我的兴趣。我从 1972 年就开始系统地做"土面增温剂"和地膜的农田应用效果试验分析，做了十几年了，有很多资料。用脂肪酸渣制成的土面增温剂在苗长出之后，增温剂就失效了，20 多天之后就分解了。分解后可增加土壤的有机质，不会在土壤中留下残留物质，无污染问题。与地膜相比，这是它的优点。而光分解地膜"增温、保墒"效果好、施用方便，铺到地面之后，经过两三个月的太阳照射，就可以自动分解成小碎片，最终产物是二氧化碳和水。这种兼具地膜和土面增温剂两者优点的覆盖材料，不正是我现在抑制土面蒸发、返盐试验研究所需的材料吗？再说，禹城县也需要我们帮助引进一些产业项目。因此，我愉快地接受了这项研究任务。

当时禹城的工业还是比较落后的，唯一的两个大厂子一个是棉纺织厂，有3000多人，有点效益；另一个就是禹王亭酒厂。所以我们也希望通过我们的工作为禹城引进一些项目来。如果把这个项目引进来，也为禹城做了贡献。再一个吴长惠也讲话了，那时还是计划经济，领导讲话就等于布置任务了。接下来差不多用了两年的时间，我把他们的地膜和普通的地膜以及土面增温剂做了对比试验，还对有效使用期内水分蒸发的情况，对苗的生长情况的影响等，都做了实验。另外在农田中它的分解，什么时候分解，最终是什么样的情况，也进行了研究。我发现在植物长起来之后，在遮光的情况下，分解得特别慢。因为他们的试验是在楼顶上，太阳的照射基本是没有阻挡的，所以膜分解得很好。但是大田里有些田垄沟壑等背光的地方膜的分解就不很彻底。我把未分解的残片收集起来，分别累积成5年、10年的量，用天平称，看对出苗的影响。结论是累积到5年以上就会影响作物的生长。

接下来我和应化所的姜承德、宋玉春先生配合，先后完成了光分解地膜的农田应用效果试验，光分解残膜农田积累及对土壤环境与作物生长影响的模拟试验，收集起来烧时对环境的影响，等等。我们还在农业电影制片厂的协助下录制了普通地膜对农田环境影响的宣传影片，为该项目在山东省计委和轻工业部立项提供了依据。后来在很短的时间内，国家投资，把一个小塑料厂改建成了一座新型地膜厂，实现了光分解地膜产业化生产。

姜承德、宋玉春负责工厂的筹建。县里由徐德昌副县长负责，计委主任王再泉组织了8个人的班子，我负责沟通、协调。工厂两年就建起来了，之后我就很少联系了。

光分解地膜产业化生产，当时全国仅此一家，进行产业化生产具有超前意义。但是，生产效益不是太好。原因有几点：一是产品超前。在当时地膜应用还不广泛的情况下，地膜污染问题在当时条件下还没有引起充分的重视。了解这种超前产品的人很少，影响了它的广泛使用，发展受到制约。二是价格较普通薄膜高。三是工厂转制等原因。一项利于农业增产增效、利于农田生态环境的新产品，还没有来得及在生产中发挥它应有的作用就无声无息地消失了，这不能不让人感到惋惜。虽然不是很成功，但我感到我还是为院里的成果转化做出了一点贡献。

"八五"期间，1986 年、1987 年，禹城面临粮食生产相对过剩、农业经济效益很低的突出矛盾。按照李振声院士"禹城农业要上新台阶，畜牧业是突破口"的指导思想，我们将农区畜牧业作为攻关重点，主导此事的是长沙农业现代化研究所的邢廷铣、谭之良等先生，通过青贮、氨化，作物秸秆被用作粗饲料，发展养牛业，促进了以肉牛为主的畜牧业发展，我们把它叫做"秸秆畜牧业"。禹城是最早倡导用秸秆发展畜牧业的试区，因此被农业部评为"全国秸秆养牛先进县"。

还有一个例子就是玉米产业链的研究与试验示范。这里面有几个环节，才形成了链。

程维新同志从中科院微生物所引进了玉米低聚糖生产技术，建成低聚糖厂。县里自己用玉米芯制造木糖醇，又建成木糖醇厂。"九五"期间由我们攻关项目组组织协调，中国农业科学院林治安、王宝忠等同志继续进行了玉米优质高产研究。我们从北京奶牛公司引进微生物发酵技术，把干了的玉米秸秆用一种菌种发酵，叫"微贮"技术。禹城市的原农委副主任张希水同志还做了木糖醇渣种植香菇试验示范和推广。农科院的田昌玉等同志，又用养了蘑菇的渣子做成有机肥。至此，玉米从高产种植→秸秆饲料转化→籽粒深加工→副产品综合利用，形成完整的产业链。专家鉴定时说："实现了玉米产品升值和各级产品的循环利用"，"在黄淮海是首创"，并带动了牧畜养殖与肉品深加工、林网建设与木材深加工等产业发展。

工业化对全国的示范意义

工业化提高了县域经济效益。我请禹城的同志做过统计。据 2007 年统计，全市工业产值中约有 70% 来自以农产品为原料的加工产品，所以这个链是有示范效应的。全国 3000 多个县，真正用农产品做原料发展工业生产的并不多。用农业促进产业化，提高县域经济水平，应该是科学院研究的课题。

禹城原先是工业基础差，缺乏矿产资源的农业大县，目前已发展成为工业主导型城市。其中，农产品产业化深加工起了非常大的作用。这点对全国同类型的农业大县具有典型意义和示范意义。当前及今后阶段，禹城实验区在资源节约、环境友好和现代农业发展的攻关研究中，产业化仍是我们面临的重要研究课题。

我为能参与这一重要研究和示范工作而感到高兴！

禹城实验区的攻关工作，一直得到各级领导的关心和支持。周光召院长，李振声、孙鸿烈、胡启恒副院长，以及黄秉维、左大康所长，院农办刘安国、吴长惠等领导，多次亲临试验示范现场，帮我们理清思路，明确重点，帮助我们解决工作和生活中的具体困难。我们从中得到提高，受到鼓舞。

禹城县委、县政府历届领导都给予了我们热情关怀和大力支持。在县财政还很困难的条件下，仍尽力为我们提供人力、物力、财力，帮助我们

1990 年 5 月黄秉维（左 3）、左大康（左 1）等
地理所领导视察北丘洼试验基地（北丘基地西）

解决工作、生活及个人遇到的困难。就我接触的同志中，杨德泉、徐德昌副县长，局办负责人马宪全、王心源、马逢庆、董怀金、柴吉平、邢建国、高凤山等同志，他们在攻关中为协助我们所付出的心血，令人感动，终生难忘！

成功治理重盐碱地，实现了几代人的梦想 5

欧阳竹　口述

时间：2008 年 7 月 23 日上午

地点：中国科学院地理科学与资源研究所 3208 室

受访人简介

欧阳竹（1961—　），中国科学院地理科学与资源研究所研究员、博士生导师、中国科学院禹城综合试验站站长。1983 年毕业于华南农业大学。主要从事农田生态系统可持续管理研究，研究作物生长过程和环境要素的相互关系，研究水、肥、光、热等要素的调控原理，建立农田生态系统可持续管理的技术体系和区域农业可持续发展模式。主持和参加了国家攻关、"973"、"863"、国际合作、自然科学基金、中国科学院方向性

项目和重大农业项目等多项科研项目。曾荣获 1991 年中国科学院科技
进步一等奖；1988 年中国科学院黄淮海平原农业开发一等奖；1988 年
山东省黄淮海平原农业开发二等奖；2008 年周光召基金农业科学奖、
2009 年全国野外科技工作先进个人。共发表研究论文 50 余篇。

从懵懂青年到甘于奉献

我是 1983 年开始参加黄淮海平原农业综合开发工作的。

记得那年我大学毕业，学校把我分配到当时的中国科学院地理研究
所。我的专业是农学，但到地理所具体能做什么研究我还一无所知。报到
那天正好是周末，下午地理所全所的同志都去看电影了。那时看电影是单
位发电影票，结果我来报到时人事处一个人都没有。我就坐在业务处等
候。由于坐了一天两夜的火车，实在是困了，不一会儿我就睡着了。这时
进来一位"老先生"——其实并不老，但是我们刚毕业，所以看四五十岁
的人就认为是老先生了。他问我："你是哪里来的？叫什么名字？"等等。
我就告诉他我的情况。他说："哎呀！你没准是到我禹城站来工作的。我
当时到你们学校去要人，你可能就是我要来的。"然后他说："现在有个外
事活动，外宾是澳大利亚的科学家，你也来参加吧。"我就参加了，但却
没有听懂。这位老先生就是唐登银，是当时中国科学院地理研究所禹城试
验站的站长，所以我与黄淮海真有不解之缘。

我第一次出差到禹城，是地理所所长左大康带队，我跟着一起去的。
副所长许越先和所里一大批科研人员、研究室主任和行政管理人员都去

了。我觉得很奇怪，为什么要组织这么大一支队伍到禹城去呀？到禹城后的当天晚上我们被请到了一个很大的房间里，在那里摆了近十桌饭菜，原来是要宴请我们！包括书记、县长等地方的各级领导都来了。地方领导这样热情，是我没有想到的。我是从南方来的，不会喝酒，县里所有参加宴请的领导都来给我们敬酒，那天晚上我第一次喝醉了。这是我第一次经历科学院跟地方的一次大型的对接活动。从那天晚上起，我开始真正介入黄淮海工作了。

科学院如此重视，地方如此重视，所以我觉得禹城的工作应该比较重要，但是当时并不十分清楚这个工作的意义和目的。

那时程维新等同志已经开始在禹城工作了。我们这个组的负责人是凌美华，副组长是刘振生，他后来到古脊椎动物与古人类研究所工作了。到禹城以后，我与许越先副所长、唐登银站长、凌美华、程维新等老师逐渐熟悉起来。

我们研究区域所在地是禹城旱涝碱综合治理实验区，面积 13.9 万亩。我第一次见到盐碱地感到"很奇怪"。那个时节正好地里返盐，当时盐碱非常严重，整个地表白花花的一层。晚上出去走路的时候脚底下都是带响声的，特别是有点月光的时候看上去就像刚下完雪一样，这是在南方看不到的景象。而且那里大部分盐碱地种的都是耐盐碱的棉花。在广东，我只见过水稻、甘蔗，对小麦也只是略微了解一点，更没有见过长在地里的棉花了。

我虽然是学农学的，黄淮海的农业开发工作应该跟我的专业对口，但是心里特别没有底，因为过去我连盐碱地都没有见过，更不知道怎样治理改造。我读大学时，教委下发的教材有两个版本，南方本和北方本，内容不一样，我学的是南方本，有关农学方面的知识与黄淮海的作物和土壤性质都不同，所以对我来说面临着的是一道难题。

工作和生活条件很艰苦。当时试验站只有一栋两层小楼，实验室和住宿都在那个小楼里，而来禹城站开展野外试验研究和黄淮海农业综合开发治理的人比较多，住不下。在试验站北面一公里左右有一排平房，是原来禹城站建站前作为观测用的，我们几个人就住在那里。所以我们每次要走到试验站吃饭，吃完饭再走回去。路是土路，有时下雨，遍地泥泞，就走不过去了，连自行车都推不动，一推，泥巴就把轮胎糊住了，只好自己对付着吃点。

水是一个重要问题，我们住的地方没有自来水，都是简易手动压水泵压出来的浅层水。这水是咸水，我对水的适应性还好，没有腹泻，但有很多人腹泻。印象更深的是洗头。那时还没有洗发液，用肥皂洗，越洗越黏，头发全都糊在一起了，还不如不洗，真让人哭笑不得。电也是问题，虽然说有电，但说停就停，电视就更没有了。再有就是吃饭问题，南方人爱吃大米，而试验站主要吃面食，我很不适应。我在南方长大，生活条件比黄淮海要好多了。所以我刚到禹城时，工作和生活都不适应。

尽管生活上困难很多，但是不管怎样，我已经来了，还得要好好工作。我开始跟大家一起搞调查、做试验，从老专家那里学习知识，这才慢慢知道盐碱地是怎么回事，也才了解了黄淮海工作的内容。即使这样，开始我对黄淮海工作的重要性和意义理解得也不是特别深。比如像李振声副院长，当时对黄淮海治理是有宏观战略的。而我当时只关心我的具体工作，真正理解黄淮海农业综合开发治理的深远意义，还是在时任总理的李鹏来视察之后，才明白原来是这样一个关系到国计民生的重大战略问题，才明白了在禹城开展的盐碱地治理和农业综合开发工作对我国当时解决粮食问题、提高耕地生产力具有重要的示范意义。

生活条件非常艰苦，但我们的工作更困难。那时科研人员的奉献精神是很强的，所以生活上的困难大家都没有当回事。当时工作条件之艰辛，也是现在的年轻人难以想象的。那么严重的盐碱化，需要很多试验、分析的手段，而我们什么都没有，没有任何先进的仪器，只有最简陋的设备、我们的头脑和一双手。老中青三代科学家在一起，通过所学的知识，通过一些很常规的手段，去解决问题。为此，我们想了很多很多办法，比如化学改碱、物理改碱、作物种植方式等等。农业试验与其他试验不同，失败一次就是一年的周期。有时种上的苗，刚刚长出来时还挺好，但突然就死了，而且是一整块儿一整块儿地死去。偶然有苗出齐了，就非常高兴了。我们失败了很多次，有时甚至觉得这样重的盐碱地真没有什么办法能治理好，好像没招数了，真是困难重重。

就是在这种情况下，那几位当时都是四五十岁的老先生们，还是坚持白天去外面考察，坚持做试验，到晚上大家就坐下来，点个蜡烛聊天，聊的全部都是工作。每晚都像是学术交流会，大家坐在一起就是想办法。

我们还有一项工作就是要深入基层，要和农民捆绑在一起。因为我们试验的目的不是在一块小试验地里获得成功，而是要推广到农民的土地上去。那时我就已经认识到做一位科学家不光是要做科研，还要学会跟地方干部和农民交流，否则你的工作就很难开展下去，推广成果就很困难。老百姓对黄淮海治理的重要意义理解得也没有那样深刻。他们很实际，就是看你能给我带来什么好处。那时我们骑着自行车每个村每个村去跑，跟村长、村书记和农民交流。示范区那么多村子，我们这些老先生几乎跟每位村领导都是好朋友。一去，到中午了，村干部就不让走了。

当时农民贫困到什么程度呢？住的全是土坯房，只有刚够温饱的一点粮食，有些甚至连温饱都无法解决。那么贫穷还请我们吃饭、喝酒，有人还抓只自己养的鸡杀了给我们吃，我们真是过意不去，但他们就是不让走。其实我们所里这几位老先生都不好喝酒，但不跟他们喝他们觉得你瞧不起他们，就很难跟他们融合在一起，为了跟他们交流感情，这些老先生硬喝。喝醉了也很难受，有时喝得七倒八歪的，还要推着自行车回来，搞不好路上还要跌跤子。

中科院一直非常注重政府和科研机构的结合，实践证明"黄淮海战役"的成功是与地方政府和老百姓的配合分不开的。后来程维新先生总结提出"科物政三结合"。"科"是科研院所、科技，"政"是政府、政策，"物"包括财政、经费等。

我印象特别深的还有我们地理所的左大康所长。他对黄淮海是非常关注的。我们所建禹城试验站是从 1977 年开始，1979 年正式批准，后来黄淮海的大项目又开始了。左所长一般两个星期就要亲自跑一趟，那时他已经 63 岁了。当时只有一趟火车，而且还是单休日，他就利用这一天的时间到禹城来。他星期六下午来，星期日晚上回到北京，星期一早晨再上班。试验站没有食堂，旁边有一个食堂是地方开办的，非常简陋。他们一般一次性蒸一大堆馒头，要吃好几天。冬天就晾在那里，天气暖和一点，苍蝇就趴在那上头，中午热一下给大家吃，也没有炒菜，就是一点咸菜，一碗稀粥。左所长去了以后就在那里吃饭，拿个馒头，拣一点咸菜，一碗粥。我这个南方人对这样的饭菜实在难以下咽。另外，他去了以后肯定要到实验区主要的试验点和示范点去看一看。那时站上有一辆小汽车根本忙不过来，只能骑自行车，我陪着他骑车转过好几回。

现在回想起来，那时的情景和现在反差极大。我想这里面可以思考很多问题，比如科学研究如何和国家需求结合、如何与生产实际结合，针对有重大需求的国家项目如何组织，如何做好与地方政府、与农民的合作，从黄淮海农业开发的工作中可以得到很多启发，值得思考和总结。

当时的科学实验和生产实践是紧密结合的，是深入实际的。例如唐登银先生是研究水问题的，程维新先生是研究气象问题的，尽管他们也做基础研究，但是在解决国家和地方需求的实际问题方面也很专业，做了大量的试验示范工作，大部分的工作都是进入到基层，进入到农户，进入到农民中间去。

治理重盐碱地实现几代人梦想

三个洼是三种典型类型

禹城实验区的工作从 60 年代就开始了。"七五"期间我们是旱涝盐碱综合治理，重盐碱洼地治理、渍涝洼地治理和风沙化洼地治理同时开展，在禹城建立了称作"一片三洼"的试验示范基地，非常形象。北丘洼是重盐碱地类型洼地，盐碱程度比我上面说的旱涝碱综合治理实验区那一大片还要严重。另外一个洼地是辛店洼，是一大片季节性的积水洼地。春季白茫茫，雨季水汪汪，春秋返盐也非常厉害，所以辛店洼基本上什么都不长。再有一块地叫沙河洼，是由于黄河改道而留下来的沙地。里面还有些沙丘，这些沙丘还会移动，景观和西北沙漠差不多，春天风一起，便沙尘漫天。这三种洼地，正好是黄淮海平原三种代表性的退化土地类型。

"七五"开始后，我们地理所转移到北丘洼去了。沙河洼主要是以兰州沙漠所为主，辛店洼是以南京地理与湖泊研究所为主。在"一片三洼"的治理中还有很多所参与了工作，比如遗传所提供了很多新品种，植物所提供了很多新的水果品种，长春应用化学研究所提供了地膜，等等。当时统计有几十个研究所，那真是一个大部队啊！将三种退化土地类型集中在一个县的范围里面进行示范和攻关，具有很高的显示度。

创建了鱼塘台田系统模式

参与黄淮海治理，有两件事我记得很清楚，一件事发生在辛店洼，一件事发生在北丘洼。我先讲在辛店洼发生的事情。

当时我们在黄淮海农业开发办办公室开会讨论辛店洼治理规划，主要是研究用什么模式来治理。我想起在南方学习的时候，了解到南方有一个很重要的生态系统，叫桑基鱼塘生态系统，就是在鱼塘里面养鱼，鱼塘上面的地就种桑树，桑树的叶子喂蚕，蚕粪又回到鱼塘，是一个循环的、立体的农业生态模式。这是世界文化遗产，是很有代表性的中国生态农业的一个模式。当我想到桑基鱼塘模式时，问一位老同志：如果这个地方变成鱼塘的话，水的蒸发会是多少？因为这个模式首先要解决的就是水的问题。他们说，根据试验站的测定，水源是没有问题的，可以用引黄的水。了解了这些情况之后，我们提议可以考虑借鉴桑基鱼塘的模式。后来由南京地理与湖泊研究所具体设计和实施，设计得非常漂亮。我们称它为"鱼塘台田系统"。后来辛店洼低湿渍涝洼地得到彻底治理，推广的面积也很大，生产力大幅提高。鱼塘台田系统的原理是这样的：盐随水来。如果地下水里含有盐分，盐顺着土壤里面毛细管的水上来，水上到地表以后，水蒸发了，盐就留在土壤表面了，时间长了地表里的盐就越来越多。但是这个毛管水上升的高度是有规律的。最早罗焕炎先生提出黄淮海地区土壤的地下水上升高度大概是在两米左右。超过这个高度，毛管水上升不到地表，盐就上不来了，所以盐碱地改造一个很重要的措施就是要降低地下水位。鱼塘台田系统就是利用当地的自然条件，把洼地的一部分土挖出来，挖成鱼塘，用挖出来的土把鱼塘周边垫高，形成台地。五亩鱼塘五亩台地一个单元，一个一个，像棋盘的方格。鱼塘里面养鱼，台田上种水果、蔬菜、庄稼等等。这个系统的优点一是地面抬高了，盐分上不来；二是它的灌溉是循环的，鱼塘的水抽上来浇灌庄稼，又把盐洗到鱼塘里了。鱼塘里含一定浓度的盐分反而对鱼生长有利。台田上的草甚至秸秆，还可以喂鱼。塘底下的底泥是鱼的粪便，挖上来又可以做肥料。这是中科院在禹城建立的新模式，该模式又应用到当地另一个两万亩的盐碱涝洼地的改造和观光园建设，现在那里的生态环境已经很好了，道路在林荫的掩映之下，渠道里全是芦苇。这个观光园获得了北京 1987 年国际生态工程大会一等奖。

北丘洼是块硬骨头

另一件事是在北丘洼发生的。北丘洼这个地方的盐碱比别的地方要严重得多，基本上是一个荒芜的盐碱滩。旁边一个村叫盐池刘，因为以前这个地方是熬盐的，全村人都姓刘，因此得名，光听这个村名就知道盐碱之严重！因为自然条件恶劣，村里的人能出去的都出去了，而且出去了就不回来了。十几户人家，几乎都走光了，剩下的人不是呆就是瘸。这里打上来的水都是咸的，连喝水都成问题，什么农作物都种不活。老百姓吃水要到村头一个井里去打，那口井水质比较好。我们在北丘洼的柴堂村租了一个院子。这家的主人到县里当水利局局长，搬走了，是个老院子。这个时候我们站又来了几位刚毕业的年轻人。我们几个人做了一个水车，就是把汽油桶放在平板车上，每天拉两桶水回来，生活用水就靠它了，村里人每天看着我们这些大学生、教授拉水很稀奇。

　　我们刚到北丘洼时，县里的领导很关心我们。当时的县委书记李宝贵告诫我们说："你们在这里治理可别把你们的牌子给砸了。"他说："我们这里多少届的领导都想治理这块盐碱地，但都没有成功。"当地有一句话叫"治癣不治碱"，就是说治碱比治癣还困难；还有一种说法是"治碱不漏脸"，意思是说没有人能治理好，都灰溜溜地跑了，很丢脸面。李书记问我们："你们是不是再考虑考虑？"我们北丘洼的负责人张兴权说："既然来了就不可能往回跑了，肯定在这里干。"试验地就选择了一个什么都不长的盐碱地，刚开始是试验种棉花。

　　试验地里的很多工作都是我们亲自动手，像农民一样耕作。自己开垦土地，自己播种，在育苗的营养钵里做了各种试验，选了很多树种。但结果也是跟以前一样，种什么都不能成活，真是头疼得没有办法。一年过去了，进展不大。但是我们跟县里对接得非常好，跟村民的关系也不错，所以县里还是非常支持我们的工作，出钱给我们盖了房子，就算有了一个正式的试验基地吧。县里还给我们修路，提供了很多便利的条件，领导也经常来看我们。

　　此时兰州沙漠所在沙河洼已经开始平整土地，初见成效了，因为它的条件相对好一些，可以把黄河水引进去，树也能成活，进行农作物种植结构调整比较成功。比如种葡萄、杂果，搞林网建设，成效非常好。而我们北丘洼却验证了县委李宝贵书记说的，种什么都不行，就是出苗了也是东一小块西一小块，连不成片。

　　这地方真是块硬骨头。

　　有一天晚上又停电了。那是夏天，我们在外乘凉，开着收音机，听新闻广播。恰好我听到介绍日本的科研情况，说日本设想在海里储淡水，利用的就是淡水和海水的比重不一样这样一个原理：比重重的海水在下面，比重轻一些的淡水在上面，这样可以使淡水储存在海水上。我觉得挺有意思，我们开始聊天，设想地下是咸水，如果上面是一层淡水的话，那盐不就上不来了吗？利用盐水比重大，淡水比重轻不容易交换的原理，下层的盐水就不容易上来了。这样是否可以起到治理盐碱的作用呢？这个观点对大家有启发。当时大家就兴奋起来，开始讨论可行性。大家想到一个办法就是把盐水抽出来，盐水降到一定程度后就大量灌水，形成一个淡水层，这是基本思路。但是怎么抽盐水，又是个问题，关键是如何控制住几百亩地的淡水停留在上层，而盐水在下层。

不久后我们回北京，那时正在建亚运村，工程规模很大，正好从我们住的地方到所里要路过这里。工程施工用的控制地下水不渗入到施工作业面的那套设备非常好。逄春浩同志是我们所里的一位科研人员，他事业心很强，就去跟人家打听和联系。找到了一位老师傅，专门搞基建的，手艺好，身体也好，河北人，但是名字我想不起来了。我们就聘请他到北丘试验基地，干了好几个月，给我们设计了一整套装置。设计好以后，我们再按照他的方法在30多亩最严重的盐碱地里做试验。那块土地表层的盐分含量高的达千分之十几，都是盐土了。

我们打了十几眼6米深的浅井，把管子连接在一起，用一个水泵持续抽水，抽的水量不是很大，但是只要来水就抽掉。这样就可以把地下水位降到6米左右，上面就用引进来的黄河水洗掉土壤的盐分。总共洗了三次，三个周期，大概用了一个月的时间。洗完以后当年春天种了水稻，这一季水稻长势不错！之后，我们又种了一季玉米和田菁。田菁是一种绿肥，我们想培肥。结果玉米也是全苗，产量也挺好。田菁更是全苗，因为它本身就耐盐碱。第二年秋季种小麦，全部全苗，产量还不低。

这里有两张照片，可以对比一下。在同一块地里，这张小麦的长势喜人，而另一张是以前的地，白茫茫一片盐碱。这两张照片很经典。它们曾经在黄淮海成果展览会上展出。听说田纪云副总理参观的时候，一眼看见了这两张照片，他说："这两张照片非常有代表性，像这样的照片非常有说服力。"这两张照片是怎么拍出来的呢？有盐碱的照片我们在治理前就已经拍了。1988 年 4 月初，正好小麦长起来后，说是要搞黄淮海农业综合治理的展览，组织大家搞材料。我所搞摄影的孙建华同志和我拿着有盐碱的照片，怎么摆放都觉得不好，感到缺一张对比的照片，我们马上开车去拍。当时在北丘洼试验基地，只有逢春浩同志有一架很一般的相机，用的是乐凯胶卷，就是刚刚生产出来的国产胶卷。我们也顾不上效果怎么样，就在同样的地方，拍了照片。两张照片的背景一模一样。但一张是没有治理的盐碱地，一张是长势良好的小麦田。这两张照片展出后，很多报纸、画报都刊登了。我们的底版都翻拍两轮了。

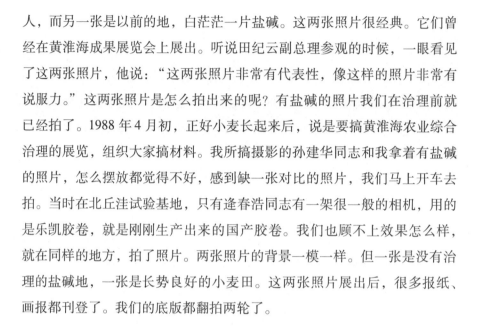

北丘洼盐碱地治理前（左图）与治理后（1988 年）的对比照片（欧阳竹、孙建华摄）

试验成功以后，大家心里就有底了。我们把这种模式称作"强排强灌"，治理重盐碱地效果非常好，而且是当年快速见效。农民就是这样，能出苗了，有了收成，庄稼长好了，而且能维持一段时间，也就有了积极性。通过反复种小麦，灌溉，就又把盐压下去了。后来土壤条件整个儿改变了，耕地质量就走向了良性循环。

我们原来设想是要通过监测，看在治理过程中土壤是否形成了所说的淡水层。遗憾的是我们没有观测到这一点，假设没有得到证实。那是因为当时观测手段不够先进，观测的密度不够，观测不到淡水层的存在，后来也一直没有补测。但是从效果看，它确实起到了一个很好的作用。而且后来经过不断的耕作，不断的改造，不断的调控，效果越来越好。现在那一片地已经是高产田了。我们经常去看，很有意思。但如果能观测到这个数据，就更棒了。为弥补这样一个缺憾，后来我们请了力学所一位做模型的专家，请他做了数学模拟。

美国科学家的质疑

90年代，一个美国农业代表团到禹城考察，参观了我们治理的盐碱地，听我们介绍了几块地的治理情况后，引发了一些争论。其中有一位是很著名的土壤学家，叫威尔逊，他说这块地没有改良好，说如果全部都治理好的话，应该把这里的盐全部排到海里面，意思是把盐全部移出这个系统，否则有可能返盐。我说，第一，从这个地方把盐引到海里面，那要多大的工程？第二，这地方缺水，可能会有人半路截水灌溉，就有可能造成盐分转移到其他农田里。美国人是希望彻底把盐排走，像切肿瘤一样。但我们认为"强灌强排"模式，强调的是在一定范围内进行垂直调控为主，保持在作物生长季节耕作层的盐分降到不影响作物的生长。威尔逊不赞同我们的观点，说一定要排到海里面才行。但是十几年过去了，事实证明这个地方也没有造成大规模的返盐，粮食产量越来越高，说明我们的调控实际上是很有效的。

科学家们忘我奉献

我挺佩服当时那些老同志，很有奉献精神。比如辛店洼有个女同志叫胡文英，是南京地理与湖泊研究所的，现在已经退休了。当时连家都不管，一直盯在点上。她爱人被汽车撞了，她也没办法回去照顾。后来爱人休养时，她干脆把爱人带过来，事业心非常强。她带着一批年轻人在洼里面做试验、做测定。她自己身体也不好，后来把胆都摘除了。

我们所的逢春浩，他原来是做土壤水研究的，工作也非常投入，在地里像农民一样劳动。那时我们那个点没有电话，要想打电话就要跑到乡里去。我们那个点离县里 12 公里，离乡里也有四五公里。有一天凌晨，逢先生突然肚子痛得很厉害。因为没电话，我们只好派了一个当地的观测工人，骑着自行车往乡里跑，到乡里打电话，叫车过来。就在这个过程中，他的病情突然加重，脸色发青，痛得"哎呀哎呀"的呻吟，我们都非常紧张。当时试验点的领导是张兴权。他马上找来一头驴、一个平板车，铺上褥子，把逢先生放在车上，盖上被子，急忙用驴车往县城拉，就怕耽误了。我们赶到半道儿，汽车也开过来了。送到医院一查，肠梗阻，需要马上进行手术，回北京肯定来不及，就在当地医院做了手术。病好后他还一直坚持在站上工作。

当时三个洼地的试验基地只在县城有一辆车。程维新老师是总负责人，驻守在那里。在县城里设的工作站就设在县招待所的几间平房里，作为中转站。从兰州来人，从北京来人都是坐火车，到县上先住一个晚上，或者有什么事要进城办事，有个落脚点。我们经常把所里开来的车扣下来为试验点办事。一有车开到禹城，我们就连司机一块儿扣下，办事的人坐火车回去，然后我们就给所里打个电话，说这个车扣在禹城用了，用它两三个月再说。所里也没有办法，因为黄淮海的工作是大事，所以他们说你们用就用吧。

通过科技人员和当地政府、农民的共同努力，现在禹城不仅看不见盐碱地，而且粮食亩产量已经过吨，大规模农田基本建设已经发挥了很好的效果，林网也建成了，生态环境已经恢复得非常好了。

农业综合开发彻底改变禹城面貌

不同的发展阶段解决不同的问题

中国科学院在禹城的农业开发工作从"六五""七五""八五""九五""十五""十一五"，一直坚持到现在，没有间断过。"黄淮海战役"是解决中低产田和盐碱地治理问题。尽管后来没有那样大规模的项目，但是一直是根据不同的发展阶段，解决不同的问题。

"十一五"期间院里拿出一亿元经费，开展"耕地保育与持续高效现代农业试点工程"的研究，禹城和封丘是重要的两个点，还是以黄淮海为主，还有东北、西北和江西省。这是中科院继"黄淮海战役"之后在农业方面组织的另一个大战役，也是希望在国家的层面上做出一些贡献，解决农业中的一些重大问题。

现在禹城试验站是"中国生态系统研究网络（CERN）"和国家生态系统野外观测研究站的一个组成部分了。CERN 的创始人孙鸿烈院士强调 CERN 的三大任务——监测、研究、示范，三者缺一不可。现在野外试验站的问题是监测和研究工作做得比较好，示范就有点松懈了，因为现在科研绩效就是要求论文越多越好。孙鸿烈院士好多次指出如果一个试验站没有做出好的示范样板，这个站就没有存在的必要。他非常强调研究和实践结合，强调监测、研究、示范要跟区域发展相结合。

90 年代初，李振声副院长指出，禹城农业要上新台阶，畜牧业是突破口。中科院及时组织了长沙农业现代化研究所搞畜牧的几位研究人员，来禹城开展农区畜牧业工作，采用"三群一网""四大体系""一大一小"多个配套技术，很快禹城就成了养牛先进县。现在猪、鸡、奶牛、肉牛都发展得非常好，实现了李副院长发展畜牧业的设想。

另外一个阶段是"九五"时期，开展了资源节约型农业项目研究，节能、节水、节肥。这个课题我们做得比较超前，也是一个国家攻关项目，虽然经费不多，但我们也做了不少工作。

资源节约项目结束以后，禹城的农业不光是搞粮食增产、畜牧业增效，另外也搞农副产品加工和深加工，促进农产品的转化。程维新先生引进来一个农业高技术项目，这个项目就是低聚糖，是中科院微生物所研发的，就是用玉米淀粉，经过酶发酵，形成低聚糖，也就是现在大家都知道的双歧因子，可以添加到很多食品中去，是一种健康糖。这个项目引进到禹城以后，李振声副院长给予了极大的支持，培育禹城发展生物基地。考虑到当时市场的有限性，为避免形成不良的市场竞争，李振声副院长坚持这个项目只给禹城，别的地方就不能再转让。事实证明他的思路是非常正确的，现在禹城已经是整个行业中全国最大的一个基地。轻工业协会已经给禹城授予了"中国功能糖城"的称号。禹城现在不光有低聚糖，还有低聚木糖和木糖醇，形成三大糖的生产基地，企业的不少产品都出口。这是一个典型的农产品转化而形成生物基地的范例：一个项目的引进，带动了一个产业的发展。

把农民组织起来

"十五"以后，我们开始转移到另外一个层面。我们认为农业发展不仅仅是一个技术问题和增收问题，实际上限制农业发展、限制技术应用的一个很重要的障碍是农民一家一户的分散经营，小规模的经营。这已经影响到生产能力的进一步提高和技术应用的水平。一家才种几亩地，信息技术根本用不上，大型一点的机械也用不上，灌溉也是每家每户自己灌。我们不光要有技术推广，还要把农民组织起来。组织起来不仅可以节省劳动力，也可以节省很多资源，所以"十五"期间，我们利用国家攻关项目做了农村经济合作组织建设和畜牧业安全、高效生产技术体系的研究示范。我们做了两个村的示范，主要是在畜牧业上。比如农村经济合作组织的功能是抓销售和标准生产的服务。加入合作社采取自愿原则，只要你愿意，就可以申请加入这个组织，写一份申请书就行了，不用交一分钱。猪苗、饲料，可以到合作社去拿，记上数，等猪卖出去了，再来还，农民没有任何风险。

"黄淮海精神" 要传承下去

中科院在实施黄淮海农业综合治理时布了很多点，有山东禹城、河南封丘、河北南皮等等。另外农大、农科院也有试验示范站点。这些站点为黄淮海平原的农业发展作出了重要贡献。李鹏总理到禹城考察，在全国影响很大。但是禹城只是科研院所在黄淮海农业开发工作中的一个代表。

那一段工作经历，现在回想起来，我感到对我一生的影响是最大的，尽管我个人所做的是很普通的科研工作。当时我们只是采用常规的手段和一些新的思路，但整个工作都跟国家的重大需求、跟当地需求紧密结合。我们确实是深入到最基层，做的是国家最艰难、最需要的工作。这对我来讲是一种历练，对我以后的工作方法、思维的方式都是很有影响的。这是我的体验。

黄淮海农业综合开发治理时期是中国科学院面向国民经济主战场的一个辉煌阶段。"黄淮海战役"组织了这样大一支队伍，有这么多研究所参与，实施多兵种联合攻关，为中国的农业发展做出了重大贡献。是什么样的力量把大家凝聚在一起的呢？我认为就是奉献精神。那时候大家都不计较名利，什么职称、金钱都看得很淡薄。现在我们的工作条件、生活条件都好了，但是要组织像黄淮海那样一支队伍协同作战，会遇到很多的矛盾、问题。首先必须有钱，钱少了还不行，有了钱还要有比较好的工作和生活环境，比如有空调的房间、有汽车。另外，很多人不愿意深入到农户，深入到田间去解决实际问题。

我们经常听电视里、广播里提出"奉献"这样一个口号，但是真正做到奉献是很不容易的。当年那一批老科学家真正能把奉献这两个字落实在一生的工作中。为了热爱的野外科学事业，一年在野外蹲8个月，家里小孩管不了，爱人管不了，而且不是一年，是连续四五年，甚至数十年这样工作。我觉得奉献精神的作用是非常关键的，光靠物质和经费，没有这种精神的话，仍然干不出像样的成果。

"黄淮海战役"结束了，它带来了丰富的物质财富，而它留给后人的精神财富是我们永远不能忘记，并且在任何时候都应该继承下去的。

辛店洼战斗18年 6

胡文英　口述

时间：2008 年 11 月 17 日下午

地点：南京地理与湖泊研究所业务处办公室

受访人简介

　　胡文英（1940—　），中国科学院南京地理与湖泊研究所高级工程师。1958 年参加工作，1966 年毕业于河海大学陆地水文专业（函授）。长期从事湖泊生态环境研究，编写过《江苏湖泊志》《中国湖泊概论》等8 部专著中"水化学和资源环境综合评价"章节。1986—2000 年，主要从事低洼盐碱地治理与渔农综合开发工作。曾任禹城实验区国家科技攻关子专题与中国科学院农业开发项目专题负责人，农业部渔业局国家科技攻关专题负

责人，取得一批有较高价值的科研成果；参与编写《河间浅平洼地综合治理配套技术研究》《洼地整治与环境生态》专著。曾任禹城市特邀人大代表，1995 年当选禹城市劳动模范，任禹城市禹西、禹北开发区水产组专家，并多次获得国家、中国科学院和江苏省及山东省的奖励。

我参与治理辛店洼的过程

我是 1986 年开始接触黄淮海工作的。当时的禹城实验区正在搞"七五"国家科技攻关课题"河间浅平洼地综合治理配套技术研究"，总的工作是治理"一片三洼"，由中国科学院地理研究所主持。一片就是禹城实验区，三洼就是北丘洼、沙河洼和辛店洼。其中北丘洼和沙河洼已经确定由在北京的中科院地理所和中科院兰州沙漠所科研人员负责研究治理了，但是辛店洼低湿地那一部分还没有找到懂专业的人来研究治理。专题负责人程维新同志就与当时中国科学院农业项目办公室副主任吴长惠商量调人的事。吴长惠认识我们，他参加过我们承担的云南高原湖泊和东太湖网围养鱼课题的鉴定，了解我们这批人。他知道我们肯定有能力把辛店洼治理好，就向程维新和禹城县的杨德泉副县长建议请中国科学院南京地理与湖泊研究所的专家到辛店洼和县内其他低湿地搞调查。1986 年 6 月，应禹城县政府邀请，由南京地理所高礼存同志带队，庄大栋、王银珠、隋桂荣、季江等几位同志对禹城县的低湿地进行了综合调查，项目有水文、水生物、水化学和塘泥等。那时我没有到禹城现场，是季江同志帮我取的水样，带回南京由我进行分析的。

我原来是搞湖泊水化学和水环境研究的。对禹城县鱼塘水质分析后，我就发现禹城鱼塘水质的咸度与酸碱度差异很大，有很咸的也有比较淡的，有中性的也有碱性的。淡水是中性的，是从黄河来的水。多数池塘水都是碱性的咸水。水型的差异也很大，有硫酸盐型的、碳酸盐型的，也有氯化物型的。对于禹城的调查资料，庄大栋和王银珠两人意见不一致。一个要写调查报告，一个不主张写调查报告，矛盾就集中在我这里了。庄大栋问我搞不搞调查报告。我说搞，必须要有一个调查报告，所以我就负责编写池塘水质环境，报告中有关水文部分由王银珠、季江编写，渔业资源部分由庄大栋负责，最后由我汇总完成《禹城市渔业资源调查报告》。有关辛店洼的治理和开发规划，我只参加了讨论，主要由庄大栋、王银珠和季江完成。报告和规划完成后，老高又带着老庄、老王返回禹城向禹城实验区负责人和禹城县委、县政府作了全面汇报，当场就确定禹城渔业工作和辛店洼治理与开发由南京地理与湖泊所负责。从禹城回所后，高礼存请示了所领导，决定参加禹城攻关课题，并确定庄大栋任组长，王银珠和我任副组长，专业有鱼类、水文、水生物、水化学和土化学、高等植物等，有七八位科研人员参加，所以这个组专业也比较齐全。

课题确定后，到了1987年的春天，高礼存和他们又一起去了禹城，进行土马河道网围养鱼和辛店洼综合治理工作。我因为患了突发性耳聋正在住院治疗，又没有能跟他们一起走。后来我听季江同志告诉我，刚到辛店洼时的条件非常艰苦，洼边是白茫茫的一片撂荒地，洼底是沼泽地和积水区。他们住在农村砖瓦厂的办公室里面，连窗户也没有，大风刮得"呼呼"地响。铺盖是从招待所拿的，太陈旧了，好容易睡着又冻醒了。吃的是砖瓦厂食堂里的馒头、咸萝卜干和大白菜。南方人习惯吃大米饭，刚吃馒头时难以下咽，只能硬吞下去。生活关不好过，工作关更难，为了能完

成国家攻关任务，同志们从不叫苦，拼命地干。先期工作就这样开始了。

那年5、6月份我也到那里去了，这一去就是18年。

"七五" 初见成效

盐碱洼养鱼种粮一年后就获大丰收

"七五"期间我们所在的禹城辛店洼的工作叫"低湿地整治与台田鱼塘生态工程"。这期间工程开发了两期。这里低湿地的特点就是"半拉子水"，既不能种庄稼也不能养鱼，冬天白茫茫，夏季水汪汪的一片撂荒地。

怎么把黄淮海的低湿地开发成又能种庄稼又能养鱼呢？当时我们研究了广东地理所钟功甫教授等编著的《珠江三角洲基塘系统研究》。这个技术很成熟，有一千多年的历史了，主要是当地群众为了有效地利用水土资源，就在水汪汪的地里把一部分土地挖深，变成鱼塘，挖掘出来的土堆起来变成"基"。利用鱼塘养鱼，在"基"上种桑树、种花、种果树，经济效益很高。珠江三角洲因为地比较少，所以就采用了这样一个系统。在江苏里下河地区也有一大片低湿地，有个"垛田系统"模式，在水洼里把土挖出来，堆起，变成一个垛，就是"垛田"。田里主要种植水稻、小麦，挖深的地方不就变成鱼塘了吗？我们就是根据"基塘"系统和"垛田"系统的原理提出了黄淮海低湿地的治理模式："台田鱼塘生态系统工程"。这里跟珠江三角洲的"基塘系统"和里下河地区的"垛田系统"的主要区别就是黄淮海地区是半湿润气候，土壤盐碱化，所以还要在治理台田的盐碱化上多做一些工作。挖多大面积的塘，建多少面积的田，路径和边坡比是多少？这些都是经过科学论证的。我们研究后提出来的是挖 5 亩塘、建 5 亩田，或者是 10 亩塘、10 亩田，不能再大了。因为鱼塘和台田的面积再大，台田的盐碱问题就不能解决了。另外一个就是台田的高度和鱼塘的深度。我们提出来鱼塘挖深为 2.0 ~ 2.5 米，台田高 1.5 ~ 2.0 米。这是根据华北地区的气候特点和土壤水盐运动的规律，综合起来设计的。挖塘深度和台田高度决定之后，就开始了一期、二期的开挖工程。第一个问题解决后，第二个问题就出现了，新建成的鱼塘，周围没有鱼种塘，成鱼鱼种从哪里来啊？这些都是很困难的事情。我们组的季江同志就带着称秆子，带着网兜，到处去收集成鱼种。很不容易！万事开头难哪！老庄、老王、小季他们都吃了不少苦。

禹城未开发前，渔业生产是个后进地区，1985 年鱼塘亩产成鱼为 54 公斤。1986 年塘田系统建成后，鱼塘亩产高达 291 公斤。河道网拦养鱼平均亩产高达 833 公斤。当年台田种的玉米也丰产了，南瓜、冬瓜长得都很大，抱都抱不动。棉花长得比人

1988 年禹城辛店洼试验鱼塘成鱼捕捞现场

都高，而且开花枝朵很多。我们一炮打响，如果讲开发效果的话辛店洼的效果最明显，因为是鱼粮双丰收，所以"七五"时期搞得生气勃勃。当时

县委书记检查工作时认为我们搞得特别好，号召农民向我们学习。沙河洼高安他们也搞得不错。北丘洼盐荒地土壤耕作层含盐量多在 0.3% ~ 0.6%，最高达到 0.9%，太严重了。尽管采用了"强排强灌"和覆盖抑盐等技术，但是粮食产量还是不如其他两个洼。

汇编资料收获很大，付出很多

"七五"时期我的主要贡献在哪里呢？主要是协助专题组长程维新研究员完成了禹城实验区"河间浅平洼地综合治理配套技术研究"专题总结，向国家交了一本好"账"，还与老程及三洼负责人一起将三个洼地的研究成果汇总完成了一本论文集、一本专著。

事情的经过是这样的：在"七五"前期，我主要负责辛店洼治理与开发期间塘田系统的生态环境和水盐运动的研究，治理与开发部分主要由庄大栋和王银珠负责，我很少参加，因为我是后去的，有很多情况不太清楚，与在禹城工作的其他所的同志交往也很少。直到"七五"后期，地理所副所长、黄淮海工作负责人许越先为了搞好禹城实验区工作总结，向国家交好"账"，把三个洼地的负责人集中起来听大家的总结汇报。由于三个洼地的情况千差万别，专业很多，人员也很多，每个洼地都有十几位研究人员，每人都有几篇论文，很难形成一个完整的材料。会上各吹各的号，各唱各的调，交来的材料很多，总共有 47 篇论文，但很乱很杂，讨论了很久，也难形成一个综合意见。会上我和沙漠所的高前兆研究员提出一些修改意见。许越先就找我、高前兆和程维新三人，要我们尽快将原始材料汇总成一个整体材料，向国家交"账"，实际上就是汇总禹城实验区"七五"攻关成果。我想推也推不掉。后来老高回兰州了，材料工作就丢给我和老程搞。原来我只管辛店洼这一摊事，而且就弄鱼塘台田生态环境这一块儿,现在要我把三个洼地的材料汇总,真有点赶着鸭子上架的味道。因为我对沙漠所、地理所研究的内容一窍不通,更不懂果树、农作物栽培等等。当时在禹城实验区参加的单位除了地理所、南京地理与湖泊所、兰州沙漠所外,还有遗传所、植物所北京植物园等,所以我首先要弄懂这些,然后再把每一篇文章理出头绪来。这个过程使我学到很多知识,这是我收获最大的地方。通过学习,我的知识面比较广了,对后来的工作有很大的帮助,但是也花费了我很多很多的精力。起码半年时间,就把我关在遗传所一个农场的招待所里。程维新出国去了,派了张兴权跟我一起搞汇编,等程维新回来我们基本都完成了。

当时我一个孩子刚毕业要找工作,另一个孩子要考大学,都是在他们人生的坎儿上,我都没有时间帮忙。地理所的小青年们觉得不可思议,他们讲这两个老头(程维新和张兴权)太"残忍"了,叫我们家里人不得团圆。他们就向老程、老张建议,发信到我们所,把我老伴儿、孩子们全部都弄到北京和我团圆。我们家人到北京后,我也没有空陪他们啊!我一天工作起码20个小时,打瞌睡了,就用冷水冲冲。搞"七五"总结,编著论文集和专著这件事我收获是很大的,付出也是很大的,那一段时间我的身体也受到了严重伤害。

"八五"逼上梁山

要从理论上证明是"良性循环"

"七五"期间辛店洼的生态系统基本建成了,被基本肯定是个良性系统，因为从生产实践证实了这个问题。但是从理论上并没有证实这个问题。所以"八五"期间我们有一个课题就是"鱼塘台田生态系统稳定性研究"，从理论上去探讨这个问题，进一步阐明这个系统确实是一个良性循环系统，可持续发展。因为土壤所的专家王遵亲、傅积平研究员在"七五"时讲，塘田系统在山东早就搞过了，短期可以，长期不行，一定会返盐，最短只能持续5年，就要返盐了，最长也不会到10年。一返盐就会变成次生盐渍化，这比原生的还要难治。搞土壤盐碱的专家提出来的这个意见，我们不能不重视。所以"八五"的时候，我们主要就是搞塘田系统的稳定性研究。

"三老一小"的工作组

当时庄大栋、王银珠他们已经离开禹城了。因为中科院农业项目办公室主任刘安国有一个新的安排，要在江苏泗洪再建立一个新开发区，所以就把他们调到南边去了。刘安国叫我主持辛店洼的工作。所长给我写了一封信，说我有能力，肯定能胜任这个事。而且当时北京地理所也是指名要我干，程维新他们说让我再帮他们一把。我本不想干，女同志还是恋家的。而且老庄他们走，不仅人要走，把熟练的技术工人也带走了。如果接着做，从课题组成员到找工人，几乎所有的事情都要从头做起。谷孝鸿也劝我做组长。我说，你要我做组长，你就要做副组长，因为搞鱼塘台田，没有搞水产养殖的绝对不行。后来他表示同意。我们就决定一切从头来起，真有点逼上梁山的味道。

我的压力很大。主要是钱少、人少、事情多。我们组被称作"三老一小"，我、搞土壤分析的隋桂荣和搞藻类的刘桂英，三个老太太，加上谷孝鸿一个小的，总共就四个人。"八五"期间我们要做科学研究，主要就是塘田系统的生态稳定性研究，进行不同高程的台田、不同深度鱼塘的生态环境观测。对台田主要研究它的农业产量和水盐运动规律，对鱼塘主要研究鱼的养殖产量和鱼的生态环境。这项研究涉及很多领域，包括水文、气象、水化学、鱼类、藻类、浮游动物等，工作量很大。

1988 年从长江南京段捕捞天然河蟹幼苗到禹城试验基地开展引种养殖工作(左胡文英，左谷孝鸿)

"八五"课题经费与"七五"持平，还是一年 5 万元钱，但所里进行了改革，人头经费要由课题组支出，要想增加科研人员已不可能，这个压力就更大了。人多了养不起，但是工作我又想做得又高又好又全，这就必须要投入大量的人力物力。而这些没有大量的财力保证，是无法实现的。怎样在钱少的情况下解决人员问题呢？我想了一个办法，课题需要哪些研究人员，我就临时把他组织进课题，在辛店洼工作期间工资由我们支付，等这个项目一结束，交完账他就可以离开这个组了。

为了能吸引更多的科技人员，就必须给他们创造一个相对比较好的科研环境。"七五"期间我们的生活和工作条件是三洼中最差的。住房破旧不堪，连个洗澡的地方也没有。厕所在外面很远的地方，特别是夜里，对女同志更不方便。"八五"期间我当了组长后就主动出击，找专题组负责人，找县里反映情况。一位姓秦的副县长，负责财政，他批给我 5 万元钱。我要求不高，首先要能住下来，能进行常规的科学实验。我们把原来

1991 年中科院南京地理与湖泊研究所禹城辛店洼低湿洼地综合整治试验基地全貌

住的砖窑厂的房子又重新翻修了一下。东边大房间改成水土分析室，西边大房间改成生物实验室，增加了大门，又增加了两间客房，还在院内建了厕所和浴室，解决了上厕所和洗澡的难题。在这方面地理所的程维新和张兴权都给予了我们很大的帮助。

"螃蟹事件"

"八五"期间我们还要重新协调与当地镇政府的关系。因为"七五"后期我们和辛店镇领导闹了一个很大的矛盾，我们后来把它叫"螃蟹事件"。

事情的经过是这样的：1989 年我们在鲁西北地区首次养蟹，获得丰收。河蟹池是县财政局投资建成的。中秋节前县里来要河蟹，镇上也来要河蟹。我们就让工人把河蟹装成两个袋，县上一个袋，镇上一个袋。阴历八月十五日镇上的车子先到，要把县里的河蟹袋子也拿走，老庄不同意。结果镇党委书记就拍桌子，说我一个镇党委书记你都不听我的？我不管你是南京的还是北京的，我说了算。地方党委的话你都不听？意思就是你胆子不小！就这样产生了矛盾，还比较严重。老庄给专题组长留了一封给县委书记的"告状"信就回南京了。我多次找县委李书记反映情况。李书记要求镇党委书记过年到南京我们单位慰问时，向我们赔礼道歉。这位书记不太愿意，再怎么样人家也是镇党委书记呀！禹城市政法委张书记也不想这么干，他们一到南京就来找我，问我："胡工，怎么办？"我说："哪里发生的问题就在哪里解决，不要把在禹城发生的问题拿到南京来。"实际上事前我已经把事情向所领导汇报了。其实如果镇领导真到所里来道歉，今后就真没有办法相处了。

我天真地认为我这么处理，过去的事情就真的过去了。但当时镇党委书记恨我们，整个镇的干部对我们都不友好。"七五"期间，我们的基地是镇上办的渔场，我们给他们进行技术指导，和我们是不分家的。"八五"开始后，镇上就派个场长来管理渔场，塘田不让我们用了，渔场的工人也不让我们用了，什么都不给我们了，慢慢地就把我们孤立了。没有试验田，没有试验塘，我们就没有办法工作了。"七五"期间一开始去是没有这些问题的，建鱼塘台田的时候，这些事情也都没有发生。可是现在台田鱼塘都弄好了，出来新的问题了。我不得不来解决这些矛盾。我也蛮厉害的，我找到专题组长说："我们决定撤回南京，不在禹城干了。"因为当时南京有很多课题组要我参加。程维新就给县委书记打电话，县委书记就请我吃饭了，说："胡工，你千万不要撤回，我们禹城的水产还要靠你呢！你走了怎么办？"我说："没有试验田，没有试验塘，科学实验无法进行，你说我们在这儿还有什么用？我们不是为生产而生产的，我们是要搞科研的。科研有可能成功也有可能失败。渔场怕损失不让我们做试验，我们只能撤回南京。"县委书记要求县政府办公室主任来协调双方关系，解决我们试验塘田的问题。

我想单靠组织还不行，还要主动为当地政府做一点事。当时辛店镇吃水很困难，一个县委书记到他们镇上去检查工作，吃完晚饭后就腹泻，当时怀疑有什么问题。他们告诉我，我去化验，根本就没有毒，只是硫酸镁的含量特别高。我说："因为你们这里久旱不下雨，突然下了暴雨，表面的盐碱都冲到井水里去了，所以水里硫酸镁的含量很高，就可能拉肚子。"镇领导就想为人民做点事，搞自来水厂。他们在山东济南找了 6 个搞水文地质的专家到辛店洼周围找水。这也是因为"螃蟹事件"，他们宁可到济南去找人也不找我们。但是山东水文专家没有找到水，所以后来镇上还是找到我们。他们从辛店镇打电话给我说："老胡啊，帮忙找找干净的水源吧。"我说："不要找，就在我们基地的东边不到 200 米的地方，就有水源，开发出来就是好水。"他们不放心，先打了一口水井，取了水样，还让我帮他们分析，把分析数据给他们，他们要给我钱。我告诉他们不要钱，免费服务。我们还为辛店镇发展鸡场、发展水稻种植撰写项目可行性报告，帮助镇里获得贷款 19 万元。通过类似这些工作，总算把关系稍微理顺了。镇党委书记向外界宣称："我跟胡工是好朋友。"

承包的压力与自由

在县府的协调下，镇领导提出来要跟我们签合同，搞承包。这样就由县办公室主任出面，让我们和辛店镇领导一起开了个会，协商解决。这样从"八五"开始我们就要交承包费了。北丘洼、沙河洼都没有签订承包协议，只有我们这个洼地要交承包费。"七五"时期，我们设计开发塘田系统时，初创阶段，很艰苦，而且也没有把握成功，根本没有想到成功后鱼塘效益好了，就要让我们承包了。我咬牙要了6个塘6个田，每年要交5000元钱。如果不答应这个条件，我就没有办法工作。但是我想，交了钱，一是我自由度大了，二是我可以把钱赚回来，我是有把握的。所以我宁可交钱，也不受窝囊气。后来我想尽了一切办法，拿回来了30亩塘、30亩田，还有河蟹池，全部由我们自己经营。用我们塘田赚来的钱，来养活我们的工人，我雇了6个工人。科研经费没有了，也要想办法。那时我不但要搞科研，还要经营，算成本、投资。一个人变成多能的，脑子都不够用了。这个日子真不好过。晚上根本睡不好觉，半夜还要起来巡塘。夏天天热，有时鱼塘氧气不够，增氧机不及时开启，鱼就会浮头，严重时会泛塘，一个塘的鱼会全部死光，那收入就差远了。所以有时整夜都不能睡。我老伴儿不放心来看我，心疼得不得了，回来说我像个管家婆。但是后来其他洼的人都叫我"小财主"，都来吃我的"大户"，因为我们有鱼、有蟹、有稻米，不仅能够交承包费，还能支持科研经费，而且还略有盈余，可以增加科研设备。

在这样艰苦的条件下，"八五"期间，我们还是解决了科研经费，稳定了科研队伍，并且在鱼塘台田生态系统稳定性理论研究上做出了有一定深度的成果。

谷孝鸿（左）与胡文英（右）在河蟹养殖试验时计数放养的幼苗

鱼水情深

我们与当地农民的关系真可谓鱼水情深。农民对我们非常非常好，我们与他们的关系非常密切，他们非常支持我们的工作。当我们与镇领导有矛盾时，他们还是支持我们。因为我们全心全意为他们服务，不仅指导他们挖鱼塘建台田，还解决了许多生产上的技术难题，给他们讲养鱼的技术，讲种水稻的技术。他们种田施肥、买化肥都要来问我们，让我们分辨真假或者评价土壤质量的好坏。养鱼也找我们进行技术咨询，鱼塘的水要我们化验，鱼塘发生了鱼病要我们看鱼病。我们还帮助他们开发了 300 亩水稻田，帮助他们发芽、插秧。原来这里的老百姓穷得叮当响，开发以后，不到一年手上就有钱了，没有几年就都变成万元户了。我们还为老百姓争利益。县里提出要收特产税，我就向农业部在禹城挂职的领导反映，开发区不能收特产税，一收特产税老百姓就不养鱼了。那时乡里要收承包费，收不到钱，就把人家的猪、牛牵了，放到我们这里来。我又叫工人把它们送回去。老百姓可以跟我讲他们有钱，但是绝对不会跟镇上讲他们有钱，因为他们怕镇上跟他们要钱。老百姓感谢我们，给我们送黄豆、枣子、芝麻、麻油，我规定基地的工作人员，一律不收，请我们吃饭，一律不吃，因为拿了人家的手软，吃了人家的嘴软。老百姓就服气，认为我们真的是来为他们做好事的，是无私的。我退休要离开辛店洼，他们都来看我，说："胡工，你不能走啊！"

这里我讲个小故事。

"八五"期间我们找了一个炊事员，叫刘雪梅，中年妇女，40 多岁，是镇上干部的家属。我们组虽然是"三老一小"，但是因为不同的项目，总是有不同专业的科研人员在这里工作。我在的时候，这个炊事员烧饭烧得很好，有汤有菜。我回南京半个月，再回去，老同志小同志都有意见，说我们吃得还不如工人好。我就去批评刘雪梅。我说:"你40多岁,他们20多岁,你不做他们的阿姨,也是他们的姐姐,姐姐要给弟弟吃得好一点。为什么做得那么差呢?"我批评了她好几次她都不讲,闷着。我就规定她每天要用多少鸡蛋、多少肉。后来跟我处的时间长了,熟悉了,就跟我讲实话了。原来她的丈夫跟她说:"你只要把头头儿伺候好了,就没有问题了,其他人不用管。"她回去骂她丈夫说:"都是你出的坏点子,我们的头头跟你们的头头是相反的。她在时我烧差一点没关系,她不在时一定要烧好。"刘雪梅现在都经常给我电话问候我。

有时赶上发工资,站上一时钱不凑手,我就用自己的钱先给工人发工资。我们与工人、当地老百姓关系特别融洽。到现在为止,我和谷孝鸿还经常给那边的一位老工人寄钱去。因为当时谷孝鸿曾经跟他说过:"你现在帮我把工作做好,将来你老了我也养你。"我们都一直记着这句话。

团结战斗的集体

"八五"课题的研究和开发工作主要是用引进所内的科技人员完成的,而不是组织固定的课题组。长年在那里坚持工作的就是我们"三老一小"。我们组的同志特别团结,大家心往一处想,劲儿往一处使,

1988年6月庄大栋(前排左3)向李鹏总理汇报工作进展。李鹏总理称赞:"你们的工作很有意义,这里是鲁西北的鱼米之乡。"(前排左1是谷孝鸿,左2是胡文英)

1988 年 6 月 18 日国务院总理李鹏等到中科院南京地理与湖泊研究所禹城辛店洼低湿洼地综合整治试验基地视察时的合影。前排左起：物资部部长柳随年、山东省省长姜春云、陆懋曾、周光召、山东省顾委主任梁步庭、李鹏、庄大栋、杜润生、陈俊生、农业部部长何康；后排：胡启恒（右 1）、李振声（右 2）、高光（右 7）、谷孝鸿（右 8）、隋桂荣（右 10）、李松华（右 11）、胡文英（右 12）

碰到困难就一起想办法解决，有事抢着做。我身体不太好，两个"老太"总是照顾我，田里活儿大多都是她们指导工人干，让我能集中精力搞科研。谷孝鸿虽然脱产读外语，但他心系辛店洼，一有空就往辛店跑，尽量多住点时间与我换班。每年的鱼塘放养模式都由他确定，蟹种也由他解决，并能及时将科研成果总结发表，所以他在辛店洼的功劳很大。"八五"后期分配来的李宽意是谷孝鸿的得力助手，水产方面的什么苦活儿都抢着干。因此所里年终评比时，我们组总是先进集体。所室领导都十分支持我们的工作，每年都到辛店洼来检查工作。另外，我们所搞生物、水文和气象的同志，也很支持我的工作，只要工作需要他们，都能及时来禹城。"八五"期间我们工作的成功还得益于各级领导在精神层面对我们的支持。

首先是科学院领导的支持，李振声副院长长期关注着禹城的工作，对我这个小人物，也经常鼓励；其次是组织单位的支持，也就是中科院地理所，对我们是有求必应；再有就是禹城市政府、乡政府，当地的黄淮海办公室也都很支持我们的工作。

中秋夜望着圆月，哭了

"八五"期间困难很多，任务很重。现在我都不想回忆那些日子，太苦太苦了。中央电视台农业栏目、《人民日报》海外版等多家媒体都来采访我们。他们来后第一个问题都是："你是怎么住不下来的？"我说："怎么住不下来呢？我觉得挺好。"他们都觉得一个女同志这样不可思议。我在辛店洼前前后后待了18年，直到最后收摊子，我61岁才算是真正退休，回到南京。

18年，我从一个水化学工作者变成了一个多面手。鱼病我也学会看了。鱼怎样养？蟹怎么养？台田上的庄稼怎么种？什么（放养）模式我都会了。

我感到最痛苦的是寂寞、孤单。我刚才说的"七五"期间通宵达旦地工作，那个苦不难受。我说的苦是寂寞无比的时候，特别是中秋节。从阴历八月十二、十三，鱼贩子来，给家家户户捕鱼。县里、镇里都来拉螃蟹、拉鱼。越是逢年过节我越忙。我走了就没有人组织工人装鱼装螃蟹了。我为什么和工人感情好呢？因为陪伴我的都是工人。那时多抓一只蟹也是好的，我们都是拿着电筒跟工人一起抓蟹。同事们包括北京来的同志，回家时也不能让他们空手走啊，有鱼给他们一点鱼，有蟹给他们一点蟹，都是到我们那里大包小包地去驮，都是无偿的。到中秋节了，人就走光了。谷孝鸿在读研究生，其余的人我都叫他们回家过节。北京各所的人大部分也都走了，基本上就是我一个人守着摊子。北方人特别重视中秋节，晚上工人们也回家过节。那时我一个人坐在螃蟹池边上，望着那个圆圆的月亮，深蓝的天，盯着看，浮想联翩，我就掉眼泪了。有一年我们一家"四分五裂"，我老伴在沈阳出差，大女儿在南京，二女儿在镇江，我想人家是家家团圆，我家是四个人四个地方。想到这些，我的眼泪就掉下来了，心里真是难受极了。

我们住的大院，有8间房，外面30亩鱼塘、30亩台田，西边还有20亩螃蟹池，来回大约有2公里。有时剩我一个人，还要往西边跑。一个人在黑暗中来去走几里路，实在很孤单。辛店镇用的是油田的电，用电没有保障，时常停电。有一次德州一个搞开发的单位来找我咨询，看到洼地里一片漆黑，他们问："胡工，你怎么就住在这个地方？就这么一盏暗暗的煤油灯，你一个人怕不怕？"谁不是人，谁不怕？怕有什么办法？怕，一个人也得坚持，不坚持工作又怎么能完成呢？

三件遗憾事

在禹城工作，我有三件事最遗憾。一个是我觉得没尽到一个母亲的职责。我们从阴历正月十五就到禹城去，到当年的腊月二十八才能回来。中间回所时间很短，每年有大半年时间在山东禹城，有人换还好，没有人换时，我最长在那里待了10个多月，最短也是6个月。我的孩子写作文说："我的母亲是个地理工作者，天天在外面出差，我不了解她。"我的小孩在人生最关键的几个阶段，升学、工作、谈恋爱、结婚、出国深造我都没有管。我的中学同学跟我老伴讲，你爱人不是一个好母亲，没有尽到教育子女的责任。我承认。我说我小时没有人管我，我不也长大了嘛。但是我的两个孩子很争气，都是博士，这也让我很欣慰。孩子们跟我说，我们就是跟你学的，你在前面走，我们就在后面跟着哪！

还有一件事是我一辈子都感到内疚，让我遗憾终生的。1995年年初，我妈妈去世了。在她最需要我时，我没有照顾好她。前一段时间我和我姐姐说起妈妈晚年受的罪，还在哭。我妈妈是生褥疮死的，找了两个保姆，都没有照顾好她。我妈妈的晚年不愁钱，就是没有亲人照顾。去世时，除了褥疮，没有其他病。"七五"期间我回去看她时，妈妈跟我说："尽忠不能尽孝。忠孝不能两全。"她说："国家现在需要你去，你就去，不要管妈妈了。""七五"后期工作一忙，我就很少回家了。多么可敬的妈妈呀！我没有照顾好妈妈，这是无法弥补的遗憾，我最对不起她了。

另外一件事，就是在我妈妈离世的前一天，我老伴遭遇了车祸（流泪），他住在医院里。那时"九五"开始了，北京地理所组织开会，我必须要到现场去。我老伴在病床上来电话直叫："晕得直转，起不来。"我说："你别着急，我马上回家。"就这样，老伴病了，我人还是在辛店洼，我离不开呀！我是主持工作的，而且那个时候正是实施"塘田系统"高产高效试验的时候，挖塘要用柴油、机器，需要找当地的有关部门要。一般工作人员去，人家不给。所以说我不能不到现场。我在现场，带着黑纱，穿一双白鞋，在那里忙。记者就问我："您怎么啦？"我说："我妈妈死了！"记者又问："听说你爱人病了？"我说："是呀，人还在医院里住着呢！"这样消息就传到县里去了。禹城市正好在评劳动模范，记者把这个事情反映到会议上去，朱书记一听，说："这种人不是劳动模范谁是劳动模范？"我的劳动模范就是这样得来的，不然禹城怎么会把一个劳动模范给一个外地人啊！我老伴那个单位，空军气象学院的政委很关心我，说："您的事我都听说了，您家都是知识分子，一家人很了不起。您忙吧，我们会照顾他的。"那时我爱人全靠部队领导和同志们的帮助。

"九五" 更上层楼

"九五"的工作一开始就定位在高效持续发展，主要是解决盐碱地养鱼的技术难题，重点是水质调控技术和高产高效养殖技术。

水质调控与高产高效技术

为什么搞水质调控呢？因为引黄水越来越少了。有时黄河断流，鱼塘补给的淡水就越来越少了，鱼塘水全靠盐碱地的地下水补给，水的咸度和碱度大大增加。加上养鱼时间长了，鱼病发生的概率增加了，几年前没有发生的鱼病、过去没有发生过的鱼病后来都陆陆续续发生了。盐碱地鱼塘的鱼病跟淡水鱼塘是不一样的，很难治好，一旦发病如果不及时治理，全塘的鱼都会死光。水的调控技术就是解决怎样把鱼塘的水质控制在能够养鱼的水平，保证良好的生态环境，减少鱼病的发生，提高鱼的单产。

高产高效养殖技术是什么意思呢？主要是进行鱼种、蟹种培育，引进名优新特水产品种，提高单位面积的经济效益。中科院把这些列为"九五"攻关项目和开发项目的内容，经费还维持在"七五"的水平，5年共25万元，平均每年5万元。中科院的经费来源已经远远不够支撑这些研究内容了。因为高产高效养殖技术研究，可能成功也可能失败，如果失败就会有很大的损失。而没有财力的支持，这个研究工作是很难进行的。

经费解决了

要想搞好"九五"课题，经费来源又成了主要问题。为了增加科研经费，我什么办法都想尽了，真是人到了走投无路的时候，就会到处想办法。1995年下半年，我们研究室的朱主任从苏州开会回来，告诉我一个信息，说农业部渔业局有一个国家科技攻关课题"低洼盐碱地以渔改碱技术研究"，是由山东省淡水水产研究所杨所长负责申请的，如果我们想做，他可以帮助联系。我一听非常高兴，我认为这个课题与我们"七五"的子专题比较接近，不要花太大的力气，就完全可以拿下来。我立即写了一份申请报告，陈述了我有什么样的技术力量，有什么样的基地，有什么样的研究设备和手段。写完后请朱主任给杨所长写了一封推荐信。农业部渔业局在审理申请材料时择优选择，我不仅成为课题组的成员，而且还让我做专题负责人。他们宣布的时候我都感到很奇怪。他们把这个专题交给我有两个原因。农业部派到禹城挂职的小杨同志认识我，她向渔业局负责攻关的同志介绍说你们的课题找胡老太，保证能完成，这是一个原因。还有一个原因就是禹城市主管农业的杨副市长，在山东省水产厅开协作会议时就讲胡工怎样厉害，如果让胡老太承担这个课题，我们禹城一定能做好科研保障工作。两个原因一碰，我就作为专家组的成员，叫我去参加评审。我到青岛去开会，开完会宣布我是第二专题组的组长。原来我们只是想参加进去拿点经费，没有想到要我去承担一个专题。原来我们想一年搞个两三万元经费也就差不多了，现在这个专题有60万元。我们和山东省淡水水产研究所、上海水产大学合作，他们两个单位要从专题经费里拿25万元。5年我们大概有35万元，每年7万元，我们又申请了禹城站的开放基金课题，科研经费解决了，日子就好过多了。

"一老一小"的课题组

"九五"经费解决后，科技人员又成了个大问题，我们组变成"一老一小"了。刘老太老了，彻底退休了。第二年隋老太的老伴患了癌症，隋老太开始认为她老伴只是感冒了。我那时右耳又突发性耳聋，她就说你太苦了，我先去，你先待在南京。她就先到禹城去了。过了不到一个星期，她爱人到家里来找我，说你能不能叫老隋回来。我说，随时都可以叫她回来。他说我借你电话打一下，我马上就给他拨通了。他叫她回来，说有事情商量。老隋回南京时，他老伴已住院了，确诊是肺癌，不到 3 个月就去世了。本来老隋还在那里帮我一把，结果老隋也帮不了我了。而且所里无论如何还要把谷孝鸿抽走，当东山站站长，禹城就剩我一个人了。幸亏"八五"后期我们组进了位名叫李宽意的大学毕业生，他帮助我做了很多

中科院南京地理与湖泊研究所名誉所长周立三院士（前排右 4）、所长屠清瑛（前排右 5）、党委书记范云崎（前排左 2）带领研究所职能部门负责人到禹城辛店洼低湿洼地综合整治试验基地考察时合影。前排右 3 程维新、左 1 谷孝鸿；后排左 3 胡文英、左 4 王银珠、右 2 刘桂英、右 3 季江、右 4 高光、右 8 隋桂荣

工作。他是上海水产大学毕业的，"九五"期间特种水产品的养殖、引进，全靠他了。但是年轻人也有年轻人的苦恼，他要谈恋爱，要结婚，还要考研究生，脱产学外语，老待在禹城也不是事儿。这些问题我都要全面安排考虑，所以蹲在那里的基本上就是我老太太一个人了。

引进科技人员完成了课题

科研工作单靠我们自己的力量已经无法胜任了。我们主要靠引进外面的技术力量来做工作。我将"碳酸盐硫酸盐水型低洼盐碱地规模化养殖技术研究"专题，分成了两个子专题。我们所和上海水产大学主要负责"碳酸盐硫酸盐水型鱼池水质、生物特性、变动规律和改良调控技术研究"。山东省淡水水产所负责"碳酸盐硫酸盐水型池塘养殖优化模式研究"。除

1989 年胡文英（前排右 2）向到禹城辛店试验基地参观的国际友人等介绍鱼塘养殖情况

了辛店试验基地外，在禹城市政府的支持下，"九五"期间我们又建立了禹西试验基地。我又将我们所负责的子专题，细分成几个小专题，引进了所内外的科技人员，采用招标形式，择优签订合同。除了上海水产大学的师生外，谷孝鸿、高光研究员，南京大学的黄诚教授都参加了短期工作。我们还吸引了南京大学、上海水产大学和山东水产学校的学生来基地实习。"九五"期间我改变了过去以生产经营盈利补贴科研经费不足的做法，集中精力抓鱼池水质变动规律与水质调控技术研究，因为这是我所承担专题的核心部分，又是我的强项，可以充分发挥我的作用。我还在大家研究的基础上，提出在低洼盐碱地鱼塘采用生物降盐、生物增氧、科学施肥、优化养殖结构和机械增氧等水质调控技术以及由生物—化学—物理三项技术混合组成的综合调控水质技术。其中生物降盐与生物增氧水质调控技术，都是首次在低洼盐碱地鱼塘试验成功，受到了专家的一致好评。我们还提出了在低洼盐碱地鱼塘治鱼病必须先治水的原则。当地老乡也学会了看水养鱼和一般的水质调控技术。

总的来说，"九五"这个阶段，技术已经很成熟了，开始向"高精尖"发展了，同时也开始了向面上集群拓展。在德州市我们就发展了两千多亩鱼塘台田生态模式，所以来咨询的人特别多。基地的名声也传出去了，山东一些水产学校的学生找到我们这里来实习，上海水产大学的学生也到我们这里来实习，这样我的科研人员就增加了。他们都是技术人才，一些技术工作也可以开展了。另外，我们还和南京大学生物系、上海水产大学联合起来做一些试验研究，引进了一些新技术，使原来的研究更上一层楼。"九五"期间我们不仅在水质调控技术上有所创新，在鲈鱼、大口胭脂鱼、罗氏沼虾的高效养殖方面，也都是比较成功的。所以后来我们的专题和山东省淡水水产研究所、中国海洋大学主持的专题，还有面上的一些课题一起获得了国家和山东省科技进步奖。

"九五"期间，如果我不想办法引进各种技术人才，只靠"一老一小"是根本没法完成任务的。一个人怎么也打不下天下来。

18 年就这样沟沟坎坎走了过来

"七五"期间我们提出了治理低湿地的鱼塘台田工程技术模式，实施了一、二期工程，获得了较好的经济效益。"八五"期间我们不仅从理论上证实了鱼塘台田生态系统是一个稳定的良性生态循环系统，还从生产实践上进行了多种种养模式的研究，提高了塘田系统单位面积的经济效益，并对塘田系统进行了大面积的推广，在禹北实施了三、四期工程，在禹西建成了新的实验区。"九五"期间发展了名优特新水产品引种技术，优化养殖结构模式，盐碱地鱼塘水质调控技术等，另外又进行了比较大面积的推广，建成禹北示范区 1500 亩，禹西示范区 1100 亩，德州示范点 2000 亩，其辐射面积已达到 1.1 万亩，间接经济效益为 1000 余万元。禹西开发区做得很大，很成规模。那里已经不仅仅是种养殖了，还变成休闲区了，还有台湾老板来投资，在 1997 年召开的国际生态学会上被评为国际生态工程项目一等奖。我们圆满完成了国家交给的任务，基本上实现了预定的目标。此外，我们还为禹城市黄淮海项目办、市科委、市计委及辛店镇政府无偿编写过多份有关塘田系统申请立项的可行性报告，为禹城的农业发展多方争取基金。

我们就这样一个台阶一个坎儿慢慢过了 18 年。

我们 18 年的辛勤工作，取得的成绩是有目共睹的，也得到了国家和社会的认可：1991 年，"七五"期间我们参加的国家科技攻关"黄淮海平原区域综合治理技术和农业发展战略研究"获中国科学院科技进步一等奖；1993 年，"黄淮海平原中低产地区综合治理研究与开发"获国家科技进步特等奖，同年获第三世界科学院农业奖；1996 年，"八五"国家科技攻关"禹城试区农业持续发展综合试验研究"获"八五"国家科技攻关成果奖；2001 年，"九五"国家科技攻关"低洼盐碱地以渔改碱综合治理技术研究"获山东省科技进步二等奖；2004 年"九五"国家科技攻关"黄淮海平原持续高效农业综合技术研究与示范"获国家科技进步二等奖；2005 年"低洼盐碱地池塘规模化养殖技术研究与示范"获山东省科技进步一等奖；2006 年"低洼盐碱地池塘规模化养殖技术研究与示范"获国家科技进步二等奖。

除了科研成果获奖以外，我的名称、头衔倒是很多。我多次被评为所先进工作者、所优秀共产党员；1993 年江苏省 100 名巾帼建功积极分子之一；1995 年获山东省禹城市劳动模范称号，同年被禹城市授予"科教兴禹"先进工作者称号；1996 年经国务院批准享受政府特殊津贴，同年获禹城市颁发的"长期在禹从事科研，促进科技进步"证书；1997 年获江苏省科技工会颁发科研院所"岗位女明星"称号；2000 获得中国科学院"竺可桢野外科学工作奖"奖章。

我之所以能够完成任务，跟方方面面的帮助与支持是分不开的。我没有什么天赋，就是靠勤奋。

（照片均为谷孝鸿提供）

鱼塘台田的开发 7

谷孝鸿　口述

时间：2008 年 11 月 17 日上午

地点：中国科学院南京地理与湖泊研究所谷孝鸿办公室

受访人简介

谷孝鸿（1966— ），中国科学院南京分院副院长、中科院南京地理与湖泊研究所研究员，博士生导师。1987 年毕业于金陵科技学院，1995 年、2007 年在中国科学院和南京大学获得硕士、博士学位。主要从事鱼类生态学及湖泊资源利用和生态修复等研究工作。主持和参与了多项包括国家"863""973"课题，中国科学院重大项目及国家和江苏省自然科学基金等课题。2002 年、2005 年分别

获得山东省科技进步三等奖、一等奖，2006 年获国家科技进步二等奖。为江苏省"333 高层次人才培养工程"中青年科学技术带头人，并获得江苏省优秀青年科技工作者和部属科研院所为江苏地方经济建设服务先进个人称号。在国内外核心刊物发表论文 50 余篇，参与编写专著 3 部。

我是课题组最年轻的成员

1987 年，我从金陵科技学院淡水养殖专业毕业。当时还是国家统分统配，我被分配到中国科学院南京地理研究所工作。1988 年，南京地理所改为"中国科学院地理与湖泊研究所"。当时科学院与现在面临的任务重点不一样，那时周光召院长是很强调面向农业主战场的。南京地理与湖泊所有相当一部分科研人员从事应用基础研究，包括湖泊资源的开发工作。我大学毕业时，正值黄淮海农业综合开发治理"战役"打响，由于工作需要，我被所里派往在山东的禹城课题组，从事鱼塘台田的开发和生态建设等方面的工作。我工作的地点在禹城县辛店洼。

我应该算比较早参加禹城县辛店洼综合治理的研究工作的，后来不断充实了课题组成员，有七八位同志。我和厦门大学微生物专业的高光最年轻，其他都是年纪相对较大的老师，如庄大栋先生、王银珠先生。还有好几位老师都是女同志，如胡文英老师、隋桂荣老师、刘桂英老师。因为我们刚毕业不久，老同志除了完成科研工作外，在业务上还承担帮助我们的责任。

我刚到禹城时就在老先生的带领下做野外工作，比如鱼塘、河道试验的设计、采样、分析，三五年之后我才独立地开展了一些工作。采样都是

庄大栋、谷孝鸿（右）在进行台田收获玉米千粒重统计

庄大栋、谷孝鸿（右）在进行台田大豆种植种子播撒（1988 年）

试验鱼塘捕捞　　谷孝鸿等在实验区进行水生生物样品采集

我们亲自做，民工帮助做辅助性的工作。我们带着瓶子和采样工具，有时要穿上下水的胶皮衣服、靴子，下水去采样。有时要搭采水样的踏板，在踏板上采样。还有一项日常工作就是鱼类的生长测定。试验地就在我们驻地旁边，每个月采样多少次是有规定的。有的需要一个礼拜采一次，有的需要一个月采一次。采完以后回到实验室来做分析。采样的过程相对比较简单，大量的工作是在实验室进行数据整理和分析。

吃住行都很困难

在禹城工作时，无论是科研条件还是生活条件都非常艰苦。记得我是 1987 年 8 月底由庄大栋老师带着去禹城的。那时从南京到禹城坐火车要十几个小时。下车一看，目之所及，荒凉一片。禹城辛店洼的环境特征用老百姓的话来讲是"夏天水汪汪，冬天白茫茫"。夏天洼地季节性积水，水汪汪一片；冬天洼地中水分流失蒸发后，盐碱泛上地面，白茫茫一片。我出生在苏南，就是南京附近的高淳县，当时心想怎么会有这么穷、环境这么差的地方？苏南一些地方再穷，环境也比这里好。

虽然我也是从农村出来的，但在生活上还是很不习惯。我们南方是以大米为主，到这里是以面粉、玉米面为主，整天是馒头、面糊，下饭的主要是咸菜。住的地方有的窗户上没有玻璃，就用塑料纸糊一糊。那里风沙大，窗户密封又不好，特别是冬天，早晨睡觉起来被子上、脸上全部是黄土沙子。过去的禹城，冬天鱼塘冻成冰，可以在冰上走路、开车。那么冷我们还照样工作。我们采样时先得把冰面打开一个窟窿。水质也不好，因为当地的盐碱地河水不适宜饮用，我们就打了深井水，但是水质的矿化度很高，我们烧水的水壶里面会结很厚的水垢。对于人的身体来讲，虽然高矿化度水形成结石不是必然的，但还是有一定的联系，常喝这样的水肯定比喝矿化程度低的水更容易形成结石。我们在禹城工作的老同志好几个都有结石病，胡文英老师、庄大栋老师都动过胆结石手术。

我们平时的交通工具就是自行车。辛店洼跟禹城县城距离有 20 公里，无论是到城里采购物资、买药品或办事，都是骑自行车去。洗澡也要到县城招待所去。

1987 年到 1989 年，试验基地晚上基本上停电，靠点蜡烛照明，看书和写材料都是借着烛光。有次我在房间看书时间太长睡着了，蜡烛一直燃着，最后将桌子烧了一个大黑圈，没有失火真是万幸，现在想起来还心有余悸。

种种困难使我刚去时心里有点沮丧。但是我的专业就是研究鱼的，研究鱼又脱离不了农村，必须很快适应这个环境，后来也就慢慢适应了。

我在禹城前前后后待了差不多 13 年时间，真正离开禹城是 1999 年底。那些年，我平均每年在禹城工作的时间是 200 到 250 天以上。1996 年以前还是单身汉，所以基本上整年都在禹城。有些试验工作老师们布置完

1988 年 6 月 17 日中国科学院院长周光召（左 8）、胡启恒副院长（左 5）在禹城辛店洼低湿洼地综合整治试验基地时与同志们合影。左起：1 程维新、6 李松华、7 隋桂荣、14 谷孝鸿、13 高光、10 庄大栋

了就做其他工作去了，大部分需要我独立设计、采样及分析，独立管理仪器。我结婚以后我夫人曾到禹城去过，说这个地方真是艰苦啊！

课题组的老同志们对黄淮海开发奉献了很多，比如庄老师，最开始洼地考察就是他带队去的。1986 年就去了，长期坚持在野外工作，家也顾不上，三个女儿就靠夫人管。他对鱼塘台田的贡献应该说是最大的，基础性的工作就是庄老师他们奠定的。胡老师的小孩当时也很小，可他们在野外工作时间都是在 200 天以上的。我们当时是一个很团结的集体，都是很奉献、很敬业的。老同志的言传身教，对我们也起到了传帮带的作用。

现在回过来想，当时真的很辛苦。这些事现在跟所里的年轻科研人员或我的学生们讲，他们都认为不可思议。

各级领导对黄淮海治理有很高的认知度

那时从德州市政府到禹城市政府，对黄淮海治理工作都很重视，认知程度很高，宣传力度也非常大。地方政府的支持表现在对科研人员的关心上，逐步改善我们的生活条件。给我们提供面粉，有些是以非常便宜的价格卖给我们，有的是免费送过来的。为改

1988 年 6 月国务院总理李鹏视察辛店洼试验基地时与谷孝鸿握手

善我们的居住条件，还帮助我们修房子、修路。辛店洼是最早通电的野外站。修路是 1992 年，一直修到我们院子门口，那是很不容易的。李鹏总理视察时对我们的工作充分肯定后，县里更加重视我们的工作。县委书记当时去看，现场拍板，一定要把柏油路修到我们所野外站小院门口。县里为此投了好几万元钱。

各级政府官员还经常来我们试验点视察，并专门配备指定了一个副镇长帮助协调科研中遇到的问题和解决我们的生活问题。这位副镇长是个女同志，姓郭。现在年纪也应该较大了，我对她印象非常深。因为她知道我刚刚大学毕业，对我很关照。还有镇上的贾书记，也经常来问问我们有什么困难。当时镇上的各级领导跟科研人员关系都很融洽。

鱼塘台田模式建设的过程

当时禹城三个典型洼地的治理重点不同。中科院地理所重点是做重盐碱化的治理，主要研究对象是盐碱地上的耐盐碱作物。兰州沙漠所主要做的是防风减沙，沙地的种养殖和固着。我们所主要是涝洼地的治理。三个地方是三种不同的生态类型。当年李鹏总理视察了之后，留下了深刻印象。

中科院地理所的禹城试验站建站更早。我们所到禹城去工作是中科院地理所向院里提出来的，因为他们没有研究水环境和渔业的科研人员。南京地理与湖泊所真正介入黄淮海治理是在 1986 年底。在禹城有一些季节性的积水洼地，中科院地理所的老师就想在这些积水洼地上也搞农业综合治理和开发。这种季节性的积水洼地应该被很好地利用，但是怎么利用在当时没有任何经验。刚开始去时我们也没有想到利用台田鱼塘的模式。经过反复考察调研，参考了南方的桑基鱼塘模式、垛田鱼塘系统等，因地制宜改造洼地，后来总结形成了鱼塘台田系统模式。

那时当地有一些小坑，像是鱼塘，有鱼，但不是当地人养的鱼，是自然生成的。这个塘是怎么形成的呢？是当地烧砖挖土，形成一个一个坑，时间长了，坑里就积水。1986 年、1987 年我们在做大量的背景调查的时候，就看到挖砖窑后形成的坑，里面水质非常好。正好我们这个试验站南面有一个砖厂，有一个很大的坑，所以应该说灵感是从这里生发的。我们考虑怎样把这个坑利用起来。填起来并不现实，所以我们就重新加工，形成一个比较规范的鱼塘的样子，再把取出来的土堆在塘的旁边，形成台田，上面再种一些作物。

科研人员在台田中进行采样

辛店洼是一个碟形的洼地，不同高程区域中的盐碱程度也不一样。比如核心地块，就是洼地的底部，我们就设计建造人工蓄水池，就像一个小水库似的，用于蓄水保水和缺水期间水的调控。从洼地结构讲，洼地边坡土壤含盐量都比较高，这些区域种粮食作物难以生长，产量也低，所以我们就根据这一特点选择耐盐碱的品种，如种植棉花等。对于洼地其他区域的池塘，也不是随便挖多大面积，台田高程也是经过研究的，是根据水盐运动规律得出的，在这一区域台田高度一般是 1.5 米。鱼塘面积是 5～10 亩。这主要是考虑到鱼塘的水源主要靠地下水补给，鱼塘太大，养鱼需水的补给量难以保障。另外，鱼塘很大一部分是一家一户承包经营的，不宜过大，否则难以操作和管理。

鱼塘台田只是一种模式，我们还有其他很多模式。实事求是地说鱼塘台田并不是我们的原始创新，准确一点讲是一个集成再创新。用现在时髦的话来说，就是引进消化吸收再创新这样一个过程。有关不同区域的利用模式最初是我提出的，是针对各种不同的情况进行的归纳和总结。但是如果认为治理低洼盐碱地的唯一模式就是鱼塘台田，我不这么认为。我认为低湿洼地的开发应有多种模式，当然有些模式可能超出我们的专业范围了，比如说农田建设就不是我们的专业。有一些试验，像禹城的河道在洼地的底部，以此为基础建成的大型的水库，对后期农业生产的水源补给就起到了很好的作用。

推广养鱼技术

引进外来品种

我们最开始养殖的鱼以当地的土著鱼为主，长期以来，它们适应了当地的盐碱水域环境。最开始引进养殖的是当地的黄河鲤，后来才逐渐引进一些外地品种。而鱼类的结构我们并没有改变太多，主要是改善和提高当地的水产养殖技术水平，怎样使个体更大，怎样使产量更高。1999 年引进了罗非鱼，长得比较好。罗非鱼在禹城实验区是可以自己繁殖的，但是越冬有问题。10 摄氏度以下鱼就不怎么动了，11 月份就冻死了。从繁殖生物学理论

谷孝鸿(右)、高光在试验区进行水生生物样品采集

讲没有任何问题，但是越冬过不了关。所以在禹城罗非鱼的繁殖不成功，但也不是失败。这需要探索，其实通过控温是可以解决这个问题的。最近几年，温度普遍提高，罗非鱼一般就不会死亡了。

看鱼病

当时我们禹城课题组的工作是带有这样两重性质，一部分是开发工作，推广农业科研成果，进行农业管理，包括渔业咨询，因为我们科研成果的目的就是要推广的，所以我每天几乎有半天时间骑自行车到渔民的塘边上去转，发现问题解决问题。转的范围很大，包括整个辛店洼，甚至还有临近的张集、来凤这些有鱼塘的乡镇。渔民有时拎条死鱼来给你看，说我的鱼死了，你看看是什么病。但是这条鱼可能已经死了很久了，也不知在鱼塘里泡了多久了，所以我们还是要骑自行车到他的鱼塘里去看情况是怎样的。有一个渔民的塘里有一天浮头很严重。浮头就是缺氧，他让我早晨就去看，但是早晨看不出什么来，我中午、下午又去看，然后我就告诉他这里面缺什么东西，怎样治理，第二天情况就好转了。这个渔民很感激，还送苹果给我们吃。

培训养鱼人

通过我们试验成功的鱼塘台田模式，老百姓看到了经济效益，也希望把空闲的盐碱地利用起来。方式就是由地方政府出资，开发成鱼塘台田模式后，由老百姓来承包。一开始生产队让农民大量承包鱼塘，当地的老百姓种庄稼是可以的，但是他们没有一点这方面的知识，没有养鱼技术，他们不敢承包。镇政府就决定办培训班，由镇政府出面组织，我们把技术教给他们，到春节放养前，给老百姓上课、举办讲座，比如如何放养鱼苗、如何投喂、如何管理、如何捕捞、冬天怎样管理等。我给全县的养鱼人都上过课。地方政府很重视，县里农业开发部门组织很多农民来培训。禹城县还成立农业开发办公室，这对于科研成果的推广和管理是非常重要，所以后来推广了很大面积。这一块工作就是胡老师当课题组长时做的，到"八五"期间就在全德州推广开了。

坚持应用科学研究

除了推广农业成果以外，我们在禹城另一部分是科学研究工作，主要是采样和在实验室分析数据。一般上午在实验室做试验，胡文英老师他们是做化验的，我是以生物为主，包括看鱼病和病因查找。我

1989年谷孝鸿（中）、隋桂荣（左）在进行底栖动物采样

要看浮游动物的样品，每天的工作量都十分大。还有就是进行鱼类养殖、生态学方面的研究。比如鱼塘台田怎么开挖比较合理，系统怎样才能比较稳定，各品种的鱼怎么配养，怎么养才更大。因为那里的水矿化度比较高，盐分也比较高，引进的南方的鱼种不适应，所以还要研究鱼类和环境的相互关系及其生态适应性。

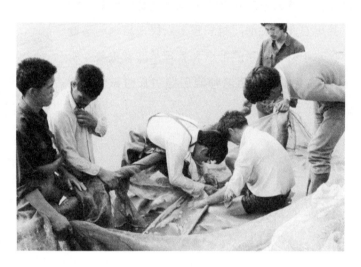

1989 年 6 月谷孝鸿(中间给鱼注射者)
在试验鱼塘进行鱼类人工繁殖催产

禹城盐碱地的鱼塘水质的含盐量没有海水的浓度高。高盐水含盐量是在千分之五到十，禹城一般也就是千分之一到一点五，但还是比正常的淡水要高多了，所以在这种水里养鱼与淡水养鱼还是有一定的区别。在这种水体养鱼，它的生长、存活，以及在生理方面与淡水养殖都不完全一致，所以我们也要研究在盐碱水里鱼的生理学方面的特性，如成熟年龄、怀卵量等。

当时黄淮海最大的问题就是缺水。南方养鱼要不断地换水不断地补充水，而禹城就靠引黄，靠黄河的水来做一些补充，但这个水源是非常有限的。在没有很好的水源补给的状态下，怎样把鱼养好，要做深入的研究，要开展节水渔业的研究。对于水质调控，可以用生物措施、物理措施、化学措施来改善，这其中又有很多研究工作可做。

台田上种植的基本上都是果树，也种麦子、豆子、棉花，其实这都不是我的专业。我们当时在禹城做的很多科学试验都超出了我们的专业范围。我们种这些东西主要是选择它们的耐盐碱性，而且产量还要比较高。在台田上也引进了一种植物——苣荬。苣荬是鱼的饵料，也是很耐盐碱的。我们养殖试验的核心问题还是提高单位面积产量，使产量更高，品质更高。在养殖的基础上，试验的重点就是为了防止池塘水质的恶化，做一些水源调控和水质改善的研究工作。我在禹城的核心工作就集中在水里。

养螃蟹的故事

我们在辛店洼搞黄淮海开发是以鱼塘为主的，但是为了开发推广和研究工作的需要，我们还不断引进新品种。养螃蟹就是在禹城比较成功的一个例子。

为什么要引种螃蟹呢？主要是螃蟹需要的水比鱼要少。禹城的水源不能充分保证，很多水要靠引黄的水来补充，所以从节水这个角度，养一些需水相对少的品种很必要。鱼塘至少需要一米深的水，而螃蟹有个三五十公分深的水就够了。1993 年以后，黄河的水源更加缺乏，断流现象很严重，断流时间也越来越长，夏天还能积累一些雨水，冬天水就更少了。北方地区鱼少，很大一部分原因就是因为水少。

养螃蟹时发生了一些事情，很有意思。1988 年我们把长江的中华绒螯蟹引到禹城。当时的蟹种，全部是我们从长江捞的天然苗，再运到禹城去。从蟹苗的购买到与渔民的联系都是我独自完成的。当时庄老师说：

"小谷，这个事情你全权负责。"我做好试验设计，在年初时独自带着几筐蟹苗，坐在火车的货车厢中，一坐就是十几个小时。因为蟹苗是活物，可能从装载箱中逃出，所以火车站说只能你们自己押运，出了问题我们不能负责。

我们把螃蟹放在禹城挖的塘中试养。从苗种放养到塘口管理再到捕捞，基本上都由我负责。因为当时经验不足，防逃设施也不到位，螃蟹到处爬。到螃蟹快成熟时，池塘中水抽干后一看螃蟹都快爬没有了。我们开展螃蟹引种试验，池塘中螃蟹没有了，数据也就没有了。老乡看螃蟹引种到这里来养殖，但是没有结果，那也是失败了。如何将螃蟹找回来是个难题。

我们养螃蟹的池塘前面有条河道水沟，我推断池塘中的这些螃蟹应该是爬到河道里面了，理论上爬得应该不很远。我就去给辛店镇的贾书记汇报，说我们的螃蟹爬到别的地方去了。他也着急了，马上带很多人到这里来看。我就组织工人，沿着河道去抓，基本上把螃蟹都抓回来了，有些长得非常大，非常成功。

第一年螃蟹养殖，螃蟹逃跑给我带来一个教训，就是我们的设施还不是很完善。如果螃蟹找不回来，也只能说明我们试验的失败吧！我记得很清楚，出这件事时庄老师不在禹城，所以这件事基本上是我自己处理的。那时我只有21岁，螃蟹没了，很紧张，压力也很大！如果没有找到的话，我也没办法交代，因为引种的经费都是禹城县出的。

螃蟹养殖成功在当地引起很大的轰动。后来苗种越来越少，长江苗买不到了，我们就要设法去别的地方买苗了。1992年，我们到浙江省的瓯江去买苗。当时我带了2万块钱的现金支票及2000元现金，都装在我身上。但是在长途汽车上夜间被偷了。虽然支票挂失了，但现金没了，我当时工资才两三百块钱,压力很大啊!

从螃蟹的生物角度来讲,它是广食性的生物,全国各地基本都有。黄河流域、辽河流域都有螃蟹,但相对来讲这些区域养殖的螃蟹比较小。最知名的就是长江流域的阳澄湖、固城湖的螃蟹。当年我们引进螃蟹,是因为我们分析了在矿化度、水体盐度不是很高的情况下,它们在这里是可以生长的。这有两个意义,一个是如果螃蟹引到我们这个区域养活了,我们可以推广;另一个是从科学研究的角度,从生物学研究角度来看看这里的水体或者土壤对养殖螃蟹是不是很适合。我们还要分析螃蟹的生态位情况,比如饵料食性。我们还在螃蟹池里放养鲢鱼,主要为了净化水,鲢鱼会滤食,吃掉剩饵料肥水引起的浮游生物,这样饵料就不会直接腐烂而污染水质了。应该说,禹城的螃蟹引进是比较成功的,起到了很好的示范作用。

从1988年引种螃蟹成功以后,一直到我们离开禹城,每年都养出大量的螃蟹,以后在黄淮海的鲁西北大概推广了上万亩面积。当时鲁西北地区的人都不知道螃蟹怎么吃,我们还要教他们怎么吃。经济效益也比养鱼好得多。在盐碱低洼地把长江以南的螃蟹这种特种生物引过来,从科学研究来讲也是很好的尝试,为养殖积累了很多的经验。但后来推广不开的主要原因还是种苗问题,当地不能解决。螃蟹成熟个体需要洄游到海淡水交汇处繁殖,当地不能进行人工自繁。江苏这一带都是靠到沿海去繁殖培育,用苗再来培育成小幼蟹,禹城不具备这个条件。另外黄淮海的土壤结构不像南方的红壤黏土,很松散,不能固着。南方的渔民有揽河泥的习惯,这是一个长期养成的习惯,由于维护得好,鱼塘结构一直保持得很好。尽管我们给老乡灌输的就是鱼塘一定要经常维护,但是北方人冬天就不怎么干活,喜欢晒晒太阳,所以老百姓养殖的鱼塘经常塌荒。在养殖池塘中我们还引进了茭白、荸荠、慈姑，都是湿生的经济水生植物品种，与螃蟹相互作用，也是比较成功的，当地人都认可，都觉得非常好吃。但是每年收获时要把它们从泥地中挖出来，老百姓就嫌麻烦了。

1988 年初引种养殖螃蟹，当年 11 月份开始捕捞。镇领导评价非常好。我们把螃蟹送到县里，县领导非常高兴，说在禹城这个地方竟然能培育出南方的品种，真是一个稀罕事。后来县里对此做了大量的宣传报道，又要求把螃蟹送到德州、送到济南，送给相关领导去看。

1988 年禹城试验鱼塘成鱼捕捞现场

当时大约 1 亩鱼塘净收入是 500 元钱。每户大概是 10 亩左右。原来当地人很穷，每年也就是一两千块钱的收入，这样他们就获得了较高的收益。鲁西北地区的鱼塘台田有 30 万亩，创造产值大约是 30 亿元。《大众日报》上引用的就是这个数字。后来我们编辑"八五""九五"成果时也是用的这个数据。

浓厚的 "禹城情结"

我虽然离开禹城 10 多年了，但是我一直认为是禹城培养了我，我从中得到了锻炼。工作很充实，也很有意义。第一，在学术方面，我发表的文章有 30 篇左右都是以禹城的科研为基础的。我离开禹城时职称已经被提为副高级了。第二，禹城科研工作也锻炼了我的组织管理能力。在禹城，我学会了跟方方面面的人打交道。"八五"以后，很多老同志像王银珠、庄大栋，因为所里工作有调整，离开了禹城，就留下了胡文英做课题组长，我做副组长。既然做副组长就需要对整个试验工作进行协调、布局和设计，有担子就有了压力。"九五"以后我就做课题组长了，这也是因为老同志要培养年轻人。那时我也就是二十五六岁。当课题组长要跟很多人打交道，包括兄弟所的，像中科院地理所、兰州沙漠所等；我还要请教一些老同志，跟他们商量；此外还要跟当地官员、农民打交道。我们和禹城的农民建立了很深厚的感情，就是我现在去，他们还是喊我 "小谷"，老乡们还都拉着我去聊天。

在禹城前前后后的 10 多年里，是我接触人最多、最广、层次最高的时期。那么多领导人去视察，很多都是部长级，甚至总理都去了。鱼类养殖是一项应用性很强的科学研究工作，具有开发的性质，研究成果得到推广，才能真正算是成果，所以我们的工作要得到地方政府和老百姓的认可，这很关键。

现在回想起来虽然那时我觉得很艰苦，但是对禹城也真的很有感情。我基本上把那里当成家了，有时回所，会反过来说："哎呀，我们要到南

京去出差了。"以前一般一过完年就到禹城去了，准备池塘养殖放鱼苗等，过两三个月后再回南京，也就是四月份或者五月份了，这时南方都穿春秋衫了，而我们还是穿着棉袄回来，同事们都笑话我们。

我有浓厚的"禹城情结"。

科学治沙12年，
沙荒地变果粮川 8

高安　口述

时间：2008年9月1日上午

地点：兰州宾馆406室

受访人简介

高安（1937—　），中国科学院寒区旱区环境与工程研究所研究员。1963年毕业于北京农业大学土壤农化系土壤专业，曾任甘肃省土地学会常务理事、中国沙漠学会副秘书长等职。长期以来在沙区从事土壤资源调查、沙漠治理与沙漠化防治及生态环境整治等工作。曾将甘肃临泽3.5万亩沙荒地治理为农田；在山东禹城建立了乔灌草相结合的防护体系和万亩粮食生产基地。1981年获甘肃省科技成果一等奖；1986年获中科院科

技进步二等奖；1988 年获中国科学院农业综合开发奖；1999 年获中国科学院科技进步一等奖。主要著作有《洼地整治与环境生态》《河间浅平洼地综合治理配套技术》《河西地区土地资源及其评价》《河西地区水土资源合理开发及其利用》等论著30 多篇（本）。

黄淮海平原科技攻关和农业开发时，我在禹城沙河洼治沙。从那时至今已经过去 20 余年了。回顾这段历史，很多经历仍然历历在目，至今都令我感动，也甚感欣慰。究其原因，我们这批科学院人，在黄淮海平原工作期间，都能发扬艰苦奋斗、无私奉献的精神，以科技转化生产力为己任；同志们之间团结协作，联合攻关，又都有丰富的科学知识和实践经验；各级领导也是深入实际，亲临现场，检查指导工作；当地政府鼎力相助。在各个方面的大力支持与配合下，终于使黄淮海地区的农业生产快速发展了。

严重风沙灾害造成当地农民的贫穷

黄淮海地区的主要灾害"旱涝风沙盐碱"都集中反应在禹城县了，所以过去在鲁西北地区有这样一句顺口溜："破禹城，烂陵县（陵县在禹城东北边）"。这些自然灾害制约了当地经济的发展。中国科学院地理研究所从50 年代就开始在这里治碱。80 年代后期，中科院治理的地区扩展成"一片三洼"，把科学院的 20 多个所都集中在这里，治沙、治碱、治涝。当时主要有 3 个所：中国科学院地理所、南京地理与湖泊所、兰州沙漠所，这 3 个所支撑了三洼的治理。中科院地理所有一个综合试验站，是总站。它下边治理的一个洼叫"北丘洼",在张庄边上,是治碱的。它的成果主要是竖井排碱,洗盐,微咸水灌溉。再有一个洼是"辛店洼",是南京地理与湖泊研究所负责治理的。主要模式是治理涝洼地,叫台田鱼塘工程,将洼地开成鱼塘,鱼塘上边是台田,搞立体养殖,生物小循环。我们所就在"沙河洼",在禹城县的北边,距市区约30公里,主要是整治风沙造成的危害。因为这里的风沙灾害影响到1万多人口,当地老百姓认为这里的风沙是没治的。特别是沙河辛村,仅自解放后就搬迁过3次。刮西南风了,就把沙子往东北吹;刮东北风了,又把沙子往西南吹,交错往复运动。为什么叫沙河辛呢?"辛"苦的"辛"跟"新"谐音,掉过来看就是"辛(新)沙河"。老百姓说:"朝是农田夕是沙,不知何处是我家。"还有一组顺口溜是:"风起飞沙扬,埋地又压庄(沙子上房了)。种上几斗粮(种子量大啊,种下去几斗),仅收几提筐。好年不过百(好年景不过亩产百斤),荒年全丢光。"风一刮庄稼就全完了。风沙能把西瓜秧儿整个儿埋了。所以当地老百姓种西瓜,把瓜苗用罐头瓶扣上,要不就拿几块瓦片挡着风。夏季刮东南风用瓦片挡东南风,早春刮西北风就用瓦片挡西北风。这是老百姓摸索出来的原始的防沙防风蚀技术。什么叫风蚀?就是风

禹城沙河洼沙丘风蚀景观　　　　　　　　　　　沙河洼裸沙一角

一吹，造成掏蚀，风把根一掏出来幼苗就死了。

因为风沙灾害，当地老百姓穷得连温饱都不能满足。那时我们到老乡家调查，老乡问："高同志你们吃什么？"我说吃饺子吧。老乡也就是用发芽的土豆煮一煮，剁巴剁巴，包起来，面都是黑的。喝的水是渠水，水里有杂草，污物很多。当时该区除了乡政府是砖瓦房外，村里90％都是土房，好点儿的房顶上搁点儿瓦。那时我们在乡政府吃个白面馒头都很扎眼啊！但是让老百姓搬迁也困难。山东人口密，往哪里搬？而且老百姓的传统观念是离土不离乡。

紧急受命

我所在的单位是中国科学院沙漠研究所。1986年3月，所领导接到中科院领导的指令，叫沙漠所派一支强有力的专业队伍，去黄淮海地区从事沙荒地的改造和沙漠治理工作。当时的所长是朱震达。他把我叫到办公室以后，千叮咛万嘱咐，说这项工作是院部的重点工程，非常重大，你去后要打开局面，要给所里争得荣誉，并在山东这个半湿润地区开辟一个站点。领导的嘱托和信任，顿时使我们增加了力量。我很快就组织了一支队伍，有六七个人，有研究果树、土壤、生物等各方面的专家学者，专业齐全。我们马上与禹城联系，禹城领导当时就回话说你们可以来了，这样我们于3月底就到了禹城。

一到禹城，当时县委领导五六个人都到宾馆看我们。我记得书记是孙清明，常务副县长是杨德泉，另一位副县长是高登平，还有一位叫李蓝玲，好像是人大的负责人。他们对我们嘘寒问暖，说了很多热情洋溢的话，像"我们就盼着你们来呢！有中科院的人来治沙，我们非常高兴，这下我们就放心了"等等。我们住在禹王宾馆，他们天天热情款待，每顿都是席，照顾得无微不至，弄得我心里是七上八下的，很着急。我们当时的心情就是求战若渴，想早点下去，看看实际情况到底是怎样的。具体负责接待我们的是县农业局长魏凤山，我们和他处熟了，讲话也比较随便了。我问魏局长："我们什么时候能下去呀？无功不受禄啊！天天这样款待我们，县里花这么多钱，我心里很不安。"他说："你忙吗呢？"后来我们了解到，是因为我们来得很突然。中科院院部来电话说要我们去人，我们组队就去了，而县里还没有准备好。

我想，那我们就利用这两天搞调研吧。我们就到冠县考察，冠县过去是鲁西北地区的林业先进县。冠县的主要优势在哪里呢？它是五六十年代的林业冠军，优势主要是营造薪炭林，但是经济效益比较单一，防风效益也不是很理想，但是做到这样也真是不容易。从科学的角度看，平原区造林和沙地造林是不一样的。这次考察我们也有一些收获，掌握了一些造林树种及种植模式。

到禹城六七天之后，在我们的多次催促下，县里派了副局长郭连景和一位姓张的工程师，就和我们一起下基层了。我们租了一个民家小院，一大间里面还有一个套间。我们六七个人加上局长就住那里。外屋就是一个大通铺，没有吃饭的地方，我们就和乡政府商量，每天三餐就在对面的张集乡人民政府搭

1987年2月高安在德州召开的中科院科技与生产见面会上发言

伙儿。我们住了一个礼拜，乡里想尽量给我们吃得好一点，所以当时条件还是挺"优越"的，馒头、白菜、粉条、烩菜，这就算好的了，吃个豆腐就算上等的了。有时魏局长他们还从县上买点卤肉什么的，我们心里很不安。我说："魏局长，这样影响不好。我们是来工作的，是来治沙的，你这样是把我们当客人。"

摸清了沙荒地的基本情况

我们这支队伍吃苦能力很强。从 4 月份开始，在一个多月的时间里，每天早出晚归，从早 8 点到晚 8 点，就带两个煮鸡蛋，两三个馒头，军用壶一壶水，加上点咸菜或榨菜，拿着一把铲和一个罗盘，每天要走三四十里地。我们自己挖个一两米深的坑，把沙样取到，背回来，晾晒，然后托运回兰州，分析沙丘的养分和各种矿物质。沙坑很不好挖，一边挖沙子一边往下滑，这就要有防护圈，拿铁皮圈搁沙地上，然后再挖。我们的目的是看浮沙到底有多深及沙层的分布。

我们从东北角的张集乡政府一直走到最西南边的二甲刘村，基本走遍了当地的沙区。通过采样、分析、研究，一是确定了沙的理化性质；二是摸清了沙区植被的分布及种类；三是掌握了沙丘形态，基本摸清了这个地方沙漠分布的情况：有高大沙丘，有固定沙丘，还有沙地，种类很多，但都是历史上黄河故道遗留下来的古河道，一直延伸到夏津县。

考证时，我们查阅了资料，这个地区在公元前 602 年前，黄河一共有26 次大泛滥。泛滥后黄河改道一共变迁了 26 次，淤积了大量的沙。在学术上称为"紧出沙，慢出淤，不紧不慢出莲花"。意思就是说，大水一冲，泥沙俱下，急流把沙粒冲至近处，泥粒冲至远处。鉴于这种情况，老所长朱震达说山东还有另外的沙漠类型，你们也去看看。我们考察后认为跟西北的沙漠类型没有什么两样，只是成因不同。形态基本是这样的：高低不平（最高

兰州沙漠所科研人员在沙区打钻采取沙样

有 12 到 13 米）、连绵起伏、基质疏松（因为没有黏着物，所以结构松散）、移动频繁（一是沙源，二是风，有风就有沙，就容易形成风沙灾害）。起沙风速根据我们的测算，常规的为 4.2 米/秒。山东虽然是半湿润地区，沙起来的风速基本也是 4.0～4.2 米/秒，视地貌和沙粒粗细而异。沙子是喜风怕水，只要有水，水一灌，沙子就紧实了，风就吹不动了，所以治沙和水的关系很大。我们调查后发现，虽然该区沙源多、沙物质丰富，但水资源也很充沛，这就给治沙提供了有利条件。

调查和测绘的结果就是：沙河地区沙地面积是 1.33 万亩，这里面包括各种类型，主要是平沙地、流动沙丘、固定沙地、草甸沙地。

摸清该区基本情况后，就需要测量、绘图，才能在图纸上做规划。五一以后沙漠所派了测绘组来禹城，测绘仪器也带来了。他们是王一谋、姚发奋、李启森，还有王一谋的夫人冯毓孙。王一谋是测绘室的室主任，他夫人是绘图的。王一谋他们在外边测量好了，草图就给她，她就画图。他

考察沙地情况

按图纸规划确定沙地开发范围

们测绘，她标绘。5 月到 7 月，正是热天。野外大太阳晒着，也没树遮阴，戴草帽也不行，脸都晒脱了几层皮。魏凤山老局长看我们整天往外跑，挺心疼，就让人到县上给我们买了几辆自行车，又让人到县上给我们弄来一台 12 英寸的彩电。其实局里经济也很拮据，是挤出点钱来为我们改善生活条件。女同志姚发奋不会骑车，还是我扶着车教她骑会的。那时我们搞调查是按路线分开走的。有一天到晚上 9 点多了，负责二甲刘、辛庄的几位都回来了，姚发奋还没有回来。我们着急了，赶紧找，后来找着了，是因为她的自行车链子掉了，只能推着车往回走，真是一场虚惊。晚上他们还要接着绘图。山东的热跟北京还不一样，湿度大，很闷热，晚上写东西是挥汗如雨。测绘组的同志真是特别能吃苦，特别能战斗，令人钦佩。我当时还写了"煤油灯下写春秋，蓝图实现展宏图"的顺口溜。县林业局局长在这里蹲点，看在眼里，天天表扬。他说："你们沙漠所同志的精神让人钦佩，我们县里干部要向你们学习。"测绘组的同志真是玩儿命地工作，仅用三个月就完成了测绘图。王一谋说："宁可掉下几斤肉，也要把沙河资源摸个透。"这个测绘图标注了哪儿是沙丘，哪儿是平沙地，哪儿是涝洼地，我们就根据这个地形地貌来编写沙区整治规划。

规划方案是综合治理

规划总体方案是什么呢？思路是"水利先行，林草紧跟，草田轮作，立体农业"，总结起来就是"高果、平农、低牧、洼养鱼"。沙害的治理要根据沙源的分布和主风的风向为依据。沙子的移动主要是因为当地大风频繁。根据风洞测试，流沙移动基本是三个规律：滚动、跳动、飞跃。沙子先在地表滚动，然后跳动，风再大些，沙子就飞扬；遇到障碍物，沙子就会落下，长年累月地积沙，墙和房子都能被埋了。但是沙面只要有覆盖物，沙子就不会"活化"了。老百姓说"寸草挡丈风"就是这个道理。所以根据这个规律，我们就考虑首先要营造固沙林、农田防护林，种草栽树，增加地面覆盖。这是一个系列配套措施。

水利是治沙的先行条件。为什么水利先行呢？该地是半湿润地区，降水量在 500 毫米左右，降水量颇丰。另外沙区的地下水都浅，向下打 3 米就见水，打压井十分便利。向井孔内插上塑料管，地面安上压水机，水井就打成了，而且水质特别好，是全禹城最好的饮用水。当时开发区还没有形成灌溉网络，引黄灌溉只有总干渠，没有斗支农渠，

1987 年建站初期试种花生喜获丰收

189

体系还不完善。

什么叫立体农业？开发出来的地我不能叫它裸露着，必须都种上作物。过去种玉米，两行玉米在幼苗期时中间空隙太大，也是裸露的，可能还会造成风蚀。我们就在中间裸露的地方种上草莓。葡萄行间我们套种西瓜、黄豆、草莓，充分利用三维空间。这就是立体农业。这样不仅增加了地表覆盖，而且增加了收益。当时有一句顺口溜是"五月草莓七月瓜，中秋葡萄美味佳"，成熟时随便品尝，来参观的人可美了！那时葡萄园有 40多亩，巨丰、先锋、黑奥林、玫瑰香等各种品种都有。

从质疑到信服

我们刚到那里去做调查时，当地的老乡还都用异样的眼光来看我们。我们调查期间，老乡看我戴一顶白色的太阳帽，就问："你们这些人是干吗的？中科院来看沙子的？你们能干吗！？"不信任我们。我们把规划上报给县里之后，县里也有些风言风语。县委在开会讨论时，就有人说："就凭一张图、一个报告，就能把沙治好啊？我们几辈人都没治好，他们就能治好？"说话的人当然也不是恶意，而是心有余悸，不太相信我们，认为县里支持我们是因为"远来的和尚会念经"。老百姓说："大石桥那里，我们县长的坟还在呢！"意思就是说原来的老县长就想治沙，在沙窝子里战斗了几十年，也没有成功。还有人说："规划规划又写又画，他们一走成了空话。"我们是搞科学研究的，掌握了一定的科学知识，也有一定的实践经验，所以还是有把握、有信心的。县里个别人有想法，老乡们不相信我们，我们也不生气，反而更加激励我们。说良心话，那时写的规划还是比较粗糙的，都是框架式的，不像现在的规划特别细。但是县里还是很支持。比如原县财政局局长王心源（已经去世），跟我同龄，很熟，我们互相称呼"老伙计"。我们跟县长也很熟，彼此都信任。县领导的原则就是你们这么多所，谁干得好我就支持谁。对我们沙漠所特别偏爱，也特别厚爱。我们要建葡萄园，需要十万八万元的财政支持，"刷"，钱就划到账上了，我们就可以买葡萄苗、葡萄桩子。1987年8月份，县里还为我们试验站盖了16间房，建了一个小院，就盖在沙河辛的东边。1988年春节我们就搬到那里了。

1987年8月，我们开始种植果树了，先开发了2 000亩。因为规划要求"渠路林田"配套，形成"田成方，林成网，渠成系"的网格化格局，这样才利于灌溉和排涝。我们开发了3方田，每方面积是150亩，把渠路林所占面积去掉，净面积是120亩。

第一步是修路。原来的路是曲里拐弯的，我们要裁弯取直。第二步是修渠。在每一方田里，都是支斗农渠环绕，便于排灌，到田间就是毛渠了。第三步是进行立体化配置。配置格局是一方种梨树，一方种桃树，一方种葡萄。方田内套种粮食作物。葡萄园内一边是品种园，一边是生产园，中间有路，把它们隔开。这里所说的是试验站西边那块地。试验站东边，就种了桃、苹果、梨。另外还有三号地，是粮食生产基地，种小麦、玉米、花生、黄豆等作物，供站上人员生活用粮。我们在果园里也套种。我们的想法就是，把这些试验地作为应用开发的样板，将来可作为沙河洼农业发展的模式，就是以果树为主业，粮食为辅，农林牧副渔综合发展。在发展立体农业中，葡萄中间可以套种草莓，可以套种花生，果树行间可以种小麦，也可以套种黄豆，构成"高矮结合，胖瘦（株型）结合，深根浅根作物搭配"。第四步是"林成网"。

从 1987 年到 1989 年，我们开挖支斗农渠 67 条，总长 29.8 公里；修路 27 条，总长 46.2 公里；营造防风固沙林 38 条，其中主林带 12 条，副林带 26 条，总长 53.8 公里。

效果怎样呢？原来沙河洼的地高低不平，连绵起伏，总的地形是"大平小不平"，但治理以后，每块方田是有高差的，就是"小平大不平"了。中科院常务副院长孙鸿烈来视察时问我为什么有些大沙丘不平。我回答说："鉴于人力、物力和财力，我们采用'急用先平，不用不平'的策略。暂无力量平掉的大沙丘，我们采用固沙造林、防风固沙的办法。当时差不多全县总动员，都来平沙，用了一个礼拜的时间，一共平了 102 个沙丘。"孙副院长听了很满意。

中国科学院孙鸿烈副院长一行与禹城市孙清明书记视察站区农业园。左起：1 马宪全（禹城市办公室主任）、2 杨德泉、3 丁二友（孙鸿烈秘书）、4 董主任、5 王心源（禹城市财政局局长）、6 董怀金、7 孙鸿烈、8 孙清明、9 高安、11 程维新、14 吴长惠

"田成方，林成网，渠成系"的网格化格局有几重效果：第一，在沙丘前缘固沙造林，根据风向把它围起来，这就叫前挡；后边再造林、种草固定沙面，叫后拉。第二，是"沟柳路杨"，就是在水沟两面种柳树，道路两边种杨树，田边种桐树，形成了网格，而支斗农渠都进农田了，一开口子水就能进到田里。所以形成网格化之后，旱能浇，涝能排，防风效果也很好，因为防风固沙林是挡风墙。西北风遇到防风林风速就降低了，到田间又有田间地边林，地边林内侧有葡萄，葡萄又可视作风墙，风吹进来又降低了风速，还有花生把地表都固定着，起不了沙，可防风蚀。但是沙子基质疏松，保水蓄水能力差，缺氮贫磷富钾。我们的办法就是掺上一定比例的土，再施以农家肥，采用秸秆还田，逐年改良土壤，就成二合土了。这样的土壤结构逐渐团粒化，七八级西北风刮过来地表都不会起沙。

还有一件事，体现了知识的力量和榜样的作用，让我印象非常深刻。1987年我们在站上种西瓜。邻村的刘月亭蹲在我们西瓜地的边上笑话我们。他编了一个顺口溜："知识分子种西瓜，西瓜长得鸡蛋大。"他是怎么想的呢？这一片风沙地区，连苗都抓不住，还能种西瓜吗？西瓜只能长得像鸡蛋那么大。我们不气也不恼，因为我们有办法。苗小的时候我们用麦草盖上，还可以采用别的办法，比如地膜覆盖。种子种下去可能会有老鼠吃，我们按照比例用煤油调制防鼠药，防鼠效果比农药红丹粉还好，还能保全苗。一穴三个种子呈三角形排列，苗出来以后我们间苗、倒秧、顺蔓掐尖、留果，一般掐到第六七个花以后，坐的果保证是大果。我们就留一根蔓、一朵花，这样就保证了叶片对阳光和水分的需要，光合作用好。而且在幼果膨胀期，我们往瓜地里施用油渣，或把腐熟的豆饼施进去，又保证了幼果的营养，再追加有机肥料，所以后来李鹏总理视察时说这个西瓜好吃。我们搞科研的是用事实说话。后来我们把张集乡管农业的副乡长和

1987 年春季建站初期始建葡萄园景观

大队长都叫到我们这儿来了，请他们吃西瓜。在吃西瓜的过程中，我们把种西瓜的方法、施肥的方法，包括怎么育苗，都介绍了，目的是推广应用。所以禹城县从领导到老乡都佩服我们，和我们关系亲如一家，原因就是我们能将科学知识变成现实的生产成果，改变了地方的生产、生活面貌。

1987 年没搬家之前我们就把葡萄种苗调来了，一共引进了 36 个品种，面积 43 亩，两年的坐果期。这项工作主要由陈采富负责。他伺候葡萄跟伺候孩子一样，很认真。1988 年李鹏总理来视察，要我们展示一下，那时还不到葡萄成熟期，我们对两行巨丰葡萄，用赤霉素处理了，提前挂果，向总理和各位领导做了一个满意的汇报。

李鹏总理来视察

1988 年 6 月 16 日下午，周光召院长来了，他戴着草帽，平易近人，很有学者风度。他过来说："高安同志你好！你辛苦了！"他就一直在地里转，然后说，"你们干得不错。"回到招待所，他把我们几个所的负责人召到一起，讲了话。主要讲你们在这里很辛苦，搞科技攻关，给科学院争光了。他问有什么困难，还特别指着我问。他问："你还能开发多少亩？"我说："我还能开 3000 亩。"他又问："主要问题是什么？"我说："主要问题是没有资

科学治沙
大有作为
周光召 88.6.16.

周光召院长在沙河洼的题词（图片为程维新提供）

金。"那时中科院的主攻方向不是搞创收，主要是做出样板，再进行推广。那天周院长并没有说第二天李鹏总理要来。

第二天，6 月 17 日，我印象很深刻。大晌午头儿，接到电话，说李鹏总理下午 3 点来，要我们做好准备，说禹城宾馆、济南宾馆都会派人帮助我们收拾。那时我们的小院挺好，北边是主房，两边是实验室，当中是会议室，院中花卉也挺漂亮。我立即全体动员，我穿着拖鞋，把院内和会议室清扫干净。我们还觉得挺满意的，结果宾馆服务员一来全给我们撤了，重新布置。到下午 3 点钟，总理来了。山东省领导梁步庭、马忠臣、陆懋曾、姜春云等陪同。我这人从来不讲究穿戴，为此还造成了误会。县长让我上前去，我三步两步上去刚向总理问好："您好！您好！"旁边战士不知道我是干什么的，还阻止我。这天下午总理接见了全体同志，后来我们还和总理合影了。大伙儿都很高兴。

李鹏在地里看，首先到葡萄地，我们就让总理先看我们预先处理好的两行葡萄，总理问："几年了？""我们 87 年定植。""两年就结果了？""我们采用了新技术。""好啊！"然后李鹏从地下抓把土，说："你看这把土都有团粒了。"总理说的这就是行话。转了一圈之后，他从我们小院的北门进来，看见我们的小红房子了，说："沙漠宫殿。"我说："这是县上

1988 年 6 月 17 日李鹏在葡萄株前与禹城县、试验站有关人员合影。第一排左起：杨德泉、李宝贵、陈俊生、陈采富、李鹏。陈采富左后为周光召

给我们盖的，给我们提供了住房保证。"李鹏说："看来县上领导很有远见。"旁边孙书记就笑了。因为这也是事实。可是当时我们还没有电呢，一直到 1991 年才有电。1992 年还给我们修了马路。这也是因为李鹏总理来给我们增加了荣誉。那天天气已经很热了，没有电怎么办？我们有发电机，就用它发电，声音很响。李鹏总理进来就坐下了，叫我汇报。我汇报得还是比较成功的。李鹏频频点头，说："你们干得很好！"后来我记不清是谁问："你们一年能收入多少钱？"我没有回答出来。因为我没有挣钱，我怎么说呢？可能我们投入两万元，也就收回一万块钱来。周院长就说："一两万吧。"我说："我们每年投入一两万，能回收一万左右。我们不是单纯为了经济效益，我们主要是试验示范，引进好苗、引进先进栽培技术和先进管理方法。我们把主要经费都投入到引进种苗和种子上面了。"李鹏总理点头，说："我还有总理基金呢，你们不够可以找我要。"然后我们就把西瓜打开了，请总理和其他领导品尝。那是十几斤重的大西瓜。总理一边吃一边说："好瓜好瓜！"赞不绝口，又问，"是你们自己种的吗？"我说：

1988年6月17日李鹏总理一行与山东省领导、中科院领导同兰州沙漠所禹城试验站人员合影

前排左起：周光召、陆懋曾、杜润生、梁步庭、李鹏、姜春云、陈俊生、柳隋年、李振声、马忠臣、胡启恒

后排左起：张小由、左大康、牛应海、李福兴、高安、赵兴梁、施来成、徐斌、杨德泉、李松华、陈采富、服务员A、服务员B、赵存玉、李宝贵

"是我们自己种的。"他说："很好很好！"我看孙书记特高兴。我忘记是周院长还是李副院长提出来的，请总理题词。李鹏总理挥笔题了"沙漠变绿洲，科学夺丰收"。国务院秘书长陈俊生也给我们题了"科技之乡"。山东省领导也得题词啊！梁步庭题了"感谢中科院同志们，送科技到山东"，是用记号笔写的。这些珍贵的题词现在都保存在所档案室里。

水乳交融的感情

李鹏总理来之前站上出了一件事。那是6月14号或者15号吧，我们

197

1988 年 6 月 17 日柳隋年（左 1）、何康（左 2）、李松华（左 3）、杜润生（左 4）在一株葡萄前合影留念

用赤霉素处理的两行五串葡萄，不知什么时候被南边村里的小孩偷了三串，仅剩两串。当时我们都紧张了，要是没有葡萄了，我们不成了说瞎话的人了吗？我们赶紧给县领导汇报了。县上也紧张了，公安局就来人调查。公安局长叫张国庆，他往会议室一坐，说："高工，对不起，我们工作失职。葡萄丢了我有责任。我没有看好，没有管好。"我说："是十一二岁小孩偷的，是不该发生的事情，你们那么老远有什么责任。"后来才知道，审问的时候，那些小孩也不知道他们摘的是葡萄。那里的老乡都不认识葡萄，也不认识草莓，他们只认识梨、苹果。公安局要抓人。我想这么一来，我们沙漠所的名声就不好了，就为几串葡萄把孩子弄进局子里去？太不合适了。公安局长说："高工，你说怎么办就怎么办。"我说："葡萄还剩两串，就是一串不剩，咱们也不能逮小孩。他们出于无知才偷的葡萄。"孙书记当时就说："老高，你很讲情理，就在我们进退两难的时候，你给我们松绑了。我感谢你。"通过这件事的处理，我所名声大振。

1988 年到1991 年，我们已经能产一两万斤葡萄了。可是这时如果不看着连几千斤都剩不下。晚上半夜两三点钟就有人来偷，第二天到集上一看，全是我们的葡萄。那都是夜间推着板车，或自行车两边挎着筐，装满推走的。几千斤几千斤地丢，我们心疼坏了。这怎么办？我们得管吧？我们开始是在树上搭两根棍子，搭张床看管，没有逮着小偷。后来我们就蹲在田间地埂，捉住 7 个。公安局来人一审问，都是惯偷。给这些人照了相，拘留了一个礼拜。县局抓住此次破坏行为，出动宣传车宣传，说只要是破坏沙漠所科学试验地的人，一定严惩！并在站的大门上挂上重点保护的铜牌，发挥了很大的威慑作用。

我们很感激他们，每当葡萄采摘季节，我们总是邀乡、队的干部到站上来做客，品尝葡萄，给他们做工作，加强感情交流，大家相处得很和睦。

1987 年 9 月份，还发生了一件事。已经秋凉了，有一天半夜有人敲门，是乡卫生院的人带着一个老乡，说那个老乡的爱人难产，卫生院的大夫不能处理，要送县医院。乡里离县医院还有 30 公里，想用我们的车帮助送去。我二话没说就叫魏致舜师傅开车送一趟。平时我们自己是不用车的，范处长买菜基本都是骑自行车去，因为汽油很紧张，是凭票供应的。过了三四天，有消息说母子平安。老乡和他爱人回来之后给我们送了一盆红鸡蛋，我们怎么也不要。老乡说："这还不够你们车钱呢！瞧不起俺？"话说得很实在，我们只好留下了鸡蛋。我们在那里和老乡相处得也很和睦。

1989 年收麦子的时候，李宝贵县长来看我们了。他一来站上没人，只有炊事员在。他问我们干吗去了，炊事员说，他们收麦子去了。他问高工呢？说高工也收麦子去了。他不相信，说，他还收麦子？不会吧？他说你把他叫来，就把我叫来了。我就是收麦子的打扮，脚上穿一双北京的那种布鞋，鞋上都是破口子，拿着镰刀。"吓！真干？不孬！"他挺佩服的。回去以后，他在全县干部会上讲，我们在乡里的大喇叭上也听见了。他说："我们的干部作风要转变，沙漠所就是我们的榜样。你看高工，带着大家去割麦子，这是什么作风？我们干部如果都像他们那样，早就好了。"他后来调任德州人大常委会主任，现在退休了。

孙书记后来调到德州当政协主席。我们现在关系还挺好，他们不时打个电话过来问候。当时中科院在禹城的工作，他们都是鼎力相助，我们也很感谢他们。按当时的话讲，就是在黄淮海农业综合治理开发中结下了深厚的也是牢固的友谊。

"科学治沙有作为，沙河旧貌换新颜"

我们开沙荒的当年就种麦子、玉米、花生。每年能收四五千斤麦子、2000~4000 斤花生和玉米，还养了 3 头猪，加上葡萄瓜果，我们自己吃都吃不完，也过上了小康生活。我们的口号是"我们也有两只手，不在农村吃闲饭"。

禹城县的外事局局长董怀金，自从我们搬进新居后，每年都来玩，说我们这里有"华清池"。他是指我们站门口渠水很清，他们来了就跳下去游泳，上来就吃水果和农家饭，都说沙漠所的同志能干！

从 1987 年开始，两年三季，我们平了 1.33 万亩沙丘和沙地，动员了 19 个乡镇的上万民工。那真是一场战役，就像《人民日报》1988 年刊登的"'黄淮海战役'拉开序幕"。总指挥就是高登平常务副县长，他后来调到德州去当领导了。1988年李鹏总理视察后，我们又开发了农田 8 700 亩，果园 2 200 亩，还扩大了林带。在形成网格化的格局以后，基本实现了"水利先行，林草紧跟，草田轮作，固定沙面"等目标，风沙逐年减少，防风固沙效果显著。1988—1990 年期间鲁西北地区试验示范面积 15 万亩，

中国科学院兰州沙漠研究所禹城实验基地

推广辐射面积 240 多万亩。仅禹城沙河地区开发治理 1.33 万亩，占沙河洼总开发面积的 81％，受益大队人均新增耕地 1.2 亩。

那时禹城开发区是"电台有声，电视有影，报纸有名"。从"'黄淮海战役'拉开序幕"之后，媒体就开始关注黄淮海的开发与治理进展。《大众日报》有我一篇文章，题目是《沙荒地改造及其利用》。后来我们成绩越来越好，中央电视台一套、二套节目都有报道。报纸更是连篇累牍地报道。山东广播电台还播放了关于我的专题稿《他从戈壁滩上来》，弄得我挺不好意思，就把这个作为激励吧！

为此，赋诗一首，抒发情怀："禹城治沙十二年，创业艰苦也有甜，科学治沙有作为，昔日沙荒变良田，科技转化生产力，沙河旧貌换新颜。"

9 在沙河洼种葡萄的经历

苏培玺　口述

时间：2008 年 9 月 1 日下午

地点：兰州饭店 406 室

受访人简介

苏培玺（1964—　），中国科学院寒区旱区环境与工程研究所研究员、博士生导师。1987 年毕业于北京林业大学林业系林业专业，后获理学硕士、理学博士学位，2007 年博士后研究出站。曾在山东省禹城市黄河下游故道区从事沙地整治与沙地经济林发展技术研究，先后参加了"七五""八五""九五"国家科技攻关项目和中国科学院黄淮海平原农业开发项目，其中 1996—2000 年，负责原中国科学院兰州

沙漠研究所禹城实验基地工作，主持中国科学院重大项目中的 1 个专题。作为主要参加人员，获国家科技进步特等奖、中国科学院科技进步一等奖各 1 项。现在甘肃省临泽县河西走廊中部地区从事绿洲节水农业生态与荒漠植物生理生态研究，主持中国科学院西部行动计划项目专题 2 项，负责国家自然科学基金面上项目 3 项，作为第 7 和第 3 完成人，获甘肃省科技进步一等奖和二等奖各 1 项。

跟陈先生学种葡萄

我在北京林业大学学的是林学专业。1987 年我毕业以后，被分配到原中国科学院兰州沙漠研究所水土资源研究室工作。

我去禹城是在"七五"期间，那时刚开始进行黄淮海农业综合开发治理，"八五"期间我也在那里。1996 年，原负责人高安先生退休了，我就成为负责人一直在那里工作到 2000 年。中国科学院实施知识创新工程以后，兰州沙漠所跟冰川所和大气所合并了，成立了寒区旱区环境与工程研究所，我以创新副研究员的身份竞聘到新所。由于寒旱所工作目标定位在寒区、旱区，所以我就到中国生态系统研究网络（CERN）的甘肃临泽站，现在也是国家站了，进行内陆河流域的研究，一直工作到现在。

1987 年刚开始进行黄淮海农业综合开发治理时，人手少，我们刚到所里来的几位大学生又专业对口，所以所里征求我们意见，问我们是否愿意去黄淮海，我非常高兴。我和另外一个同学就到了山东省禹城县的张集乡。我的工作主要是做果园立体种植、果树对当地环境的适应性、丰产栽培技术和沙地高效特有种的引进。那时科研主要围绕开发进行，工作条件还是比较简陋，钢卷尺、游标卡尺是主要的科研工具。我主要跟着陈采富先生工作。他以葡萄栽培为主，围绕葡萄的滴灌、栽培，葡萄园的环境效益、更新恢复措施等进行试验。他在这些方面做了大量工作，也有文章发表，很有成就。1987 年春季引种了 20 亩巨丰葡萄长势喜人。最开始试种葡萄的时候只有巨丰，因为据说巨丰品种比较好，也就是口感比较好。以后我还跟陈先生到农业科学院郑州果树研究所引进了红富士、黑奥林、红瑞宝、龙宝、奥林匹亚、京早晶、京

苏培玺在葡萄园管理葡萄

可晶、京玉、京秀等 20 多个葡萄品种。后来通过我们的区域栽培试验，进行了品种筛选，认为巨丰系的红富士、黑奥林最好。

当时经费比较紧张，两个人一年就两万块钱。这些钱主要用于植物材料的引进、田间试验等，真是捉襟见肘。但是我们还是做了很多工作，比如引进了南方的无花果、夏花生，长得都不错，效益也比较好。当时当地主要是以春花生种植为主，我们搞夏花生，效益好，很快就推广开了。我们把苹果、梨、桃、山楂、李子、杏、核桃、樱桃等这些北方的果树全都集中在沙地上进行栽培试验，基本上都成功了。我还写了一篇文章，内容是要把北方的果树集中在黄河故道上种植，不占用良田，形成一个天然的

果品集中供应地。后来我们也基本上达到从春天到秋天，从樱桃成熟到桃、杏、李、梨、苹果、山楂、柿子，每个季节都有新鲜水果吃。果树前期种植效益比较低，我们就套种农作物，实行立体种植，以农促果，以果护农，以短补长，长短结合，这样马上就提高了沙地的效益。

昔日沙荒地 　　　　　　1988 年改造后的沙荒地变成了葡萄园

我们在短短的时间里，把原来荒弃的土地，变成了经济效益很高的丰产地，对黄淮海农业综合开发起到很好的示范带动作用，所以李鹏总理，还有周光召院长都来视察。新华社的记者也来了，还拍了照片，很多媒体都报道了。

推广成果受到农民欢迎

我们试验成功的目的就是要把成果推广开来，提高当地的经济效益。推广方式主要是办培训班。比如 1989 年，我们试验种植山楂，成功后，开始推广，主要集中在张集乡和辛店镇的陈楼村、修庄村、沙河辛村、苏庄村，这几个村子共计推广 70 多户，1 200 亩。

首先我们通过和村干部联系，先跟村里领导沟通，再把老乡请来听我们统一讲解。我们是既给他们发材料又给他们讲课。苗子是我们专门从山东泰安调来的。因为是县财政出钱，所以我们就免费提供给他们，一根苗当时是 5 毛钱。培训以后他们就实施，实施后我们给每户造册，每户一个小本本，种几亩、什么品种、施肥多少，管得非常细。种植有种植方法，育苗有育苗方法，第一年培肥，还有农作物间作。我们定期印材料，发给农户，到他们地头上去看，去指导。遇到不懂的问题，他们也到我们的试验地来学习。县领导积极性很高，我们需要什么他们都配合。农民果树结果后，收益就是本人的，县里也不要。因为黄淮海地区的这些地本来是荒弃的废地，现在被改造利用了，提高了农民的收入，县里非常高兴也很重视，所以有这方面的政策扶植。山楂 3 年坐果，就可以卖钱了，五六年就到盛产期，而且可以在果树行间套种花生、大豆，搞果树的立体种植，就有相当高的收益了。花生是我们从莱芜引进后他们自己购买，种植后留种，因为花生不像小麦，退化比较严重，需要及时更新品种。土地是农民自己承包的，开垦出来以后平整了他们就承包了。后来山楂种植推广到100 多户，总共加起来有 2 000 多亩。

农业生产季节性特别强，而且苗木调运就怕苗子失水，失水就影响成活，陈先生怕托运用时太长，最开始都是亲自从郑州用麻袋把苗木背回来。

后来推广葡萄种植时，我们是日夜不停地调苗子，用大卡车拉，每次都是半夜到，苗子一到我们就卸下来将根系泡到水里面。这样苗木不会失水，成活率就能提高，然后再分发到老乡手里。如果成活率没有问题，农民就比较容易接受。树苗刚种下时，我们一天到晚都在地头转，成活了，我们就松了口气。像剪枝等常规的技术指导，就不用这么忙了，一般春季到修剪的时候，有的不会剪，我们就到他的地头去指导。我们在自己的试验地里剪枝，他们也来看。

种葡萄首先想到的就是冬天要防寒。我们采取把葡萄藤埋起来的方法处理，开一个50厘米宽、20厘米深的沟栽植葡萄，上冻前取行间的土把葡萄压在沟里面埋起来。这样既利于防寒，夏天浇水也很方便。而当时老乡是直接压着埋，这样埋，葡萄的枝枝蔓蔓很容易断。陈先生搞葡萄种植时间比较长，经验丰富，他就说你们要拉着枝蔓往下压，埋的时候有一个弧度，否则葡萄的枝蔓就断了。老乡还是很佩服陈老师的，所以那几年葡萄推广种植也是很成功的。我们还教农民搞秸秆还田，通过秸秆的有机质，提高了沙地土壤肥力。每株葡萄开沟埋上五六斤秸秆，再埋上一些有机肥，不仅提高了葡萄的产量，而且还提高了葡萄的甜度。

再有就是种桃树。特别重要的问题是嫁接苗。嫁接以后苗子很容易被风刮倒，所以必须要立一根小棍，绑起来。我们把这些都示范给农民看，受到他们的欢迎。

尊重科学

我们在禹城所做的一切都与其他地方不一样，工作很细，还要十分认真。

由于当年开垦当年种植，我们没有过多考虑土壤肥力问题。后来我们开展了许多培肥地力的试验，改良果园的土壤，比如秸秆覆盖和种植绿肥。当时杂草比较多，我们就想通过秸秆覆盖把杂草完全压下去。秸秆薄了不行，还要增加厚度，但是秸秆一腐烂，杂草就又冒出来了。后来我们还是用除草剂，之后再用秸秆覆盖，这样效果就比较好。有时是顺序问题，这样不行，反过来就行了，也是经过多次试验才总结出来的。对幼苗来说，"风割沙打"问题比较严重。怎样解决这个问题呢？原来一穴里面种一株，有一位老先生就提出了一穴种两株或三株，但有人反对，就没有实施。我现在在甘肃棉花种植上试验，就实施一穴三株。沙漠的高温强光比沙荒地又不一样，和黄河故道的情况又不一样，特别是和节水结合起来，一穴三株效果明显好得多。经过多次实验研究，最终我们解决"风割沙打"的问题采用了"草沙障"，主要解决了种植桃树成活的问题。又比如我们搞立体种植种西瓜时，有位老先生把西瓜吊起来，当时也有人强烈反对，但是现在看那种西瓜很畅销的，叫袖珍西瓜。在温室里面种的小西瓜，销路比大西瓜还要好。

通过这些试验、比较，我认识到最初好多人认为是错误的东西，随着各项技术和研究的发展，还是正确的，不能简单地否认一项技术，关键要考虑它的时效性和应用范围。

那时我们和老先生在一起时也经常讨论，有时有些观点我不同意，就不执行。事后老先生认为我是对的他错了，也没产生矛盾。比如防止葡萄病害的石硫合剂是每年春天都要打的。果树刚刚到萌芽期，这个时候喷施效果最好。我们一般是先用大锅熬，熬得火候正好，药性就强。生石灰和硫黄的比例很重要，生石灰的质量也很关键。比例不对，原料质量差，石硫合剂药性就差。原液在施用时都要稀释，如果浓度高了，叶子就会被烧掉，而浓度低了又不能把虫卵杀死。老乡拿桶来装，我们只收少量的成本费。有一次，我指导果农喷施的浓度是 0.2～0.3 度，因为事前我已经在我们自己的果树上打了，被证实是准确的。我就让老乡用这个浓度去打。

老先生非要让我到老乡那里去看看打了之后，有没有烧叶子的现象。我有把握，没有去。开始他生气了，好几天不跟我说话。后来证实我是对的，他也就不说什么了。那时我们不管年龄大小、职称高低，都很尊重科学。配药这种事，我是很谨慎的，一定要先在我们的果树上去喷施试验，如果果农的树叶被烧了或者被虫吃了，一年的产量就没有了，我可承担不起，所以我必须提前试验。我在那里向老乡介绍任何与农业有关的事都要首先在我们自己的地上做试验，有效果，才向老乡推广。失败一次，农民就有可能不信任我们了，再说什么都没有用了。我在黄淮海14年，一直就是这样工作的。

黄淮海有三个攻关期，"七五""八五""九五"，一个阶段跟一个阶段不同，基本上是循序渐进，沿着综合治理→持续利用→高效利用这个思路。现在已经达到高效利用的阶段了。

年轻人的快乐和苦恼

回顾那时的生活，还是比较艰苦的。1987年，我们刚到那里时老同志还住在农民的房子里。我们去之后4个人一个房间。那时是规划治理的初级阶段，我们的驻地距试验地有6里多的路程，全是沙土。我们都是骑自行车，沙地骑车很难走，一路上要上下十几次，像我这样技术不好的，要上下20多次。早晨吃完饭就去了，中午回来吃完饭再去，晚上回来吃饭，饭后还要再去。1987年秋季，禹城县财政局投资，给我们在沙河洼盖上房子，1988年5月份我们才搬进去。因为沙河洼离周围村子比较远，我们搬进去时还没有电。有时我们就用自己的小发电机发电，为了节省开

支，更多的时候是点蜡烛。

那时我们早晨起来就跟工人一起干活，我们干他们学。现在有些年轻的科研人员认为不是科学家应该干的工作，那时我们都干，认为没有什么该干什么不该干。特别是像果树修剪，现在人们就觉得不应该是科学家的工作而是技术员的工作，可那时我们都自己剪枝，也觉得很平常。不仅在禹城县，临邑县的果农叫我们去修剪果树，我们也非常乐意去。修剪后果树如果结果好、产量高，我们就很自豪，心里美滋滋的，否则我们在禹城蹲着就没有意义了。试验田里的翻地、播种、打埂、除草、施肥、浇水，也都是自己做，没有想过雇民工。根系调查时，都是我观察时你来挖，你观察时我来挖，大家互相帮忙。有些试验仪器，自己能设计就自己设计，比如说测土壤水势的负压计，自己设计不了再用地理所的，想办法少花钱或者不花钱把这个实验做成功。那时研究的目的就是怎样使这项技术更成熟，能更好地推广。老同志也和我们一样，一上班都到试验田或者老乡的地里去，什么都干。比如我们都会开拖拉机，我一个同学在那里除了本职工作还专门开拖拉机。收获季节拉粮食都是我们自己开拖拉机去，开不好会陷到沙土里，还要想办法拖出来，但是我们觉得挺有意思的，觉得生活和工作是非常充实的。我们还用拖拉机压场、往地里送粪，都觉得理所当然。帮老乡做了事，老乡也很感谢，有时送几个咸鸭蛋，我们就觉得美滋滋的，回来把鸭蛋给老同志，心里挺高兴。

我们每年正月十五都不能在家过，初十不到就去了实验区，因为就要进行果树修剪了，一般到冬天 12 月份才能回来。有时中间回来一趟，有时也不回来，最好的情况是 3 个月回来一次。年轻人和老科学家都是那样，也没觉得有什么了不得的。后来我成家了也是这样干。有很长时间那里都没有电，娱乐活动也很少，年轻人多还好一些，可以下围棋，打扑克。到夏天，我们规划后修建的那些斗渠里的水特别清，我们就游泳。但是年轻人少了，还是感到有些寂寞的。

对于年轻人来讲，还有一个困难就是找对象谈恋爱。姑娘们一听说是兰州沙漠所的都不愿意嫁。如果说是兰州沙漠所的还是党员，就更不愿意嫁了。因为党员思想好，在农村待的时间更长。不像现在一听说是寒旱所的年轻人都抢着给姑娘们介绍。那时沙漠所好像跟农村是一个等级的。我们当时就想，只要有人介绍对象，没有标准，条件差不多就行了。我们一个小伙子找对象吹了3次，最后还是找了一个在当地小县城的同学。还有一个已经领了结婚证了，后来女方觉得那个人在外面时间太长了，因为还没有办仪式，终于散伙儿了。当时沙漠所的小伙子在女孩子的心目中地位很低。

当时通信也不发达，打电话要到德州、济南去，还要转车。一次我有急事到德州去打电话，等了两个小时没有打通，只好回去。到德州打电话要先到禹城，倒车，之后再到德州。那时有个笑话，有位老同志有事情要向高安汇报，跑到济南去打长途。高安接了电话就赶紧坐飞机从北京赶回来了，可那个打电话的老同志还没有回来呢！因为他要来回地倒车。但是生活还可以，我们自己种各种菜，还有西瓜、葡萄等各种水果，我们还养猪、养鸡。

我们跟当地农民很熟，他们就叫我"小苏"，我平常跟农民在田间的交往最多。每年禹城县都要组织县上、乡上领导到兰州来慰问我们，每年八月十五他们也要到站上来看一看。当地领导还是很感谢我们的。他们看到我们这些大学生在这里能蹲住，也很感动，所以1991年县里给我们修了柏油路，此前都是黄沙土路，1992年拉了电，1993年通了电话。

获益匪浅

20 年前我当学生，现在我自己也带学生了。我带学生到石羊河去调查旱区棉花试验栽培的情况，我的一个博士干了一天就说累得很。我想：干了一天就累了？我们在黄淮海搞观测时，一个晚上都不睡觉，白天连着黑夜地观测。有些地温、气温的活动规律是要连续进行观测的。晚上就在地里老乡的菜棚子里躺一会儿，到点了就去观测。春夏秋三个季节都要观测。夏天很热，有蚊子，秋天很冷。一小时观测一次，像植物光合作用、蒸腾作用就要选择典型天气进行观测，连续几天，也没觉得怎么累。现在在沙漠里观测，也还是在高温强光下，要选择那种最晒、最热的天气，6、7、8 三个月都要在那里观测。现在年轻人吃苦精神还是赶不上我们。干我们这一行的，很多东西不深入实际就不能发现问题。特别有些观测数据，拿到后哪些对哪些不对，如果没有实际经验，不亲自观测，就不能判断。所以我对年轻人说，就得亲自观测。那时很多研究工作都是我们年轻人自己做，老先生们的精力主要放在开发上了。当时我在禹城是公认的比较勤奋、比较有思想的人。虽然只有钢卷尺、游标卡尺这样简单的科研工具，但是我始终没有停止科研。2000 年进知识创新基地竞争得很厉害。但是因为我一直坚持科研，发表的文章比较多，也比较有思想，比如说这样做就能高产，为什么能高产？是温度还是什么在起作用？我就钻研，把这些问题搞清楚，所以我就进了创新基地。进创新基地时也是分流了很多人呢！搞开发的人文章发得少，吃了亏。

对于我们青年人来讲，在黄淮海的工作主要是培养了我们从实际中发现问题的本领，磨炼了我们的意志。这使我获益匪浅。现在我到甘肃临泽站后，在荒漠中的众多植物中，我发现有一种 C_4 植物长得特别旺盛。这种植物在相同的条件下比 C_3 植物要生长迅速。我发现这个问题，就研究这个问题。从光合作用、解剖结构、

1996 年 8 月 28 日苏培玺在兰州沙漠所禹城实验基地向参观者介绍情况

碳同位素特征等方面进行系统研究，所以我的博士论文、博士后论文都是以 C_4 植物为主的。我后来也相继申请了 3 个基金，围绕 C_4 植物，研究它们的分布与气候的关系，生态格局与水文过程的相互作用，C_3 和 C_4 植物的种间助长机制等，并试图应用到绿洲节水农业中。所以黄淮海这一段工作对我的成长有很大帮助，我从中学会了如何发现问题，并能坚持不懈地解决问题。

黄淮海农业开发治理有 20 多年，中科院作出了示范和带动作用。兰州沙漠所治理了沙荒地，完成了国家交给我们的任务。通过黄淮海农业综合开发治理，还培养了新一代农民。现在那里郁郁葱葱，原先的沙地已经完全看不见了。沙地经过秸秆还田、施肥，土壤肥力慢慢提高了，理化性状也发生了变化。如果一直稳定利用，用技术支撑，就会持续发展。但如果粗放经营了，违背科学规律，还会逆转回去。

10 科学家使盐碱地变成丰产田

杨德泉　口述

时间：2009 年 8 月 22 日上午

地点：山东省禹城市杨德泉宅

受访人简介

杨德泉（1931—　），原禹城县常务副县长。历任区公所文书、禹城县政府秘书室文书、助理秘书、县纪检委秘书、县委办公室副主任、县委办公室主任，1981 年至 1986 年任常务副县长。

60 年代成立实验区

1966 年，国家科委副主任范长江同志根据国务院的指示，治理黄淮海，来禹城考察。我当时是办公室主任。省政府给派了一辆吉普车，我陪着他在全县转了两圈，最后决定在南北庄建立实验区。

中国科学院的科研人员了解了当地地下水的情况，认为禹城是黄河故道，地下水比较好，所以当时我们就确定建立"井灌井排旱涝碱综合治理实验区"。

70 年代县里成立改碱指挥部

1974 年，当时的县核心领导小组、革委会经过研究决定在中科院工作的基础上，把盐碱地的问题解决了，改变禹城的面貌。实验区有 14 万亩耕地。这 14 万亩耕地，有 80％是程度不同的盐碱地，其中 5 万亩是重盐碱地。改碱工作牵涉到 4 个乡镇、5 万人。

1974 年下半年又研究决定，重新组织队伍，建立了"改碱指挥部"，有政委、副政委，指挥、副指挥。县委书记是政委，第一把手，我是副政委。规定 34 名科局长、170 多名干部，1975 年年初必须到岗，就是必须到改碱区工作。这些干部都分到各个村了。1975 年正月初四，全部都到岗了。有一个年轻人叫李东明，是办公室一般干部，平时工作很拖拉。他家在平原县，春节他要回家。我就跟他说，你提前回家，初四必须到岗。

他准时到岗了。他这样的人都到岗了，那全县干部就没有一个不到岗的。

为什么县里会下这样大的决心呢？因为 1968 年，禹城大旱，但在南北庄凡是有机井的地方，都是一片良田。"一眼机井，一片丰收田"。当时就是中国科学院地理研究所的 70 多位科技人员，按照范长江考察后的规划，在试验地里，每 100 亩地打一眼机井。1968 年就看出成效了。1974年是"文革"后期了，县里确实看到科学研究和实践的成果，才决定重新组织力量，在中科院的方案上继续搞下去。

科学院专家出招

1975 年我当了副政委之后就一直和科学院的科研人员一起工作，改造盐碱地。后来指挥、副指挥、政委等因为工作逐渐都调离了实验区的岗位，最后就剩我自己了。那时核心小组开会，说德泉同志，按规定这个岗位一年一换，你该换了。我说："不换了。"为什么不换了呢？我工作 20多年了，虽然出的点子不一定都对，但如果有好的建议，变成集体的有个过程，到落实又有一个过程。我在那里工作，虽然吃点力，但自己说了算。在办公室工作，只能当参谋。参谋得再好，落不实，也没有成果。所以我在那里先后待了 8 年。1975 年去的，1982 年才回县里。我既是指挥员也是社员，我跟那里的人一样干活。

1976 年，各方面条件还很差，只有一辆小吉普车。我跟省鲁西北水利局借了一辆面包车，到北京中科院拉了 20 多位专家来考察，其中有中科院综考会的赵峰、支农办的田德民、农业项目办公室的吴长惠、地理所的许越先。他们认为，这里的盐碱地是"高、大、有"。"高"是地下水位高。"大"是蒸发量大于降雨量，降雨一般是一年600多毫米，蒸发是2 000多毫米。"有"是土壤水含有盐分。水都蒸发了，留下的都是盐，所以改碱的关键就是控制地下水，降低地下水。采取的综合措施就是光有井不行，还要"井沟平肥林改"，"干支斗农毛"。干支要达到3.5米深，才能从根本上解决旱涝碱问题。1977年，中科院和鲁北水利局、县水利局商量，在王子付村建了一个排灌站，一年每亩地排走盐分是12.4公斤。

实验区这14万亩耕地，打破社界（当时还是人民公社制），统一标准，统一规划，分头施工。施工时各个公社社员都来会战，建成了"干支斗农毛"。降雨200毫米不成涝灾，旱时200天不下雨也照常保丰收，旱涝保收。"井沟平肥林改"也形成了，原

禹城县的农业开发已取得了显著成效。图为科技人员在实验区的麦田里进行观测。《德州经济研究——禹城县黄淮海平原农业开发专辑》1988年第三期魏强摄影报道

来每亩地百十来斤的产量，后来都达到七八百斤甚至上千斤，盐碱地变成了丰产田。我们也跟中科院的科学家成了一家人了。

县里无条件支持科学院工作

"井沟平肥林改"和"干支斗农毛"等一系列方案都是中科院的科研人员翻来覆去考察研究才制定出来的，然后县里组织实施。比如"三洼"中的辛店洼，有几千亩地每年夏天都是水汪汪，颗粒不收，科学院就决定就搞鱼塘台田。事情定了以后，我和辛店的书记商量好了，平整土地，全体社员齐上阵，搞人民战争，平调，一点补偿都没有。我把全县所有的挖掘机都集中起来，冬天挖，春天平。一个冬天就把鱼塘挖出来了，用挖出来的土做了台田，第二年春天就平整好了，当年就用上了。因为我当了常务副县长，分管财务，所以我可以调动所有的机械来作战，在人力物力财力上都能保证科研成果的落实。

禹城县领导为什么无条件地支持中科院在禹城的工作呢？因为全国科技大会我参加了。邓小平讲了科技是生产力，后来又成了第一生产力。从中科院打井，一眼井一片丰产田，我们看到了科技的潜力。县委领导班子的看法基本一致。当时一把手是孙清明，我和他关系很好，他人很好，很善于发挥下面的作用。全县的人力、物力、财力都支持我们实验区的工作，多方面提供条件。

农田水利工程在保障农业丰收中发挥了重大作用。《德州经济研究——禹城县黄淮海平原农业开发专辑》1988 年第三期孙桢摄影报道

我们给几个洼都盖了房子。沙河洼的房子，李鹏总理来视察时还说是"沙漠宫殿"。虽然那时县里财政也不富裕，但还是要给科研人员提供方便，尽量满足他们的需要。比如试验站搞地下水的实验，需要挖掘机的伸长臂，我把从英国引进的挖掘机给科研人员无偿使用。试验站有些人的家属是农业户口，我们也转成非农业户口了。

后来这些实验地不够用了，就从原来南北庄南扩大到六支南，但后来还觉得地盘小，实验规模小，不适应，还要继续扩大地盘。那时县里有个牧场在六支那里，有200来亩地。往那里扩大的时候，当时的农业局长不同意，说要请示省农业厅，我说不能请示，需要多少地就拿多少地，就这样定了！因为我怕万一省里不同意怎么办？

中科院常务副院长孙鸿烈来考察，坐火车回去时，我送他到火车站，他说："你们县里做得对呀，解决他们的实际困难，他们工作就安心了。"我们的工作得到孙鸿烈副院长的肯定。

中国农业科学院也做了重要贡献。他们的成果主要是绿肥。绿肥实验成功以后，就搞粮肥间作，一肥一粮。绿肥的主要作物是圣麻和田菁。从常王到曹坡，3华里长，一大片，都是绿肥。种植绿肥本身也是改良盐碱地的好方法。大约是1978年或1979年，当时的农业部部长何康来考察。他看了以后很满意。听我汇报后，他说："时间不长，印象很深，成绩显著，经验丰富。我今后也支持禹城。"后来经济政策有变化，不能给我们无偿提供资金了，他就给了200万元低息贷款。

农业综合治理造福禹城

中科院在禹城发挥的另一个重要作用是引进外资。是谁引进外资的？

陶鼎来（见马宪全文）的学生来考察实验区，我汇报，他问实验区缺什么？我说缺资金。夏威夷大学农工系系主任王兆凯和当时世行的行长熟，他们沟通了一下。但是遭到上面的反对，当时水利部部长钱正英说，"陶鼎来（是）初生牛犊不怕虎！"意思是农业还引进外资？可是我们有中科院改碱区这个样板，在国务院有说服力，所以上面经过反复论证还是认可了，一次引进3000万美元资金。这3000万美元主要用于改碱工程了，这是1982年的事。没有中科院的试验站，这个外资引不来。

"一片三洼"也搞得很好，也是中科院的功劳。"三洼"有不同特点，北丘洼是重盐碱地，主要是程维新、张兴权具体组织，暗管排水，降低地下水；沙河洼是兰州沙漠所高安带队，治沙成果显著；辛店洼是鱼塘台田，一个冬天集中把鱼塘挖完了，台田也抬起来了，当年就有效益。

中科院还帮着搞了一些项目。比如有专家建议，从今后社会的发展趋势分析，应该建个葡萄酒厂，葡萄酒厂建成后还能帮助一部分农民富起来。因为种葡萄效益比较好，也比较稳定，为此，程维新、吴长惠、许越先陪着我，先到河南的民权县考察，又到北京植物园考察。植物所的黎盛臣教授，还有张工，都给我们提供了比较好的品种。1982年考察，1983年上马。中科院综考会赵峰把轻工业部总工程师郭其昌，也是葡萄酒的泰斗人物请来指导。这里有个插曲。1987年，农业部鉴定禹城葡萄酒新品种，是在北京饭店开的会，6个品种都被评为优秀。在首届世界博览会上还分别拿到了金银铜奖。程维新和吴长惠他们弄了一箱给日本三得利公司驻京办事处。日本人害怕有问题，带到日本去化验。但最后化验结果是"与中国历来的葡萄酒相比，属上品"，这都有化验单为证。我们种了5万亩。后来的品种就是从法国引进的了。后来由于领导班子在办葡萄酒厂的问题上意见有分歧，我又调到了人大工作，葡萄酒厂就没有发展起来。但是科学院的专家学者以禹城发展为己任的精神，让我们都很受感动。

科学院的专家引进的低聚糖，现在已经成为禹城的支柱产业，还引进了木糖醇，兴办过光学薄膜塑料厂，等等。

中科院的专家在这里工作都很诚恳、很敬业。不管是治沙、治水还是治碱，都跟农民一样亲自下地干活，挖排水沟、挖管道沟。他们刚来工作时禹城条件比较差，都住农民的房子，自己带行李，自己做饭。他们把这里当成自己的家，群众也很满意。

现在禹城市的改变与中科院科学家的工作有很大的关系。县里之所以支持科学院的工作就是从科研人员身上看到了科学技术是第一生产力，上下都有共同的认识。这是决定性的因素。

11 "破禹城" 改变穷困面貌的故事

马宪全 口述

时间：2009 年 8 月 22 日下午
地点：山东禹城 CERN 禹城试验站

受访人简介

马宪全（1935—2011），原禹城县农业开发办公室主任，中专文化，历任会计、文秘，县委组织部、政策研究室、办公室干事，县委办公室、农村合作部秘书，公社书记，县革委生产指挥部副指挥兼农办副主任，1980 年底，任县政府办公室主任、县政府党组成员。在此期间，兼任山东省五县改碱实验区、禹城县改碱实验区办公室主任，县农业引用外资办公室副主任，县组织协调办公室主任，县农业开发办公室主任。1989 年底任县政府副县级调研员，

负责农业开发和畜牧工作。1995 年底退休。

"破禹城"的由来

我先讲一下禹城的一些情况。禹城现在是市了，它地处鲁西北，总面积 990 平方公里，占全国总面积的万分之一。这个县历史上就是一个多灾、低产、贫穷、后进的县。当时的顺口溜是"金高唐，银夏津，破禹城，烂陵县"。

禹城为什么这么穷呢？我总结有这几个因素：

第一个因素是多灾，"旱涝碱风虫"五灾俱全，以旱涝灾害为重。虫害主要是蝗虫和豆虫。历史上都说禹城是十年九灾，不旱即涝。群众说"旱了收蚂蚱，涝了收蛤蟆"。禹城常年平均降雨量只有 610 毫米，而 1961 年全年降雨是 1000 多毫米。这年 8 月初，禹城遭遇涝灾。涝到什么程度呢？粮棉作物大部分绝产失收。那时近 30 万人口的禹城，全县秋季粮食总产仅 715 万斤。旱灾又到什么程度呢？1968 年大旱，全县秋季作物大部分绝产，颗粒无收。穷到什么程度呢？禹城是"三靠"县：生产靠贷款，吃粮靠统销，花钱靠救济。据统计资料记载，1961 年至 1964 年 4 年，县里吃国家统销粮 14048 万斤，平均每年 3682 万斤，人均每年 130 斤。老百姓处境很困难，背井离乡逃到东北谋生的有几万人。

第二个因素是黄河改道，河水泛滥。王莽新政十年，也就是公元 11年，黄河改道，流经禹城，黄河水泛滥成灾。据历史记载，大禹治水曾在禹城住过 8 年，这说明了禹城在黄河泛滥时灾情是何等的严重。黄河泛滥造成大量灾民，禹城历史上就有从外地迁来的人。大部分是从山西洪洞县大槐树迁来的，晚期也有从山东诸城迁来的。何庄村姓何的就是那时从诸城迁来的，至今已是第十代了。

第三个因素是战争。远的不说，明朝的主战场，禹城是一个大本营，有一本书具体描写了这场战争。以后的战争更是接连不断了，哪个朝代都有。战争的摧残，青壮劳力的死亡，也造成农业人口的不稳定。

第四个因素是传染病。其中有一种当地的红头蚊子，咬着谁谁得病，而且没有办法治愈。传说有个叫簸箩屯子的村子，遭遇红头蚊子传染，死了很多人。

建国以后，由于各项政策的落实，农业也有恢复和发展，但是贫穷落后的面貌没有根本改变。

建立实验区

禹城从根本上改变面貌是从建设实验区开始的。

范长江，禹城人民永远不会忘记

说起禹城重视科学技术和实验区的建立，有一个人是禹城人民永远不能忘记的，他就是原国家科委副主任范长江同志。这件事说来话长。1961—1964 年禹城县遭遇 4 年大涝灾。1965 年夏、秋又遭受大旱灾害。大灾之后禹城县整个国民经济处于困难时期。禹城人民那时候期盼着的是尽快摆脱自然灾害所造成的困难，使全县的农业和国民经济尽快健康发展。在这个时候，国家科委副主任范长江同志带领着抗旱队伍来到禹城，抗旱工作队有一二百人。这支队伍基本上都是由中科院、农科院等科研单位的科技工作者组成。

范长江同志先到德州，后到禹城，由县领导陪着实地考察，主要是洼地的考察，考察之后确定在南北庄建立一个禹城南北庄旱涝碱综合治理实验区。这真是雪中送炭。县政府和人民的心愿，就是盼着有好日子过，所以他们来搞实验区，是人心所向，是很受欢迎的。县里为了配合国家科委开展工作，也组建了指挥部。指挥是县委副书记陈志谦，副指挥是副县长丁文诗。指挥部下设办公室，主任姓吕，副主任姓赵，配合范主任工作。

范主任带了两个助手，一个助手姓于，是搞栽培的，另一个助手姓罗，是从美国回来的，现在他们都去世了。姓罗的同志提出的治理改造盐碱地的主要措施是"井灌井排"。当年打井310眼，灌溉面积是4万亩。1968年那一年大旱，旱到什么程度呢？报纸上有点夸张地说，禹城县有些树都旱死了。唯独这310眼井发挥作用了，一眼井一片丰收田。这种现象确实令人鼓舞，从领导到群众，认为这个实验区的建立很成功，认识到靠科学技术才能发展生产。这个信念扎根很深。

"文革"期间，县里坚持实验区工作

后来由于"文革"的冲击，中科院的科技工作者被迫撤离了。农科院的人没有走，他们在荒碱地上种绿肥。撤离之后县里原来的人员没有动，原来的规划也没动，但是进度慢了。

在此期间县里的科学活动就是1975年省委组织学大寨工作团。省科委的秦副主任来禹城任团长，他非常重视禹城实验区的工作，由省科委牵头，组织了省内有关的科研单位和院校来禹城实验区开展科研活动。当时有驻德州的中国农科院土肥所、山东省水利厅、鲁北工程局、省科委、林科所等单位。这些科研单位在实验区建科研基地，设科研课题，开展了各种科研活动，开始形成了多单位、多学科、多兵种联合作战的局面。省农学院园艺系主任苏怀瑞，带着学生在伦镇林场建了两千多亩的果园，在那里上课、实习。教学、试验、生产实践三结合，就是从他这儿开始的。

禹城县委为了加强实验区的领导，推进实验区的工作，调整了领导班子，成立了由县委副书记挂帅，县委常委、县革委副主任等同志参加的实验区指挥部。杨德泉同志具体负责，在县直各部门抽调二三百名干部到实验区工作。这些干部大部分住在村里（包村包队），一部分会同科研单位的同志开展各种科研活动。从此实验区的各项工作都出现了生机。

1976 年，当时县委派王、董二人到北京请中国科学院的科研人员去了。他们接触最早的可能是吴长惠同志，请求科学院再派人到禹城来，将实验区的工作继续下去。

1977 年，科学院就派人来禹城了。最早有赵家义、程维新同志。后来建站时，唐登银任站长，孙祥平任书记。

1976 年，我任县革委生产指挥部副指挥并兼农办副主任，负责农业生产工作，就是现在说的大农业：种植业、饲养业、林业、畜牧业、加工业。由于工作关系，1977 年，我开始和实验区打交道。当时实验区就设在南北庄，就在这个时候我认识了中国科学院的程维新、赵家义等同志。

实验区成果向全省推广

由于禹城实验区工作有成效，当时的山东省副省长李振，借鉴禹城南北庄改碱实验区改碱经验，建立了山东五县改碱实验区。这五县就是齐、禹、平、高、茌。我县由县委书记为首组织了领导小组，下设改碱办公室，我兼任改碱办公室主任。在 1978—1979 年这一段时间，实验区有两项大的工程。一次是神屯河会战，另一次是以丰产河为主的会战。丰产河南北长 40 多华里，每次出工都在 3000 人左右，时间一个月左右，会战中平掉了一个引黄二干渠，又开挖了河口有 20 来米宽的渠，解决洪涝灾害问题。会战中，各个公社还开挖了支沟、斗沟、农沟，打了机井，平整了土地，并植树造林。

引进外资的故事

禹城做了充分准备

1980 年秋，中科院、农科院、省科委和山东的科研单位，来了二三十名专家，帮禹城搞农业现代化规划试点，历时 20 多天。我具体负责收集各种材料，参与单项和综合的规划。这项工作即将结束的时候，农业部的一个下属单位农业工程设计研究院院长陶鼎来，通过世界银行一位姓王的先生，告诉我们可以借款，农业项目可以借款 1 亿美金。开始设计贷款时，只有陵县一个县。听到这个消息后，省科委、省农委商量，禹城应该放在第一位。

在省和德州地区领导的支持下，我们进行了规划和汇报，整个活动我都参与了。省农委主任李忠臣同志提出来首先让禹城第一个汇报。我们是在北京农业部科技司汇报的，一位姓朱的司长听了汇报。

禹城是有基础的，我们搞了现代化的规划，资料很全。另外参考了内蒙古畜牧业引用外资的蓝本，禹城的规划应该说比较完备，所以省里让禹城第一个汇报。

省政府李振副省长又把齐河也挂上了，变成了禹、齐、陵三县了，借款一共 3000 万美元，其中禹城 1050 万美元。

因为是借款，一次性收取千分之七点五的手续费，50 年还清。当时国家经济比较困难，县里资金也很缺乏，有这么一批资金是很难得的。这是好事，但是担着风险。钱正英那时任水利部部长，听说她批评陶院长说："你们是初生牛犊不怕虎，哪有贷款搞水利的？有多大的胆量啊？"当时禹城也有人反对借款。怕什么呢？怕"逮不住蝈蝈，没腾（音）了豆子"，这是我们这里的俚语，意思是搞不好会人财两空。

世行反复考证才决定贷款项目

其实一开始世界银行也不愿意借这个款项，他们歧视中国，或者叫鄙视。省科委一个姓孙的处长直接参与并与我们共同策划了贷款的事项。他和禹城县委常委杨德泉同志商量，怎么才能叫人家信服呢？我们决定，要让世行的人员一进到禹城就要看到盐碱地，"到处都是盐碱地"一定要成为他们的第一个印象。那么他们从哪里进到禹城县才能有这样的效果呢？我们让他们从陵县进入，到禹城边界，就进入盐碱地了。周栾洼、沙河洼、辛店洼，三洼连着，大面积的盐碱地，这是第一个印象。第二个印象是"有碱可改，有碱能改"。接着再让他们看实验区那一片地。实验区有一片地是经过改造的盐碱地，粮棉丰收。又让他们看了实验区的原貌，是 200 亩没有治理的盐碱地。我们介绍的材料和实际情况是吻合的，他们也是反复考证了的。结果世行人的评价就是这么 3 句话、7 个字："有碱，能改，能改好。"世行那位姓王的先生是陶鼎来的同学，此次和世行的人一块来考察。这 3 句话是世界银行的专家史密斯私下说的，王先生听了之后转告了陶鼎来。世行原来是进行可行性研究，实际上是把"可行性"和项目评估并起来了，经过项目评估认为可以借款。随后世行行长专程来禹城考察，这才确定了这个贷款项目。

县里成立了外资办

1980年底决定，1982年启动借款资金。这期间实际上是筹备阶段，县里边筹备边行动。首先建立了机构，成立了一个外资办公室，我兼任禹城外资办常务副主任。外资办公室从各部门抽调了适合这项工作的同志，又设立财务科、工程科、工程检测科、物资供应公司和下设办公室。当时县里设有外资委员会，除了书记、常委杨德泉分别任指挥、副指挥，我是第二副指挥。其次，就是按照原来提出来的规划，县里已经拿出了一部分资金投入了，开始实施改碱工程，主要是沙河的一期工程，北丘洼、辛店洼的排水和排碱工程。实验区打井、植树造林也就开始了。

1988年决定治理"一片三洼"

1988年3月，中科院的同志和我们共同研究禹城农业的进一步发展，提出下一步应该怎么办的问题。当时中科院参加的同志有吴长惠，他代表院里。站上的代表是站长唐登银，程维新是副站长。县里参加的有科委主任和我。我们共同商定，反复修改，最后起草了"一片三洼"的农业开发会商报告。

这个报告定下来以后，县里让我兼任农业开发办公室主任。这时全县组织了治理沙河洼的二期工程，以北丘洼为中心的大程、张庄两个乡镇会战。1988年3月9日，中科院副院长李振声、省委副书记陆懋曾、副省长马忠臣、地县的主要领导同志，亲自动手参加了沙河洼二期工程的会战。各级领导亲自参加会战的行动更加坚定了我们治理"一片三洼"的决心，极大地推动了治理"一片三洼"的进程。按照农业开发的规划要求，全县各个乡镇也开始了以乡镇为单位的开发治理。治理什么呢？就是农田工程、打井、植树等。

以"一片三洼"为重点，以点带面，全县农业开发全面铺开。这就是1988 年禹城的主要工作。

李鹏总理来视察

陈俊生视察禹城后写了内参

1988 年 5 月，中科院副院长李振声陪同国务委员、秘书长陈俊生来禹城视察。陈俊生看了以后很满意。李振声副院长当面问陈秘书长（看来事前他向陈汇报过）："你看我汇报的事情有假吗？"陈俊生就说："确实挺好。"

陈俊生看了实验区和中科院试验站，重点视察了"一片三洼"，看了农田作物。5 月份，小麦苗齐全旺盛，长势很漂亮，一片丰收景象。这些都是改造以后的盐碱地，由原来的不毛之地变成丰产田了。他看着确实高兴，当时就给予了很高的评价。回京以后，他写了一篇文章《从禹城经验看黄淮海农业开发的路子》，在国务院内参上发表了。当时的副总理田纪云有批示，我看过原文复印件。

李鹏在禹城住了两整天

1988 年 6 月 16 日至 18 日，李鹏总理带领国家 11 个部委的领导，专程来禹城考察，省委书记、副书记，省长、副省长，德州地区的各级领导陪同考察。中科院周光召院长也从北京赶来陪同总理考察。

李鹏总理来考察前有好多插曲。省委出面劝阻他到禹城，说接待条件不够，可以住在德州看禹城，或者住到济南看禹城。这是内部传来的消息。但是李鹏复电别处不去，只到禹城。他就住在禹城宾馆，16 号傍晚到，18 号傍晚走，应该说在禹城整两天吧。

当时我的身份仍然是兼开发办主任。总理在禹城县的活动基本上是我提议、县委领导同意的。汇报、视察路线、食宿等，甚至说哪些人和总理同坐一车视察，哪些人参加座谈，中间改动也是我提议的。比如省委田副秘书长原来安排县里 3 位同志参加座谈，考虑到对禹城农业发展的贡献，

左图：国务院总理李鹏一行 1988 年 6 月 17 日至 18 日，在禹城县视察黄淮海平原农业开发情况。李鹏总理（左 3）、国务委员陈俊生（左 1）、中共中央农村政策研究室主任杜润生（左 2）及省委、省政府负责同志梁步庭（右 3）、陆懋曾（右 2）、姜春云（右 1）在听取禹城县负责同志的工作汇报。右图：陈俊生 1988 年 5 月考察禹城时的情景（原载《德州经济研究——禹城县黄淮海平原农业开发专辑》1988 年第三期）

我提出改成 5 人，增加人大常委会主任和分管农业的副县长，这个建议被采纳了。上总理、中央各部委领导乘坐的车和参加座谈会的有县委书记、县长、人大常委会主任、分管农业的副县长和我。

李鹏总理的讲话主要是充分肯定和高度评价。他说："这里取得的成果，对整个黄淮海平原开发，乃至对全国农业的发展都提供了有益的经验。"还有一句话，"黄淮海平原同类地区，都可以推广禹城经验"。另外有一个题词就是"开发禹城"。

题词事前并没有安排。县里有几个同志突然提出来以后，我说可以。我们没有提前向省委秘书长请示，是突然行动，结果李鹏总理真的题词了。

这中间还出现两个人私自和总理握手照相的事件。虽然大家敬仰总理，但是事前没安排，是不允许这么做的。

前后有三位党和国家领导人到过禹城

继李鹏总理专程视察禹城后，1993 年 2 月朱镕基副总理又专程来禹城视察棉花生产。

新中国成立后，刘少奇主席 1958 年视察过禹城县和高唐县。那是大跃进时期，粮食的产量"放卫星"，他来看到底是不是真实的。我个人认为，他是来摸底的。他参观时不说话，请他吃饭的时候，总是王光美在那儿说话，他光说："好啊，好！"

所以在新中国成立后，禹城历史上，有三位国家领导人来禹城视察过。

我们和科学院的关系是同志加朋友

1988 年，李鹏总理视察禹城以后，农业开发工作就在全国推广开来了，此时山东建了三个站。除了禹城站外又建了德州站和聊城站，德州是许越先负责，聊城是姓傅的同志负责。

4 条措施配合科学院工作

在这个过程中，我们县里是怎样配合中科院、农科院的工作的呢？首先为了更好地配合在禹城工作的各级科研单位、院校的科技人员的工作，共同开发禹城，县委、县政府于 1986 年秋成立了县组织协调办公室，专门负责这方面的工作。其次在具体工作上，我总结了这样几条：一是提供试验基地。1988 年，科学院南北庄试验站需要试验基地，吴长惠代表院里来做工作。县里让我和杨德泉负责跟吴长惠接洽。杨德泉当时已经不在县政府任职了，所以我具体负责商谈。当时县里有一个棉花良种场，我和县农业局的同志商量，从这里划拨二百亩做试验基地。当时国家各科研单位使用的试验基地已经近一千亩了。二是提供交通工具。科技工作者需要到各乡镇或者田间实地考察，没有交通工具是不行的。怎么办呢？当时县委、县政府整个机关只有四辆吉普车，就拿出一辆让中科院的程维新等专家使用。三是县里有关部门的科技人员参加科研项目，配合中科院和农科院的工作。四是鉴定这些科研课题时，县里都出人安排现场、食宿和接送。

畜牧业大发展。上图：禹城县农副产品扒鸡，目前已形成了产销一条龙。"禹城扒鸡"早已在国内外享有很高的声誉。下图：禹城县食品公司先进的冷库设备和生猪屠宰生产线，投产后促进了全县畜牧业的发展。（《德州经济研究——禹城县黄淮海平原农业开发专辑》1988 年第三期魏强、卞连华摄影报道）

"科学院和禹城是捆在一起的"

我们和中科院同志的感情是同志加朋友。"一片三洼"开发期间，是中国科学院和禹城关系最密切的时期。按李振声副院长的话说，就是"科技把科学院和禹城捆在一起"。这不仅是工作中的交往，私人感情也比较密切。除了每年到中科院慰问、走访，我们平常到北京也去他们家做客。中科院的科研人员平常也到我们家里做客。1988 年春节前，县长李宝贵和我到中科院汇报，周光召院长、李振声副院长等专门听取了汇报，并留下我们共进午餐。

李振声副院长对禹城的事业非常关心。他提出："禹城农业要上新台阶，畜牧业是突破口"，之后又从湖南长沙农业现代化研究所派来科研人员帮助我们发展畜牧业。县委、县政府按照李副院长提出的指导思想，把以养牛为重点的畜牧业列入重要日程，组建了畜牧局，动员全县大上畜牧业。省畜牧局从国外购进了 10 头利木赞种牛。经过一年的努力，以养牛为重点的畜牧业有了飞快的发展，禹城荣获了"全国利用秸秆养牛十佳示范县"称号。

工作中有分歧时就争论

工作中有分歧时我们就争论争论，权衡一下，谁说得有理，就按谁的意见办。比如"一片三洼"，禹城有 18 个洼地，也不是一开始就确定了"三洼"，有提出四洼的，也有提出更多洼的。没有人提出"一片"，这个一片是我加的。三个洼是老程最后提出来的。这些都是大家反反复复讨论才决定下来的。

"一片"原来包括 5 个乡镇，治理面积 14 万亩，原本有两个半公社的土地没有在这个范围之内，但是需要按照实验区的模式来治理开发，所以我提议加上这两个半公社，这样就扩大到了 23 万亩。那时叫"巩固提高实验区，重点治理三个洼"。这三个洼各有特点，在禹城有代表性，在黄淮海地区也有代表性，可以以点带面推广，所以最后确定为"一片三洼"。

尊重知识，尊重人才

政府为什么支持科研工作？第一，县里尊重知识、尊重人才已经形成了风气。从县委到基层，历届政府都自上而下地利用各种形式进行尊重知识、尊重人才的教育，让人们逐步树立发展经济要依靠科学，依靠科学就要靠科技人才的观念。有了懂科技的人才，才能把科技知识变为生产力，才能改变贫困面貌，发展经济。历届县委不仅在口头上，而且在各项活动中，都坚持这一条，就是在"文革"的冲击下也没动摇。"文革"后期有县革委副主任、常委、副县长杨德泉同志长期负责实验区的工作。虽然也有冷嘲热讽的，但这一条没有因此而受到干扰。当时也有人说我不务正业，但我该干什么干什么，该熬夜熬夜，该加班加班。县委领导也是这样干的。

第二，坚持按规划实施工程。中科院和其他院校共同研究制定的各项规划，一旦确定就坚决实施。特别是"一片三洼"，自始至终都是按照规划来进行施工的。在实施过程中，不断充实、完善、优化，配套了一些工程。我们的想法就是只能完善、优化，不能偷工减料。我举几个例子，比如说"井灌井排"，在实施过程中，发现只是"井灌井排"还不够，必须加上沟排，按照"碱从水来，碱随水去"的规律，最后采取了五级工程配套，就是"干、支、斗（沟）、农、毛"。五级配套既能实现井灌，也能实现河灌；既能井排，也能沟排，相辅相成。五级配套系统是按照降雨的径流量来设计的工程标准，所以日降雨 100 毫米以上不成涝灾。今年（2009）夏季一次下雨 160 多毫米也没事，只是风刮倒了一些麦子。

另外就是采取了从"井灌井排"到综合治理的措施，由单项治理到综合治理，由平面开发到立体开发。实验区的综合措施是"井沟平肥林改"。综合治理不单纯治旱治涝治碱，它还可以通过培肥地力、植树造林，绿化环境，改善小气候，和生态农业相联系。

从平面开发到立体开发，这也是一个新概念。"井灌井排"也好，"井沟平肥林改"也好，都是平面的。辛店洼就特殊了。辛店洼开发是挖鱼塘，修台田，台田高地上种粮棉作物，鱼塘养鱼，周边还可以栽树，这就是立体农业，实际上也就是生态农业。

后来又发展了，农业开发要向规模化、产业化发展。县里逐步建立了龙头企业，包括粮、棉、畜牧业、蛋、鱼、菜和粮食加工业，都有龙头企业，有肉牛屠宰场、生猪屠宰厂、养鸡场、玉米深加工企业。特别是玉米的生产到深加工，还形成了一个链条。

第三，聘请高级科技人员参与决策。坚持聘请高级科技人员兼任科技副县长，现在叫副市长，还特邀他们做人大代表、政协委员，参加政府、人大、政协会议，成为我县（市）领导科技兴农的高参智囊，使他们的合

《德州经济研究——禹城县黄淮海平原农业开发专辑》1988年第三期孙桢摄影报道：棉花喜获丰收。（左图）玉米硕果累累。（右图）

理化建议直接进入领导决策。他们可以直接提意见，也可以立案。中科院的程维新、欧阳竹，农科院的谢承陶、许建新等先后任科技副市长。中科院的吴长惠、高安、庄大栋，中国农科院的黄兆源都被特邀参加人大、政协会议。

第四，坚持自力更生为主。全部依靠科研单位，是不对的，也是不可能的。他们有科技知识，有好的技术，但是要把技术变成生产力，需要大量的人力物力。科研单位的经费也同样是不足的，光靠他们不行，所以必须依靠人民群众，自力更生。我们这些工程，基本上都是在坚持自力更生的思想指导下，由县里组织的。人力就是禹城县的农民。"一片三洼"的治理工程，县里都是组织全县民工会战。当然民工是有偿的，要付一定的报酬。在人力、物力、财力有限的情况下，对各村镇采取轮流治理的办法。今年给你治理，明年给他治理，后年再给他治理，以求平衡。

第五，为科研人员提供良好的工作条件。科研人员有用武之地才能施展才能。县里对他们基本上是要地给地，要人有人，缺经费的时候县里还可以适当补助。住房有房了，交通有工具，来保证他们各项科研工作的顺利进行。县里特别制定过"五项十九条"政策，内容主要是引进人才、资金、项目等等。"五项"，包括五个范围。比如说土地，先后给了近1000亩实验用地，房子先后给了88间，其中新建两处，沙河、北丘都是新建的，其他的都是原来的。给实验区、试验站所在地修柏油路，安装电话，拉了低压电线，实现了"三通"。

政策中还有一项就是安排子女转户口和安排工作。把科研人员家属的农业户口转成非农业户口，优先安排科技人员的子女招工、上学。据我的记忆，先后解决了大约5户15人的这些问题。还有一条，到禹城来搞科研项目，经常在田间活动的科研人员，发给他们一定的生活补助。

县委、县政府每一年都要把政府工作进展情况和县里做的计划安排，以及科技工作者在禹城的事迹，向各科研单位领导汇报，听取领导的意见和建议。我每年都去汇报。我们不光是到北京，兰州、南京等科研单位驻地也去走访、慰问，并且还走访、慰问科技工作者的家属，把科技工作者在禹城工作的情况进行介绍，让他们了解，以便他们进一步支持科技工作者在禹城安心工作。

据我们平常了解，在禹城工作的同志，心情挺舒畅。按他们说的，回单位吧，就像出差似的，要来到禹城，好像回到家里似的，感情发生变化

1988 年的禹城南北庄实验区（原载《德州经济研究——禹城县黄淮海平原农业开发专辑》1988 年第三期）

了，确实以禹城为家了。

第六，建立"科物政"科技服务机制。实施了把科技人员和禹城紧密联系在一起的机制，即"科学、物质、政府"三结合，简称"科物政"。

所谓的"科物政"机制就是以科技为先导，或者是以科技为核心、以物质做保证、以政府领导为关键的服务新机制。我认为这个机制仍有现实意义。比如实验区由科技人员设计规划好了，要进行"井沟平肥林改"建设，水土工程都要上，需要大量的人力和物力。县里领导就要起到组织的作用。用多少人力啊？什么时候干啊？这是需要县委、县政府领导决策的。物质保证呢？比如说需要建多少座桥，多少块砖，有关部门要保证这些物资的供应。综合来讲，就是制定科学的标准是科技人员的责任；组织实施是县政府的责任；物资供应是各个部门的责任，那时候物资局、水利局、供销社都有人负责。后来实行家庭联产承包责任制后，"科物政"也随之改变了形式，由集团来承包，分散承包。比如农作物测土配方施肥，是农科院的项目，我和县里其他领导分别参与了一些项目。县里有 10 万亩小麦、15 万亩玉米，现在都是集团性的承包了。

集团承包的一个基本原则是让利于民。比如科研单位承包了亩产达到 1000 斤的指标，收庄稼时超产了，如果农民是按科研单位的方法增产的，科研单位最多提 5％，95％归农民。减产了，承包的单位不提取，但是实践证明没有赔过。养猪、养鸡也都采取这种形式。"科物政"后来在全地区、全省都推广了。

科技人员的精神令人佩服，值得学习

我认为科技工作者的工作精神、态度确实令人佩服，值得学习和推广。我突出地说这么几点吧：

第一，坚持实干第一。科研人员对承担的项目都不辞辛苦，亲自动手。这里我举几个小例子。当时在农业开发之前，万庄有一个2000亩的暗管试验，就是把水泥管埋到地底下。原来是阳沟、明渠，渠两边有沿，中间送水。水的损耗大约占用水量的30%~40%。为了减少损失，提高水的利用率，由明灌改为暗灌，就要在地下铺管道。为了完成这个试验，当时中科院左大康所长和在禹城工作的中科院的同志，和农民一样在那里挖沟，铺设管子。他们与农民唯一不同的就是不赤着膀子干活，而是穿着背心干活。

第二，艰苦奋斗。开始在北丘洼、沙河洼没有房子，科研人员就住在农民家里。我们县长说他们的伙食是沾盐水当咸菜，就那么艰苦，自己买菜，自己做饭，顶着烈日也好，天寒地冻也好，坚持在地里勘察、测量。群众说他们是"知识分子农民化"。程维新同志为了确切地掌握禹城盐碱地的实际情况，亲自到禹城的十几个洼实地考察。为什么最后确定治理"一片三洼"，我们都同意，就是因为他了解情况，能说出道理来。

第三，高度的事业心和责任感。左大康所长在课题确认之后就挂在心上。那时每周休息一天，他星期六晚上就出发了，到了禹城后星期天工作，晚上再返回北京去，星期一照常上班。1976年还是1977年的哪一天，我记不清楚了，左大康、吴长惠、程维新，还有几位女同志要来禹城参加会议。到了天津附近的一个县出了车祸，有3人被撞伤了。当时离北京最近，应该开车回去治伤吧？结果他们还是带着伤一起来禹城了，第二天照常参加会议。受伤最重的是程维新，头破血流，扎着绷带。吴长惠到医院检查是几根肋骨断了。还有一位女同志当时没事，回去以后检查出颈椎有毛病，住院治疗了。他们都不吭不响地照常参加会议，重伤不下火线。没有对国家、对禹城高度负责的精神，这是不可能办到的。他们的事业心很强，责任感也很强，确实让人感动，值得禹城人民学习。

南京地理与湖泊研究所的胡文英是一位女同志，她长年撇家舍业地在辛店洼工作，根本顾不上照顾家庭。由于长期劳累，突然病了，辛店洼的同志把她送来找我，我就找县医院的领导和主治大夫为她采取了有效的治疗措施。当时很危险，所幸的是没有发生大事。她这种精神也是令人感动的。

吴长惠同志也为禹城立功不少。他为禹城操心，"一片三洼"方案确定之后，需要治沙专家，他亲自打电话给兰州沙漠所，请求派科学家来治理。调兵遣将、协调各所之间的关系也是他的事。辛店洼是沼泽地，他就请了南京地理与湖泊所的同志。搞地膜覆盖技术时，他请来长春应化所的同志，并帮助禹城建设了一处塑料加工厂。

到实施农业综合开发阶段时，程维新同志引进了玉米加工提取低聚糖这一项有广泛用途的技术。现在这个厂在禹城已经 10 年了。县里看到效益很好之后，又引进了木糖醇和 30 万吨玉米深加工项目。目前以低聚糖、低聚木糖、木糖醇为主导的"三糖"已成为禹城的支柱产业。年加工玉米 160 万吨，玉米芯 80 万吨，综合生产能力达到 110 万吨，销售收入达 100 亿元，利税 316 亿元，农民增收 8000 万元，出口创汇 4500 多万美元，国际市场占有份额达 35%，占国内功能糖生产能力的 80%。保龄宝公司的低聚糖系列产品年生产能力达到 15 万吨，居亚洲之首；龙力公司的低聚木糖及衍生产品年生产能力达到 3.5 万吨，居世界之最；福田药业公司的木糖醇及衍生产品年生产能力达到 4.5 万吨，居世界第二。禹城已成为目前全国规模最大、品种最多、市场占有率最高、品牌知名度最好的功能糖生产基地。2005 年 9 月 29 日，中国轻工业联合会、中国发酵工业协会授予禹城"中国功能糖城"荣誉称号。

禹城人民感谢他们

科学家在禹城的工作，给禹城带来了一些什么好处，起了多大的作用？我看有这样几个方面。

第一，引进外资。

改革开放初期，在人们思想还没有开放，而国内资金又缺乏的情况下能够带头，第一个引进外资，在全国起了带头作用、示范作用。

这不仅仅是引进了资金，其实也借鉴了国外的管理经验和先进的设备，同时也提高了禹城在世界的知名度。禹城过去没有什么人知道。从范

联合国国际土壤学会盐碱土改良学术讨论会的专家、学者及其他人员 1985 年来禹城县实验区考察（《德州经济研究——禹城县黄淮海平原农业开发专辑》1988 年第三期于长兴摄影报道）

长江考察后陆续建立起来的实验站，就有五六十个国家的专家、学者、官员来参观考察，所以在世界上有一定的知名度。如果没有引进外资，没有农业开发和实验站，那是不可能的事。

第二，促进全国中低产田改造。

禹城农业开发促进了全国低产田的改造，推动了全国农业开发，带动了粮食总产的增长。原计划用 3 年增产 800 亿斤，粮食总产达到 9000 亿斤。黄淮海农业低产田改造之后，这个目标实现了，大家都非常欢喜。特别是李鹏总理对禹城农业开发做了肯定和赞扬。通过新闻报道，那时全国出现了参观禹城热，热得不得了，都接待不下了。新疆自治区副主席亲自带队参观。河北任丘地区，由地区领导组织，一次带队 200 多人来参观。我记得除了西藏等少数几个省（区）没来，大部分的省份都来了。山东省来的人更多，各地各县都来了。所以落实中央决策，推动农业开发，保证粮食增产，禹城从点到面，起到这个作用了。这个决策不是禹城作出的，是党中央、国务院作出的。

第三，树立了"知识能够创造财富"的信念。

在禹城，首先提高了人民坚持学科学、用科学的思想意识。现在周围县的人都说禹城人走得快，接受新事物快，他们也确实羡慕。现在县里面年年都召开人才招聘会，招掌握科学技术的人才，因为禹城人民认识到了知识能够创造财富。这个信念，在领导层和部分群众当中树立得比较牢固。

第四，推动了农业和国民经济的发展。

禹城粮棉产量大幅提高，早就实现了吨粮田了。今年（2009）这个气候，特别是在遭受狂风暴雨的情况下，小麦亩产超过 1000 斤，玉米也超千斤，收成还是不错的。他们的工作推动了禹城农业和国民经济的发展。

第五，禹城发展有他们的功劳。

禹城的各项工作在德州市位居前列，成了德州市的领头羊、排头兵。在德州市每年的综合考核评比中，各类奖项禹城获得的是最多的，是山东省委学习科学发展观的试点市和省委书记姜异康同志的工作联系点。省领导经常表扬禹城，也经常到禹城来指导工作。省里近40个厅级单位与禹城建立了对口支援和协作关系，就是说禹城在省里的位置很重要。现在全世界闹金融危机，可禹城没有这个感觉，经济发展还是很稳定的。我们是这么个感觉，因为新上的工业项目、民生项目多。现在又新上了一个投资16亿元的风力发电工程项目，还要上一批新的工业项目，建经济房，修道路，搞城市建设等民生项目，还要缩小城乡差别，搞新农村建设，在农村建新房、标准房。

现在不是“破禹城”了。记得那时的省委书记说：“你是禹城‘村’，哪能叫‘城’啊！”现在禹城真有个城市模样了，城市规模有近100平方公里了。

禹城人民确实感谢中科院、农科院、地方科研单位和所有到禹城工作过的科学家们。禹城的发展有他们的心血，有他们的功劳。禹城人民非常感激他们。

封丘篇

1 影响深远的"黄淮海战役"

赵其国 口述

时间：2009 年 1 月 9 日上午

地点：南京市中国科学院南京土壤研究所赵其国办公室

受访人简介

赵其国（1930— ），土壤地理学家，中国科学院南京土壤研究所研究员，中国科学院院士。1953 年毕业于华中农学院农学系。曾任南京土壤所所长，中国土壤学会理事长，国际土壤学会盐渍土分委员会主席，国际土壤学会土壤环境委员会第一副主席。现任国务院学位委员会学科评议组成员，中国科学院农业研究委员会主任，国际山地研究中心理事等。长期从事我国及世界土壤地理与土壤资源研

究工作。近年来，提出了"土壤圈"研究的新方向，建立了我国土壤学界第一个开放实验室——"土壤圈物质循环开放研究实验室"。在长期从事我国南方红壤研究的基础上，通过系统总结，提出土壤分区整治、退化土壤改良以及土壤生态与环境评价的多种规划与开发方案。

"黄淮海战役" 开始前的情况

黄淮海地区及土壤治理的重要性

我首先回顾关于黄淮海农业开发"战役"打响之前的一些有关情况。

我国为什么要把黄淮海地区作为农业开发的重点呢？因为在我国除了东北地区黑土能够生产大量粮食外，黄淮海地区也是我国中部地区农业发展的重要基地之一，是我国粮食生产的核心地区。

黄淮海平原主要指黄河、淮河和海河的冲积平原，包括河北、山东、河南、江苏、安徽，除这五省外，还包括北京和天津两市，共五省二市，有298个县，面积35万平方公里，总人口1.04亿，现在已经增加到近2亿人。耕地有2.7亿亩。我们现在讲全国有18亿亩耕地，这个地区的耕地就占了全国耕地的1/6。现在耕地可能已经接近2.9亿亩了。黄淮海地处暖温带，气候温暖，雨量适中，有适合作物生长的气候条件。但是它的温度与水分分布不均，有旱、涝、风沙、盐碱等问题。由于旱涝盐碱和风沙，造成土地贫瘠，粮食低产。这个地区粮食作物占农作物的20%，其中小麦占 40%，玉米占 30%；另外棉花占 40%，油类占 20%，从全国看，该区小麦的产量占全国的 40%，玉米占 30%，所以一直是我国重要的粮食产区。我国要保证粮食安全，黄淮海地区是排在第一二位的。但是长期以来，由于旱涝碱风沙灾害未能得到有效治理，中低产田很多。比如种庄稼很难成活的盐碱土，面积就有 4000 多万亩；还有一种砂姜黑土，土干了以后非常硬，植物不能扎根，也有 4000 多万亩；还有一种是风沙土，沿着黄河两面都是这种沙土，面积有 3000 多万亩；再有就是沼泽土，常年泡在水里，也有 3000 多万亩。这些类型的土壤，共有 1.7 亿多万亩，占到土地总面积的 80%。这些贫瘠的土地，是造成当地群众生活贫困的主要原因。

由此可见，在黄淮海地区进行土壤治理的重要性是不言而喻的。

熊毅先生引进"井灌井排"

南京土壤所是中国科学院唯一一个进行土壤研究的科研单位。土壤所主要是以农业开发、农业资源考察、农业综合利用、粮食增产为中心的研究所，其基础研究和开发研究都是围绕农业和农业生态与环境治理问题进行的。实际上在"六五"黄淮海农业综合治理开发之前，在 1965 年，土壤所已经在黄淮海地区河南封丘建立了试验站。这个试验站主要是围绕着黄淮海地区农业开发为主进行试验，是由熊毅熊老先生带队。熊老是土壤所的老科学家，已经过世 20 多年了，他是从美国留学归来的。1965 年，他从巴基斯坦考察回国后，发现黄淮海与巴基斯坦的自然条件相似，都是以盐土、碱土为主的地区。盐碱土在巴基斯坦也有很大的面积。巴基斯坦人是用井水灌、排来治理盐碱土，消除盐渍危害的。熊老把这个经验带回国，就在封丘做试验。因为盐就在土壤以下两米深，原来用黄河水漫灌时，一下子就把土壤毛细管下面的盐带到地面上来，铺在土壤表面，形成铺天盖地的一片白。采用"井灌井排"技术能有效地抑制盐碱的发生。熊老就在那里打了5口梅花井，开创了黄淮海地区盐碱土治理的先例。这是一个很重要的经验。由此封丘成为我国当时进行盐碱土地开发试验最重要的核心实验区。现在已经治理了的2.7亿多亩的盐碱土，就是1965年打下的基础。

后来"文化大革命"开始了，封丘站的工作就基本上停顿了，盐碱土的改良工作也停顿下来。"文革"期间，根本没有人管农业的事，土地都无人种，全部都是盐滩子。封丘当时成为全区最贫困的地区之一，老百姓都逃荒去了。在洼地上的人基本都走光了，流离失所，死了很多人，简直惨不忍睹。这是"文革"造成的劫难。

封丘站建万亩试区

1982年至1985年期间，我国经济建设开始复兴。中科院开始加强农业方面的工作。土壤所恢复了封丘站的试验工作，重新作为试验基地，投入了一些科技力量，在过去工作的基础上，开始了新的治理模式。从1984年开始到1986年，在这三年当中，封丘站围绕着国家粮食增产的要求，搞了万亩试区。一个区一个区、一万亩一万亩地治理和开发，进行盐碱土的改良，而且把盐碱、风沙、贫瘠综合起来治理。

我们怎么把这个工作推动上去的呢？我们采取的是综合治理的办法："井灌井排"，修沟修渠，平整土地，以有机肥为主化肥为辅的施肥方法，从根本上解决水、肥、土的问题。封丘开发的前景很好，土地面积广大，而且没有什么山丘，广而平。土壤所的科研人员对"井灌井排"的技术性能把握得很好，在100亩的范围打一口井，把井水抽上来，再用挖好的沟排水，把盐控制在土壤的一两米以下。就这样，通过十几年的改良，在万亩试区，由粮食产量每亩还不到 200 斤，提高到亩产 600 斤，现在已经能达到每亩 1000 到 1200 斤的好成绩，改良了 80％左右的低产土壤的肥力，使封丘的粮食产量不仅提高了一倍，而且产量稳定。

我们原来在粮棉方面的指标是"5232 工程"，就是通过我们的工作使粮食达到 500 亿斤，棉花达到 2000 万担，油料增加到 3000 万担，肉类达到 300 万吨，所以叫做"5232 工程"。后来通过十几年的工作之后，指标达到 80％，还没有全部完成，所以有必要进行一个大组合、大会战，所以才产生了 1987 年以后的"战役"，使这个地区真正成为我国的粮食生产基地。

李振声决定推广封丘经验

李振声副院长到封丘试验站视察时，我已经是土壤所的所长了。李副院长非常敏锐地发现封丘的试验非常重要，假如万亩试区的经验能够推广到整个封丘县，能够推广到整个黄淮海地区，推广到河南省，甚至五省两个市，那对国家的粮食产量就会有很大的贡献。他建议，我们中科院要以封丘试验站为基地，推广经验，大大地推动黄淮海地区的粮食增产和粮食资源开发，以农业综合开发为主体，搞一个大战役，给国家农业发展提供一个崭新的思路。

当时的大背景是，党中央国务院号召科研单位要面向国民经济主战场，有中央领导批评中科院"不发泡"，意思是没有为国民经济作出直接的贡献。周光召院长面临很大压力。后来振声副院长对我们说："你们好好弄弄啊，我们中科院要发发泡啊！"

"黄淮海战役" 打响后的情况

我要谈谈的是 "七五" 期间，从 1987 年 10 月份开始，一直到 1990 年这 3 年时间，土壤所在黄淮海地区所做的工作。我是参与者，是见证人。

得到上级支持

1987 年 10 月份，我们准备组织大会战，正好党的十三大召开。我是十三大代表，振声副院长也是十三大代表，都在北京参加会议。振声和我商量怎样开始大会战的问题。我们两个人就找了也是党代表的程维高。程维高在任南京市市委书记时，因为江苏省的农业问题经常来找我，我们早就认得。党的十三大召开以前，程维高调到河南省任省委书记。这正好，我和振声讲要从封丘开刀就找程维高。我们跟程维高商讨，把河南省作为农业综合开发的基地，得到他的支持，他认为中科院的思路是对的。同时，我们还找田纪云副总理通了气。十三大结束以后，程维高马上召开省委会议，商讨把封丘作为基地，开展粮棉油业的综合开发，而且把我和振声找来列席。他说要发挥我们在黄淮海平原的综合潜力，为国家做出贡献。这是 11 月 4、5 号到 20 号期间。河南省提出这个思路之后，就跟山东省联合，共同起草，向国务院报送了一个请战书。这个请战书后来国务院也批准了，提出五省二市的农业综合开发，就是河南、河北、山东、江苏、安徽、北京和天津，作为一个国家行为推开了。但是后来作出最显著成效的还是在河南和山东，因为我们科学院力量也有限。土壤所的贡献主要是在河南。当时河南省副省长叫宋照肃，后来又到陕西省当副省长，他专门抓这个工作。省农业厅厅长也和我们一起差不多干了 10 年。

国务院批了以后，我们就开始在封丘进行了试区的开发工作，以棉粮油盐碱土低产田的改良、开发作为重点。新乡是河南省最严重的风沙盐碱区之一，和封丘一样成立了一个领导小组。

办公室设在封丘

这个大战役如何开始搞呢？中科院有 20 多个研究所在北京开了誓师大会，我们都上去打擂台，包括植物生理研究所、遗传研究所、水生生物研究所等等。总之，与农业研究开发方面相关的所，甚至遥感所，全部都去开会。这些所后来都有科研人员去了黄淮海，有些人就到了封丘。

1987 年 12 月中科院又在新乡黄河宾馆开大会动员，光召院长亲自去了，之后就在封丘集中了两三百人。我们把封丘县整个地区都动员起来，因为封丘县离试验站只有十几里路。从那时开始到 1990 年，我每年有 7 个月在封丘办公，好像我的办公室不在南京土壤所而在封丘。因为我这个所长在那里办公，所以研究所几乎都在那里办公了。因为有两三百人是为土壤所主持的工作而流转的，我就做榜样，我不走你们肯定不敢走。这就像打仗一样，将军走了不就全撤了吗？现在想起来我们为国家办事真是拼着命在干啊！我当所长，这里的粮食产量上不去，我也交代不了。其实我自己的研究内容并不在黄淮海，而是在长江以南，是研究红壤的。封丘最早是熊毅先生领着王遵亲他们在那里做的。这时我是所长，要在现场办公。在封丘 3 年，我基本上没有回过家。不仅我们所里的人在那里办公，我还把县委书记拉在一起办公。我组织进行调查，在那里搞了五六个万亩试区。每个 1 万亩代表了 1 个试区类型，盐土 1 万亩，沙土 1 万亩，砂姜土 1 万亩，另外还有沼泽土，每个都要作出样子才能推广！十几个所的副所长都在那里集中，我是大队长，整整 3 年，全面协调推进，气势雄伟、蓬勃浩大。

特别艰苦，拼搏奉献

那时哪有现在这样的技术、设备条件！当时我们的科学技术还不发达，什么数字化，根本谈不上。记得当时我们用遥感所的遥感飞机照相时，飞机在上面飞，成百人就在地面上点火把。飞机就是看着下面点着的火把照相。直升飞机也飞，航空飞机也飞，我们也搞不清楚有多少飞机在飞，因为当时要把图画出来，都是根据一张一张的片子！我们晚上还要坐在那里拿镜子看片子，看了以后再拼一张图出来，然后才能在地上指挥规划。现在想起来多不容易！

生活也很艰苦。我们就住在万亩试区，房子根本不够住，就在试区里搭棚子住。晚上我们有的睡在桌子上，有的睡在地上，我都打地铺。晚上也要工作。现在再到实验站上去，都是汽车送来送去。我们那时哪有汽车，都是自行车，两个人骑一辆自行车。从黄河口下来只能走路，到田里去也不能骑自行车，就是靠走路。我们把馒头背在身上，中午常常没有时间回来吃饭。食堂也是开大灶，就像军事化的部队。

我们跟老乡一起拿着尺子在下面规划。地里要种树，就要把树苗弄来，弄来后要定苗，定苗之后要培植。种进去之后还要在里面套种麦子。夏季要种玉米，既间种也要套种，就是想着怎么样使粮食产量越来越高。要防风灾，还要种泡桐，因为泡桐是防风的。栽树要栽成一层一层的，100 亩见方规划一个林带，规规矩矩，有当时的航空照片为证。历史上没有谁做过我们这样的工作。我们把一个一个方格弄起来，方格外面一层一层排水的沟渠和灌溉的沟渠。一个灌，一个排，灌的不能排，排的不能灌，因为灌和排一交叉盐就上到地表来了。这是科学。灌的一米高，排的也一米多高。一个万亩试区就要投入上百人。

坚持科学性

因为是科学试验，还要有数据的测定，每天温度怎么变？拿着温度计在里面查。怎么获得这个产量的？水是怎么变的？肥是怎么变的？气是怎么变的？盐是怎么变的？水、肥、气、盐的变化都要测定清楚。科学报告要写出来，光这个报告就有两本册子。所以我们在国务院获得特等奖，真是不容易！每一个田块都有数据。每一个田块为什么有这个产量，都是能说清楚的。现在当然自动化了，遥感技术很发达了。以前都是用很原始的方法，都是用手工操作！所以现在有些东西我们一看就知道其真假，因为我们是一点一滴亲自干出来的。

另外，收获时都是我们自己去割，自己去麦场打粮食，这样的产量才是最准确的。我们肥的也收获，瘦的也收获，来对比，这样才科学。我们要做到科学性、真实性，又要能够达到推广性，现在叫创新性。那时没有办法验收，我们就自己给自己验收。我跟大家说，我们自己做的工作我们自己对国家负责，我们自己都不确定的结果千万不要吹。

综合开发长期干

我们拟定的综合开发路线是："田林路、农林牧、点片面、多学科、多兵种、长期干"。黄淮海只有田林路、农林牧综合发展，才能高产，而且不能光是点，还要片，还要面，还要能掌控发展；要多兵种，不但搞农林牧的科研人员，搞遥感、工程的科研人员，能发挥作用的都要发挥作用，像打仗一样，各个兵种都要上，而且不是在一个季节工作，每个季节都要做工作，干几年，干十几年。"长期干"，当时光召院长说要干到 20 世纪末，50 年不变。那时的眼光就这样长远！现在科学院正在搞路线图，要规划到 2050 年呢！

"战役"结束之后，我们超过了"5232 工程"的目标。但是我们是怎么工作的啊！有的同志就是病了也拖着不去医院，胃有毛病的人也不在少数。当时我们都是年轻人，现在都到我这个年纪了，很多人都病病歪歪的了，有些人身体已经很不好了。这些人一辈子就是这样献身于国家的科学事业。现在有些人觉得粮食不值钱，因为他们搞不清楚粮食是怎么来的。真是很不容易啊！

中科院真心实意帮助农民发展

在这个过程中，中科院发放了 3000 万元的贷款，扩大到新乡以外的 7 个县。在那些地方，用这些钱给农民买肥料，让农民搞开发、做试验。按 100 万亩计，我们起码搞了 30 个试验点。目的是点片面开花，在整个区域里面扩展。但是这 3000 万元贷款都没有收回来。我觉得贷款还不还就那么回事，反正也是用在国家农业发展上面了。有人说某某把钱怎样怎样了，我说不追了不追了，粮食产量这样成倍增长，就可以了。有什么追头呢？光召院长把我叫去说了好几次。我说你要批评就批我好了，我没有管好钱。当时老百姓困难得连衣服都没得穿，一家人一家人地逃荒。水稻亩产达到 1000 多斤以后，又全部搬回来了。这个账怎么算？没有办法算，就是扶助农民开发了。这说明中科院是真心实意地帮助农民发展的。

封丘成为我国重要粮食主产区

我们一个所，在一个点上，推广到一个县，又推动了一个省到三个省，即从河南省到山东省到河北省。在整个黄淮海地区的 1.7 亿亩耕地中，我们把 80％的土地都改良过来了，打好了基础。1993 年，我们荣获了国家科技进步奖特等奖，之前我们已获得了科学院的奖。这时我们的工作就告一段落了，我才搬回南京来办公了。

现在封丘已经看不到白花花的盐碱土了，粮食产量提高了两三倍，成为我国重要的粮食丰产区。直到现在我们还在那里做工作，因为农业不能只搞几年。封丘县的县长、县委书记每年都要到我们所里来，尽管他们的领导已经换了四五任了。昨天还发给我一个大聘书聘请我做顾问，我们所有好多科研人员在那里当顾问，我是总顾问之一。

"黄淮海战役" 的深远影响

推动全国农业发展和综合开发

黄淮海农业综合开发治理的"战役"，我认为有两个方面值得总结。第一就是我们在这 3 年的大战役中推动了整个华北平原农业的发展，整个黄淮海地区的盐碱土改良，促进了粮棉油、畜牧业的发展，为该区域的粮食增产、农业开发做出了贡献。这一条是很重要的。第二是"黄淮海战役"推动了全国农业的综合开发。现在回过头再想"黄淮海战役"，更加感到意义重大、深远。那时国务院成立的农业综合开发办公室，从田纪云做主任开始，到现在已经 20 年了，现在是回良玉副总理在抓，每年都开会，一直到现在都在领导全国的农业综合开发，而最开始就是我们科学院提出来的。我们不仅提出来，而且把封丘做出了样板；不仅在理论上，而且在实践上把农业综合开发这个事情搞清楚了。五省二市的农业综合开发方案到现在国家还在进行，并且已经取得了显著成效。

科学家仍然承担保障粮食安全的责任

我国现在面临的问题就是 10 个字：能源、资源、环境、粮食、经济，其中包括突变性的灾害。有些问题涉及农业资源、农业环境、农业生态和粮食安全保证。现在环保总局找我去搞土壤环境普查，因为现在土壤问题慢慢浮出水面。以前一谈就是水，哪里谈过土壤。毛主席谈八字宪法，第一就是土，第二才是水。当然土、水不能分家，但很多安全问题是来自土壤，水要通过土来发生作用。作物是栽在土壤里面，土壤里面一些物质可以存在几十年而不能消失。一些污染物，比如滴滴涕等在土壤里面待着，问题还是很严重的。现在慢慢把这些问题在基础研究的层面上提出来了。所以我们考虑问题，要在国家层面考虑，科学态度要严谨，要有长远的战略思路，这是很重要的。光在 SCI 上发表文章是不够的，要真正对国家的发展做贡献。也许到美国去，待几年，十几篇文章就写出来了。但是国家的粮食问题呢？中国特色农业的发展问题呢？只有结合我国社会的需求、国家的需求和目标做出来的成绩才是中国科学家真正的奉献。如果中国科学家，特别是搞农业问题研究的科学家不能为国家解决粮食安全问题，那些论文有啥用啊？这个道理我是经常跟年轻人讲的。

熊老是楷模

熊毅先生就是科学与实践的楷模。当地的老百姓在熊毅先生打的那 5 口梅花井附近给他树了一块碑。熊老是学土壤改良、土壤物理的。土壤物理就研究土壤里面水的迁移规律。迁移最讨厌的就是水里的盐跟着水上来，就会成为盐土。熊先生把巴基斯坦的经验用到中国的盐土治理上来，解决了生产与应用的问题，并以此来带动学术研究。如果说熊老最初的成果是星星之火，那么如果没有后来的"黄淮海战役"，就不能形成燎原之势。我们就是在熊老的思路下延伸了他的成果，而且把实践扩展到整个黄淮海区域。

尊重历史，开创未来

你来采访黄淮海这一段，我想起来情绪就很激动。我见证了这么多科学家的拼搏精神，他们为我们国家的粮食安全、农业增产做出了这么重要的贡献！就算 1965 年之后的十几年不谈，光是"黄淮海战役"这 3 年积累起来的经验，就可以大书特书了。土壤研究科技工作者，熊先生那一代人，我们这一代，像王遵亲同志、傅积平同志和已经去世的左大康同志等，在黄淮海农业综合开发与治理中，都有很多感人的故事。现在第三代和第四代土壤研究工作者已经成长或正在成长起来。我希望他们能了解历史、尊重历史，并开创未来，珍惜来之不易的大好局面，把我国的土壤研究、农业问题真正解决好，为科学创新做出新贡献。

南京土壤所 2
改良盐碱地的故事

傅积平　口述

時间：2009 年 10 月 15 日下午

地点：南京市中国科学院南京土壤研究所惠联大楼三楼小会议室

受访人简介

傅积平（1934— ），中国科学院南京土壤研究所研究员。1956 年毕业于沈阳农学院（现沈阳农业大学）土壤农化系。长期从事土壤改良培肥和区域农业综合治理研究。自 20 世纪 50 年代开始，先后参加了熊毅和席承藩先生领导的为长江和黄河流域规划所进行的大规模土壤野外调查及主持北京市土壤普查；参加中国科学院组织的河南封丘试验区旱涝盐碱综合治理的试点工作，以及与中国农业科学院合作共同主持河南省沁阳县柏香基点农业高产试点工作；主持安徽城西湖机械化农场土壤改良培肥工作；主持封丘试区"六五""七五"国家科技攻关任务；建成封丘农业生态开放试验站和潘店万亩示范区。先后发表论文 30 余篇；代表性著作有：《黄淮海平原区域治理技术体系研究》《豫北平原旱涝盐碱综合治理》《土壤培肥与农业环境生态研究》《豫北平原农业生态系统研究》《机械耕作条件下的土壤改良》等。曾获中国科学院科技进步特等奖（1987）、国家科技进步二等奖（1988）、中国科学院科技进步一等奖（1991）、国家科技进步特等奖（1993）。1988 年获国务院一级表彰奖励，1989 年被授予"国家级有突出贡献中青年专家"称号，享受国务院政府特殊津贴。

　　我是学土壤农化专业的，大学毕业后就一直从事土壤改良培肥和区域农业综合治理研究。从大学毕业到退休将近 40 年，一直战斗在黄淮海平原第一线，进行旱涝、盐碱、风沙的综合治理和土壤培肥的研究。

　　我很欣赏把黄淮海作为一个"战役"的提法，尽管提出来是 80 年代的事了，但是我感觉这个提法很准确。在"黄淮海战役"中，我就是一名老兵。回顾这段历史，虽然我们经历了漫长又非常艰苦的岁月，但这锻炼了我的意志，培养了我的才干，增长了我的知识。我始终为自己能有机会参加黄淮海这一伟大"战役"而感到自豪。人的一生不在于做很多事情，能做一件有利于国家，有利于人民的事情，我就满足了。

　　我就讲讲这 40 年的经历。

党和国家给我很高荣誉

在黄淮海农业中低产田的改造以及后来的"黄淮海战役"中，我和我的同事，在前辈工作的基础上做出了一些创新成果。"六五"科技攻关结束后，荣获了1987年中科院科技进步特等奖和1988年国家科技进步二等奖（我排名在第五位）；"七五"科技攻关后，荣获1991年中科院科技进步一等奖（我排名第一）和1993年国家科技进步特等奖（石元春排名第一，贾大林第二，我第三）。我大概是在"黄淮海战役"结束后全国获奖最多的人。其实我是一个代表人物，荣誉往我身上堆了，实际上是集体成果。

1988年，我们突然受到李鹏总理的邀请。邀请函的原件还在我这儿，每人一份，有李鹏签字，邀请我们16位参加黄淮海工作的功臣7月份到北戴河度假，并且参加座谈。其中中科院有4位同志，有我、王遵亲、程维新、林建新，我们获得了一级表彰。田纪云副总理代表中央，给16位科学家发了奖金，这是中国第一次为科研战线上的功臣发奖金。原本打算每人发上万元的。那个年代万元户就非常了不得了，是一笔很大的钱。后来征询各个部委和国家机关的意见，第一次发太多不行，就减半，每人5000元，也很高了。中央一再强调这是对科研人员的鼓励。

1989年我又被国家人事部授予"国家级有突出贡献中青年专家"称号。科学院在黄淮海工作的人里面被授予这个荣誉的也不多。人事部发给我一个本子，上面有好多部委的盖章，坐船、飞机、火车等，都可以享受人大代表的待遇。另外，我还享受国务院的政府津贴。

我在黄淮海工作的经历可以分为三个阶段：准备、奋斗、成果。

1988 年 7 月应李鹏总理邀请，16 位在黄淮海工作的优秀
科技人员赴北戴河度假，并参加座谈。李鹏左边为傅积平

准备阶段

准备阶段是我为未来的科研工作打下坚实基础的阶段。这一阶段对我
影响和锻炼最大的是，参加了熊毅和席承藩先生领导的，为制定长江和黄
河流域规划进行的大规模土壤野外调查。

1952 年，我考上了上海复旦大学农学院。正巧 1952 年全国高等院校
院系调整，复旦大学农学院与东北农学院部分院系合并，成立了沈阳农学
院。我这个江苏鱼米之乡出生的人到东北去吃高粱米、窝窝头，我把这些
视为锻炼。1956 年毕业前夕生产实习的时候，我接到了农学院通知，国
务院批示，从全国 6 所高等农业院校——北京农学院、南京农学院、沈阳
农学院、华南农学院、华中农学院、西北农学院，抽调 100 名大学生提前

毕业。干什么呢？分配到由熊毅老先生和席承藩老先生主持的中国科学院土壤及水土保持研究所工作。报到以后我们才晓得是专门为了长江和黄河流域的规划进行大规模的土壤野外调查。中科院土壤及水土保持所和水利科学院水利所两家合作，成立了专门的班子，组织了一支庞大的队伍，光大学生就100人，再加上地方上几百人，轰轰烈烈地开展了华北平原土壤调查。调查结束后，熊老出了一本专著，现在很多原始数据还是出自这本书，直到现在仍然有重要意义。

当时考察，基本上靠两条腿走路。敞篷卡车把我们拉出去，三人一组，一个组长，一个组员，再在当地找一个民工，按照地形图上的标记，在什么村或什么地点，把一个组放下来。然后汽车接着向前开，到一个点再放一个组，就这样把组撒开。要求晚上天黑以前，都要在一条公路上集合，再把我们拉回去，否则我们就回不去了。那时没有通信设施，也没有先进的仪器设备，就靠两条腿，扛一把洛阳铲，一个土钻，两三公里打一个钻。这个钻是人打下去的，要对准一个洞，连着戳，戳到1.5米深。每15厘米取一点土，作为土层的排序，然后确定这个土的类型跟制图的编号。地形图是用罗盘来定点，或西北或东北，用房子或者用树作为标记，把这个采样点的点位标在图上。

熊老跟席老做了大量的准备工作，培训我们100个人，还有水科院水利所的技术人员，统一规范、统一标准来进行土壤调查。这不是一件容易的事，因为牵涉到采样后土壤资料的整理。

前期，熊老、席老带我们在北京郊区先做试点，他们亲自带队，把土壤大概有什么类型进行了系统分类。每个类型又分了土类、亚类、土种、变种。按照九节分类体系来分，沙分3节，壤土分3节，黏土分3节，都是经过仪器分析后标准化的质地。土壤类型确定之后，还要明确位置、厚度。这些都有详细的规范。这个规范有好几本书，要求我们背下来，因为书不可能都带下去，而且在野外没有那么多时间让你翻书查证。我们能做到一钻打下去马上就晓得它是什么编号，土的质地怎样，比如是黏土还是沙土，厚薄程度，还有层位，等等。我们被训练了几个月，考试合格的才能承担这项任务。在野外我们怎么办呢？就靠两个手指，把土捏起来，要是土壤太干的话，就吐一点唾沫，变成一个适当的含水的土壤，然后用两个手指头再捏，就凭两个指头的感觉，判断出它的质地，然后马上报出来是细沙、中沙还是粗沙，是轻壤、中壤还是重壤，是轻黏土、中黏土还是重黏土。这手本领我到现在还行，这是我一辈子不会忘记的。

当年，我们就凭着一把洛阳铲，凭着摸土壤的感觉，组长报，组员记，工人打，马上就在图上填好，每个点绝对不能走回头路。这真是一个系统工程。

后来到盐碱区，在地表的所谓的盐，我们只要亲口尝，用舌头舔，基本能确定这个盐渍化的土壤是属于什么类型的盐渍土。碳酸盐的味道有点凉，而且涩；氯化钠是咸味；氯化镁是涩嘴的。有的土壤里边有好几种成分混合，我们都大致晓得里边含盐的成分，而且也分轻、中、重。还有就是靠看，白颜色的都是盐渍化的，灰黑色的就是碱化的。这些本领都是靠训练，靠在长期实践中磨炼出来的。

我之所以把这个阶段叫做准备阶段，是因为这段时间把我培养成一个能够独立作战的年轻干部。

1961 年，科学院进行调整，决定把原土壤水土保持所与南京土壤所合并。秋天，科学院下达命令，合并到土壤所的一部分人在某天必须去南京。熊老和席老带了原所一批同志到南京土壤所工作。其他同志有的到了农科院，有的到了西北水保所，有的到了华南植物所。

奋斗阶段

奋斗阶段是从 60 年代开始的。我参与了黄淮海平原旱涝盐碱风沙灾害的治理工作，直到我出任封丘站的站长，再到我退休，其间经过 70、80 年代，这是我科研生涯中最为艰苦，也是逐渐成熟、收获最大的阶段。我亲眼见证并亲身经历了黄淮海平原的巨大变迁。

熊老在 60 年代打下的坚实基础

盐碱地的形成是天灾人祸

河南封丘的盐碱灾害是有历史根源的。除了天灾，很大程度上是因为人们对自然规律认识不足，而人为导致的恶果。

早在五六十年代，整个华北地区都在盲目推行引黄漫灌。什么叫引黄漫灌？就是把黄河开个口子，让水大量地涌进来，解决水源问题。另外还搞平原水库，就是在平地上把土围起来，3 米或 8 米高，然后把黄河的水放到围子里面，其后果就是抬高了地下水位。黄河水沙质比较重，引黄从源头一直到尾巴，有几十公里甚至上百公里。黄河水慢慢侧渗到地下，就把地下水的水位抬高了。根据我们长期研究，在一般土壤下，水位抬高到 1.5 米，就会返盐。所以造成五六十年代大面积的侧渗盐碱化。原本黄淮海地区的盐碱化面积大概是两三千万亩，引黄漫灌之后就变成上亿亩。这是历史的教训。

那时科研人员和群众也想了一些治理的办法。比如在背河洼地修台田，把土抬高到 3 米，在 3 米台上面种粮食，以为可以解决涝的问题。但是沟里的水位还是很高的，盐就沿着这个坡，窜到台面上来了；这个工程量也很大，要用很多人一锹一锹地挖土堆台，但也没有成功。

另外科研人员和群众也尝试过冲沟改良盐碱地。办法就是把犁的铧去掉，犁出来一条埂，土往外分一下，就把小麦、玉米种在这个沟底。这个沟也就是 10 厘米左右，这叫冲沟躲盐。因为沟底盐度稍微轻一点，所以有的时候能成功。但是只要春天有一场小雨，苗马上全死光。因为雨水把表面的盐分都引到沟里了。

在 1963、1964 年的时候，中科院组织了在黄淮海地区的若干次考察。1965 年选定在封丘进行除灾增产试点。为什么选择封丘呢？因为封丘县是黄淮海平原旱涝盐碱风沙灾害最为严重的地方之一，所谓"春天白茫茫，秋天水汪汪，十年九年荒"。长期以来，这个地区吃粮靠救济，花钱靠贷款，群众生活已经到了极其贫困的境地，甚至有不少村的农民都去逃荒要饭。解放这么多年以后，群众生活还处于那种境况！当时中科院组织了 10 多个研究所到封丘县。我是 1965 年介入的。

当时还没有修建黄河大桥，我们都是坐船，从南京坐火车到河南兰考县，从兰考下火车坐渡船，渡过黄河到达封丘。

封丘县的盛水源大队是一个典型的穷村。很多 40 多岁的男人都找不到老婆，妇女都嫁出去了，剩下来的都是些七老八十的人了，能走的都走掉了。当时逃荒要饭的人大部分是到东北去。我们就把盛水源作为试点。你看当时的照片，一片白茫茫的盐碱地，风沙也很严重。有时候刮一晚上风，风沙就能把门堵住了！

我们到那里后跟群众"三同"，就是"同吃、同住、同劳动"。科学院有要求，不能脱离群众。我们住在老百姓家里，吃饭在老百姓家搭伙，和老百姓一起拉犁、拉耙。穷啊，没牲口，就靠七八个人、十几个人拉一张犁。

未治理前的盐碱地

　　我们跟老百姓住一起，他们吃什么我们就吃什么。一般就是小米、玉米。最困难的时候吃红薯秧，里面加一点杂面，做成糊糊，吃了以后很快就饿了。过了一段时间，盛水源旁边的范庄，是当地县里面的一个试验站，观测气象什么的，借用这个站，科学院建了一个点，我们搬过去，自己开伙食，就吃得稍微好一点了。这个点的“点长”是夏嘉淇同志。

　　我们就在“三同”的过程中，搞好了群众关系。群众相信我们，所以我们才能打梅花井。

梅花井与熊毅碑

　　凡是参加过黄淮海治理的我们这一代人，几乎没有人不知道梅花井，也没有人不知道熊毅先生的。我认为梅花井具有标志性的意义。

　　打梅花井的经过是这样的。熊毅先生从巴基斯坦考察回来，感觉巴基斯坦在盐碱地打机井的经验可以借鉴用于黄淮海地区。1965年，他就跟国家科委和中科院领导建议，在封丘搞打机井的试点。当时国家科委的负责人是范长江，范长江到封丘去考察了好多次。

　　那时群众根本就没见过机井，原有的都是土井。盐碱区两三米就能挖出来个井，渗出来的地表水是浅层水，都是咸的，而且含氟量很高。老百姓一直就喝这种水。科委拨了款，科学院得到国家科委的支持，从 1965 年到 1966 年，两年期间打了 5 眼井。

这 5 眼井就叫梅花井。它是按照距离布局的，跨两个生产队。一般只讲盛水源，实际上有两眼井打在盛水源相邻的一个叫大马士的大队。因为 5 眼井要控制一个面，大约有几百亩地。到现在为止大概还有两眼井是可以用的，老百姓还可以打水，真不容易。

这 5 眼井说是机井，实际上不是机井。是什么呢？是用大锅钻打的。上面是铁锅，底下是一个开口的刀，上面有一个铁杆子，焊住的。十几个人推这个杆子，就这样一截一截往下打。打下去一截，把土拿出来，然后就注水。边上还要打个备用井，为什么呢？因为有井压问题，打深了，井边上的压力就很大，这个井就会塌掉，所以打一段，就要从预备井里抽水灌进去，使水压保持平衡。这是一个技术。

当地有个风俗很怪，打井时妇女不能在场，说是妇女在现场，这个井就打不出水来。

当时我们都是小伙子，跟群众一起推那个铁杠子，用很大力量，硬是把土一锅一锅搅出来，同时注水，保持井压。一口井大概要打到 20 来米。打到底下见粗沙，或者是砾石层，这就证明已经打到了过去的古河道，打出来的水是甜水、淡水，然后用砖头、水泥把井管砌起来。60 年代这个井管直径有 70 多厘米。再往下就要放花管井，花管井是可以透水的管子，外面再用棕皮包起来，防止沙石、土渗到管子里面去，棕皮能起到过滤的作用。这样一个管套一个管下去，下到有咸水层了，就用死管封。死管是实心的，用水泥砌成，防止咸水进来。这也是技术。然后用离心泵把水抽出来。离心泵是用拖拉机带动的。

当时前线负责打井技术的总负责人叫刘文政，是土壤所的同志，现在已经过世了。

根据一定距离布局的梅花井，用抽出来的淡水浇灌，通过边上挖的排水沟，把盐洗到沟里排出去，开始叫"井灌井排"，但确切地说应该是"井灌沟排"相结合的水利工程技术。

这些地原来是颗粒无收的。梅花井在盛水源打成之后，就开始浇地、洗盐。当年小麦就出苗了，而且是全苗，第二年就获得比较好的收成，亩产达到200来斤，在当地引起轰动。

过去颗粒无收的盐碱地，打了井就丰收，周围群众简直把它看成神地！熊毅很高兴。这张照片就是他到现场看出水的情况。

熊老为什么伟大呢？因为冲沟躲盐也不行，修台田也不行，那时全国的土壤改良学家们想尽了各种的办法，改造黄淮海的盐碱地，但是都不能从根本上治理好。熊老是科学家，但是他很敏感，急国家之所急，所以他

1965 年，熊毅（右）在封丘盛水源打井现场看出水情况。这是全国第一眼机井

引进技术，才彻底解决了黄淮海的面貌。这是具有划时代意义的成果，对农业的贡献巨大。1995 年 10 月，封丘县委和人民政府在封丘农业生态实验站内给熊毅先生树立了一块纪念碑。这是全国唯一一块在野外站为科学家立的碑，是广大黄淮海人民对熊毅先生为黄淮海农业做出巨大贡献的充分肯定。

给熊老立碑

封丘县政府代表全县 70 万人民为熊毅先生立的碑。碑文为：中国科学院学部委员熊毅纪念碑，中共封丘县委员会、封丘县人民政府，一九九五年十月敬立。背面文字为：熊毅（1910—1985）字其毅，贵州省贵阳市人。中共党员，著名土壤学家，中国科学院学部委员。1951 年他于美国获博士学位后，毅然回国投身祖国科研及经济建设。先后曾任全国土壤盐碱防治专业组副组长、中国科学院土壤研究所所长等职。他领导了黄河流域土壤调查工作。六十年代中期，熊毅带领中国科学院十余个研究所一百多名科技人员，以旱涝碱严重的封丘县为试点试验和示范以"井灌井排"为核心的盐碱土综合防治技术，在封丘取得显著成效。随后将封丘经验推广到黄淮海平原地区，彻底改变了本地区的农业生产面貌，大大提高了群众的经济收入和生活水平。封丘人民缅怀熊毅同志。特树此碑，以志纪念。

中科院布点总结增产经验

当时科学院陆陆续续组织了 18 个研究所在黄淮海地区开展工作，也在面上布了很多点。为了便于管理，科学院让封丘站统一管理所有在河南工作的科学院的单位。封丘的这个点是重点，是以井灌沟排为中心的综合治理点。

封丘还有分点。荆隆宫乡水沂村，就是一个分点，由宋荣华同志负责，进行背河洼地的改造，那里也是盐碱地。应举乡也是一个点，由俞仁培同志负责。应举乡是很有名的，毛主席的一篇文章《谁说鸡毛不能飞上天》，就是针对应举乡写的①，就是指老盐碱地能改造。当时那里的支部书记用土办法改良盐碱地，获得成功。毛主席还请他去中南海吃了饭。应举乡很有代表性，所以科学院把那里作为一个点。还有一个点在鲁港乡前高事庄，是作为土壤培肥改良的试点。由我和河南省地理所的林富瑞同志负责，他还担任过河南省科学院的副院长。"文革"开始以后，在沁阳县百乡建立了农业高产试点，由科学院和农科院共建。科学院这边派我负责，农科院由栽培所的朱德群同志负责，她是女同志。

为什么要建这么多的分点呢？主要是要为黄淮海的后续工作总结经验。土壤所的布局是从低产区到中产区，从中产区再到高产区，这是很有远见的。有的低产地区亩产才一二百斤，鲁港才三四百斤，而有的高产地区没有盐碱，加上大量地使用有机肥料，亩产已经上千斤了。

宋荣华同志负责的水沂村背河洼地这个点，是低产田改造成功的典型。我先讲这个例子。从 60 年代后期到 70 年代，宋荣华同志硬是把沿着

---

① 杨叙让和程丁合认为是安阳县，不是应举乡。见杨叙让、程丁合口述。

黄河的十几万亩土地，改造成为水稻高产区。那一带过去是不能种粮食的，只能长芦苇。他总结群众经验，科学试点，再加上县委书记支持他，跟他一起干，终于获得成功。

他们采取了什么办法呢？叫"引黄放淤稻改"。首先，引黄，就是把黄河的浑水引进来。其次，放淤。黄河水的泥沙量大得惊人，它的运动规律是在桃花汛期，从西北带过来的泥沙量最高。利用这一规律，事先修成一个一个方田，筑上埝。黄河高出地面十几米，就是所谓的"地上河"，所以可以采用虹吸的办法，把浑水引进一方一方的田里。过一段时间以后，比如半个月，水澄清了以后，再把清水排掉，剩下的就是黄河淤泥，都是肥土。黄河水经过长途跋涉，从西北黄土高原把最好的表土带到了河南封丘，利用这个泥沙资源改善土壤，变废为宝，变害为利。这是一项伟大的工程。

宋荣华同志还进行了水源运动规律的研究。放过来的淤泥太浅不行，因为底下还是沙子，种水稻就不能成功。他研究的结论是，淤积的厚度起码要在 25～30 厘米，只有淤到这么一个深度，盐才返不上来。然后种水稻。种水稻时不能打破淤土层，要留五六厘米，也就是只能在 15 厘米上面来种，所以犁地的深浅要掌握得很恰当。如果打破淤土层，那就要漏水，盐就返上来了。凡是放淤稻改的，当年水稻产量就达到六七百斤，成为县里的水稻高产区，现在亩产都过千斤了。

当时这一成果了不得啊！那是颗粒无收的芦苇荒地呀！过去黄河边上好地上种的水稻都是进贡给皇上吃的，水稻质量非常高。为什么呢？因为北方温差大，蛋白质含量高。南方的水稻，由于温差小，蛋白质积累就不够。

这项工程经历了十几年的时间，是在黄河盐碱地改造成功的另外一种类型，有代表性。当时的县委书记姓乔，后来患肝癌去世了，他很像焦裕禄。

我在河南沁阳县百乡农业高产试点是做什么工作的呢？就是研究土肥相融问题。

这里我要先讲一讲熊毅先生的土肥相融理论。

熊毅当时正在进行的基础理论研究就是土肥相融。土肥相融就是研究土壤的有机跟无机胶体的复合。50 年代末，熊老在北京朝阳区篓子庄大队搞有机肥改土培肥试验，让我去蹲点。熊老的特点就是理论联系实际。在篓子庄这个地方，熊老总结出了种水稻要"土肥相融，骨肉相衬"的著名论断。意思就是说，种水稻和养人一个道理，一个人过胖过瘦都不好，要骨肉相衬，肥土也要相称，才能使水稻高产。这句名言传了好几十年。他写了很多书和论文，既把理论跟生产相结合，又用很简单的一句话说明了深奥的理论。在熊老的直接领导下，在研究有机和无机胶体复合的理论后，我在河南沁阳县百乡农业高产试点取得一些创新成果，主要是石灰性土壤的分解方法。

从 1965 年打梅花井开始，到后来在封丘县布局设点，从低产、中产、高产，从盐碱地改良到土肥研究，形成了整个的技术体系。所以为什么我们在封丘的成果获奖的水平那么高，成果的价值那么大，对全国示范推广的意义那么重要，就是因为它形成了一个体系。河南省召开三届干部会议，赵其国所长和我们都到省委、省政府，向三大班子的领导汇报，所以黄淮海平原农业综合开发，在 1988 年北戴河会议以后，就选择了首先在河南省开始。这是"黄淮海战役"的出发点，1989 年赵其国所长亲自带队，"押"了大家必须都到黄淮海去。

"六五""七五"攻关期间，在封丘参加的单位除了土壤所，还有在北

土壤所专家在封丘万亩试区。左 1 为傅积平，右 2 为赵其国

京的中科院遗传所、植物所，中科院武汉水生所、武汉植物所，中科院兰州沙漠所和河南省地理所等。有一年在封丘站工作的科研人员有将近 8000人次。

潘店万亩试区的起步

从 80 年代初开始，我就主持了封丘潘店示范区的"六五""七五"国家科技攻关项目，1983 年建立了封丘农业生态实验站。1988 年，封丘站作为中科院首批野外开放台站正式向国内外开放，国内外专家都可以来工作。现在封丘站已经是国家级开放站了。

"六五""七五"期间，我们推进了熊老的成果。最成功的范例就是"六五"期间建成了潘店万亩示范区。在万亩试区上，我们采用井灌沟排技术，"井沟路林电"综合配套，合理施肥，建成旱涝保收的基本农田，完成黄淮海中低产田改良的主要任务。在 3 年时间里，使粮食产量和农民收入翻了一番。封丘站万亩试区的成功经验，为黄淮海平原的农业开发提供了第一个示范样本。

为什么一定要建万亩试验区呢？这是国家"六五"科技攻关的要求。中科院农委李松华同志立了大功。国家"六五"攻关任务开始时，没有把中科院列入进去。后来李松华同志找了有关部委，硬把我们挤了进去。她亲自到南京来，带了要建封丘万亩示范区的任务，点名要我去。我记得是熊毅先生把我叫去了，就在熊毅先生的家里，李松华同志也在场。熊老让我把有机无机的研究工作告一段落，到潘店去，组织"六五"攻关。

李松华让我去，因为我晓得她要在华北平原拼打出来的人里面选择"敢死队"。她说我们组建的就是一个"敢死队"，是要一辈子干到底的。这样我就到了潘店，全身心投入到万亩试验区的建设中去了。

建万亩试区并不是一帆风顺的。第一件事是当时正好国家要求执行"六十条土地政策"，对土地包产到户，不能轻易改变，不能调整。有同志对我说："老傅啊，你这样做违背'六十条'。"当时我还真是捏了一把汗。后来的中科院秘书长胡永畅和李松华同志来视察，我陪他们看了封丘好多地方，最后我们把潘店、小捷、屯犁、段提四个大队作为万亩试验区的选址，因为它比较平整，盐碱地面积不大，土壤类型也比较多。这就需要把农民承包的土地连成片，所以我们在政治上还是冒有一定风险的。

第二件事是在试区发生了"科技上的两条路线斗争"。我刚到站上时任副站长。站长是土壤所搞肥料研究的一位同志，他比我早去两个月。他认为，"六五"攻关，3年内把粮食产量搞上去，我们交了差任务就可以完成了，所以他的指导思想是所有的经费全部用来买肥料。把肥料给群众，产量不就"轰"地上去了吗？我们之间就发生了一次交锋。我认为如果按这个方向走下去，科学院就完蛋了。只靠使用化肥不一定能保证高产丰产。万一遇到旱年呢？光有肥料，没有水能增产吗？这是最起码的知识。当时农民家不能大面积灌溉，一口机井都没有啊！集我多年在黄淮海调查之经验，要治理中低产田，必须走综合治理的路，农业水利综合措施一起搞，才能持久，所以当时我十分坚持。这次辩论，两个人争得面红耳赤，天翻地覆，谁也说服不了谁。最后只好你干你的，我干我的，严重影响了工作的顺利进行。这个问题现在看起来很简单，但是在 1983 年确实太艰难了。

1983 年的冬天，中科院在北京友谊宾馆召开黄淮海攻关阶段总结会议，有关所都去参加了。土壤所也去了，在这个会议上解决了"两条路线斗争"。赵其国所长召见我们开了一个闭门会议，把土壤所的同志们召集在一起，宣布了人事调整。这样我就成为封丘实验站的负责人了。从那以后万亩试验区的工作就顺利进行下去了。

由于"六十条土地政策"和"两条路线斗争"，所以万亩试区在一开始时，我是顶着压力在干，进行土壤调查，作出土地规划，进行土地调整。所幸的是我得到了乡、县、省有关领导的支持，工程建设全是地方投的钱。小捷大队有大面积的沙地，屯犁是壤土，段提是淤土和盐碱地，加上潘店，我们把这四个大队的土地统一规划，划成 58 个方。

这里我再插一段。70 年代，"文革"期间要"抓革命促生产"，1973年，南京军区后勤部到土壤研究所商量，希望派出科研人员去陈西湖农场搞机械化改土培肥的研究。陈西湖农场在安徽隆安地区，靠近黄河。毛主席提出的"五七"指示，其中有"亦工亦农亦军"，军队有两个农场做试点，一个就是陈西湖，另一个是广州的牛田洋农场。陈西湖农场属于南京军区野战军某师，完全机械化，有 12 万亩土地。土壤所派我主持，我们一共去了二三十人。1976 年，该项目结束，由我为主，编写了《机械耕作条件下的土壤改良》专著。这是我国第一部关于针对一个机械化农场，完全用现代化手段来改良的专著。因为毛主席提出的"五七"指示，我曾想划 57 个方，但是条件不允许所以只好划 58 个方。

我们按照方来打井。一眼井控制 100 亩地，万亩整整打了 100 多眼井。后来群众也自己打。那时已经用潜水泵来打井了，打井的详细资料我现在还保留着。打井深度要达三四十米，必须要打到沙层，或者是粗沙层，才能到淡水层。一眼井的出水量最小 60 方，才达到标准。因为我有盛水源打井的经验，所以我干这个事是得心应手。路和渠两旁施行乔灌草结合。乔，就是意大利杨树，引进来的，已经生长了 3 年，直径有两三厘米了。路边 3 米间隔种一棵树。我们亲自拉铁丝，标石灰，所以树种下去很整齐，是一条直线。在树的底下种灌木，就是紫穗槐，豆科的，耐盐碱，还可以编筐。在坡上种紫花苜蓿、沙大旺。我们还修了桥涵，因为每个方里面都有沟，底下的涵洞都是水泥的，每个沟上面都修了桥。因为群众要生产，马车要过得去。"井沟路林电"还有桥涵，全面配套。

我们都做了地形图、田块图、土壤盐分普查里头的养分分布图、井位图。"六五""七五"期间，我们还定点、定位，对土壤、井水进行监测。我想这是我们在"黄淮海战役"中取得的第一项创新成果。

我们整整做了两个五年计划，监测数据都储存在计算机里了。我们原本想仿效英国的洛桑实验站，把定点定位采样长期做下去。在一个万亩的试验区，对土壤的检测、对水质的监测，隔一年做一次，假如这项工作一直延续到现在，我看全国没有，世界也没有。这个资料可以研究地力的演变，地下水盐分和水位的演变，可惜由于多种原因没有坚持下来。现在封丘试区只有一个观测项目在继续，就是长期检测土壤里面的氮磷钾的变化，由钦绳武同志组织，资料一直积累到现在。这个试验分为 28 个小区，每个小区设计 3 个层次。每个小区都是水泥池，很严格。而且每年还在封丘站采集样品，在土库里面库存，还带回土壤所做化学分析。这些数据现在不断有人在发表文章时引用。多宝贵啊！

万亩试区"井沟路林电"综合配套工程景观之局部

成果

万亩试区是一项创新成果

1982 年之前，整个试区的 1 万亩粮食总产在 16 万吨左右，农民人均纯收入 154 元。到"六五"攻关结束，也就是 1985 年年底，在不到 3 年的时间里，粮食总产达到 24 万吨，农民人均纯收入达到 382 元，粮食产量和人均收入翻了一番。"七五"攻关结束时，也就是 1990 年，据县里统计，封丘试区粮食总产是 38 万吨，人均纯收入是 1 024 元。到 2008 年，粮食总产 63 万吨，人均纯收入 4010 元。2009 年，小麦又是个丰收年，预计小麦亩产达到 504 公斤，超过 1000 斤了，玉米已经超过 1300 斤了。如果加上玉米的产量，两季加起来，早就是吨粮田了。而且不光是种粮食，还在搞农业综合开发，建立了 10 万亩的金银花基地，作为河南省的一个重点项目，是全国最大面积的金银花基地。

中科院十九个研究所协作攻关

黄淮海平原综合治理见成效

本报讯 摅《光明日报》报道，由中国科学院十九个研究所的二百八十六人组成的科技攻关队伍，在国家科委、计委、经委的领导下，实行多学科、多层次协作攻关，经过三年多的联合努力，开展对黄淮海平原的综合研究和治理，取得并推广了四十多项科研成果，圆满完成了"六五"攻关任务。

黄淮海平原是我国最大的冲积平原，面积达三十八万多平方公里。参加攻关的科技人员经过上岸着眼，摸清大量的野外考察资料和报道，绘制了有关地貌、土壤分布等重要图件，建立了该地区农村综合开发和资源配置的数学模型，宏观研究了黄淮海平原的农业发展战略，成为"七五"期间进一步综合治理提供了科学依据。他们从土起步，开拓和探索了豫北天然文岩渠流域的综合开发和综合治理途径。他们选定点上手，选择河南封丘潘店镇、山东禹城镇等村和河北南皮官东等三处作为他们的典型试验示范点。

攻关队伍把各个学科组织起来，从土壤改良、水资源利用、植被状况的改善，直至产业结构协调，进行了综合治理和调整。在短短的三年中，使黄淮海平原土壤有名的低实和低产区发生了奇迹般的变化。粮食产量和人均收入翻了一番多，昔日的穷乡壤壤即可出五谷丰登、鱼壮畜肥的盎然生机。一九八三年七月至一九八四年三月，他们对豫北天然文岩渠流域进行了两次遥感航测，完成了郑州、开封部分地区和新郑地区约一万平方公里彩红外阔的拍摄和热红外航摄试验，同时对全流域的水、土、气、生物和农业地貌进行了综合考察，获得一百多万组数据。接着灵活运用计算机和系统工程分析，拟定了该流域资源开发利用优化方案。

昔日低产区如今五谷丰登草壮畜肥三年取得推广了四十多项科研成果

《人民日报》海外版 1985 年 12 月 3 日第一版转载《光明日报》报道

科技支农威力大
封丘摘掉穷帽子

封丘县一直是河南省挂上号的老灾区。1983年以来，在中国科学院南京土壤研究所的帮助下，全面规划，综合治理，一举摘掉了穷帽子。去年，全县人均占有粮食511公斤，较1982年增长41.6%，农业总产值达到22400 万元，较1982年增长1.04倍。

1983年，封丘县被列入黄淮海平原开发区之后，中科院南京土壤所同县委、县政府一道，以治灾致富、改善农村生态环境为目标，从宏观着眼，制订农业发展战略和综合治理总体方案。通过调查分析和论证，针对直接威胁农业发展的旱、涝、风、沙、碱等灾害，把全县大致分为五个区：西部应举盐碱区，南部荆宫背河洼涝区，中部潘店县旱区，北部赵岗洼涝区，东部黄绫沙区。抓住主要矛盾进行综合治理，先后建立了7个不同类型的万亩试验区，五大农业生态示范区，和石榴、蔬菜、养鱼三个商品基地。经过短短6年的治理，灾害基本得到控制，粮、棉、油总产分别比1982年增长79.6%、156%和158.1%。

（吕言夫）

《华中信息报》1989 年 3 月 26 日第二版

这些成果极大地鼓舞了当地群众的生产积极性，密切了我们跟当地干群的关系。群众把科技人员当做贴心人。到现在我再回去的时候，生产队的这些干部还把我拉到他们家里去吃西瓜，跟我聊天。中国科学院土壤所的一批老中青科学家为封丘做出了贡献，是大家公认的。

我和同事们先后发表了各类学术文章和著作，全面进行了黄淮海平原区域治理体系研究，如豫北平原旱涝盐碱综合治理，土地培肥与农业环境生态研

上世纪90年代末傅积平(左3)与中科院院长路甬祥(右4)、副院长陈宜瑜(右2)、资环局局长秦大河(右1)在封丘站合影留念

究，豫北平原农业生态系统研究等，这些都是黄淮海平原"六五""七五"攻关的主要成果。有不少论著是由我主编出版的。

万亩示范区的建设成果，受到科技部的重视。科技部出钱制造了一个大型电动模型，作为中国的科技成果去法国巴黎展览，后来又移展到波兰华沙，现在存放在站上。

我认为万亩试区是我们封丘站的一项创新成果。

其他创新成果

第二个创新成果，就是在俞仁培主持下的应举站，建成了具有国际先进水平的大型土壤水利运动互动检测监测站。这是全国最先进、最大，而且在国际上也是最先进的检测监测站。它用计算机控制，利用传感器，随时监测水分和盐分的瞬间变化，而不是季节变化。

黄淮海平原的盐碱特点和滨海地区不一样。黄淮海平原的土壤是次生盐渍化，它是由于浅层的淡水引起的盐分表质结果。这是一个学术上的表示。就是说黄淮海平原的地下水，浅层还是淡水。但是盐随水来，随水去。排盐它就走了，水位一高，就通过毛细管上升到地面，所以黄淮海的次生盐渍化往往是表质现象。这个是长期研究以后得出的结论。而滨海地区，土壤上下都是盐，这是无法改造的。

研究表明，次生盐化的土壤，如果不合理利用，可以转变为次生碱化，意思就是盐化跟碱化可以转化。过去好多人盐碱不分，所以我们统称盐碱地，盐碱土，也没错。但是从科学上来讲，盐化土壤跟碱化土壤是两个类型，成分不一样，危害也不一样。碱化土壤盐分含量不高，但是造成地表是很坚硬的结皮，由于碱性大，把土壤里面的有机物质溶解了。盐化土壤本来是团聚的，现在分散了，这种情况下我们要在土壤中加碱，把土壤变成细颗粒。这些道理明白了，才能提出改良的综合措施。

防止土壤次生盐化向碱化转化是首次提出，所以是创新成果。因此一直以来，都有很多国内外专家到应举去参观。

第三个创新成果是在贾博万先生指导下取得的。他现在也过世了。他在国内首次对华北平原的石灰性土壤里面的磷素进行了分解，并发表了文章。这个成果在国内也是首次。他研究了土壤里的无机磷酸的转化，而且分成钙磷、铝磷，又分成铁磷，还把钙磷进一步区分了不同的有效性，什么二钙磷、八钙磷、十钙磷，做得非常细。这是很大的工程，填补了这个领域的空白。他还研究了氮肥和磷肥的合理配比，提出来石灰性土壤的氮磷比例是 1 比 0.6 到 0.8，就是说氮数假如作为 1 存在，那么磷在华北平原石灰岩土壤的比例大概是 0.6 到 0.8。后来这一理论普遍应用于实践了。磷肥氮肥合理配比，土壤肥力效果才明显。后来他又研究发现，原来黄土富含钾肥，但是由于长期不科学施钾肥，也面临着需要补充钾肥才能高产的问题。

我们还在朱兆良先生主持下，与澳大利亚合作，采用国际先进的微气象方法与原理，结合 15N 示踪技术，在田间条件下研究了作物—土壤系统中化肥氮的去向、损失途径和氮肥的经济施用，总体成果达到国际先进水平，在国内处于领先地位；在刘芷宇先生主持下，采用先进的扫描电镜手段，从根际营养的角度，深入地剖析了尿素氮肥抑制根系生长的作用机理和主要原因，提出了合理施用尿素的方法。

在试验站建起了大楼

"六五"期间，科学院提出来，必须建立自己的实验站，要有科学院自己的土地，是有所有权的，是永久财产。从征地开始，我就一手操作，从乡里到省里、从所里到院里跑，要地要钱，还管基建、人事。赵其国所长也积极支持我的工作。

开始征地只有 5 亩，后来到 25 亩，到 1976 年，征地差不多有 100 亩了。征地很不容易，超过 10 亩地就要报中央批准。这 100 亩地，是真正的站上的试验地。我们还盖了一个 3 层大楼，1986 年落成。我要求在设计上一定是当时一流水平的。房间全部是宾馆式的标准间，有卫生间，有电视。大楼一边是实验室，中间是会议室、活动室。楼上有瞭望台，领导来了以后，可以鸟瞰整个试验区。我们这座楼是当时黄淮海地区水平最高的。我想一要对外开放，二要改善科技人员的生活条件，要让他们至少每天工作以后能洗澡，伙食标准坚持三菜一汤。我就是要让科研人员留恋这里，愿意待在这里。

"敢死队"就是奉献队

当时院里有人叫我们"敢死队"。从 50 年代开始，我就没有照顾过家庭，照顾过小孩。40 年里，我随时把一个箱子放在家里，命令一来，随时就走。我对"敢死队"的队长的概念就是这样。我夫人生孩子，我都不在家。生第一个孩子时，我正好参加长江流域调查。小孩取名叫富江，就是为了纪念长江流域调查。孩子出生后不到半年，我就把小孩托给一个居民照顾，居民家养了一只奶羊，他从小喝羊奶长大。第二个孩子叫富河，因为我当时正好在黄河流域搞黄淮海平原农业综合开发。可能是受我和他们母亲对工作兢兢业业的影响，现在两个孩子工作得都不错。

40 年来，我每年有差不多 200 天在黄淮海工作，不顾疲劳，不顾艰苦环境，也不顾身体，整年跟当地的群众一起奋斗，建立了深厚的感情。群众生病，我为他们掏钱买药。那时的河南，老百姓生活贫困，一家人只有一床被子，卫生条件很差，好多人头上都长了癞子。我自己花钱，买灰黄霉素，为他们治病，治好了很多小孩和年轻人。小女孩得这种病之后，头发全部掉了，长大很难出嫁。用了这个药以后，长成大姑娘，非常漂亮。灰黄霉素是抑制真菌的，在当时是一种特效药，还是比较贵的。我当时根本就不考虑金钱什么的，就考虑跟群众同生死，共命运。

实验站高楼建起来以后，我规定我们那一任领导还是住平房。我还规定，领导干部不打牌，要以身作则。所以我从来不打扑克牌、麻将，为的

《新华日报》1988 年 10 月 10 日报道

就是要树正气。而且我要求在站上做领导每年一定要在站上待超过半年以上。

河南封丘实验站在历史上做出了重要贡献。老一辈科学家熊老、席老是第一代；俞仁培、王遵亲、赵其国和我都是 50 年代毕业的大学生，是第二代；以现在的站长张佳宝为首的应该是第三代了，是整整三代人奋战的结果。现在更年轻的第四代正在成长起来。我们土壤所三代人都是这样奋战的。当初我们参加"黄淮海战役",从来没有想过为名为利为提研究员,或者是为拿到国家奖。

为了宣传中科院土壤所在黄河的功绩,南京电视台派了一个摄制组到封丘,拍了一个片子,叫《三代人的足迹》。这是反映"黄淮海战役"的第一部电影。电影反映熊毅先生时是用他的照片,而我们都是到现场演示,一直拍到黄河边,在盐渍区、高产田边上都拍了。

"黄淮海战役"是非常辉煌的战役,黄淮海是我终生留恋的地方。

3 从 "三红" 到 "三白"

杨叙让、程丁合　口述

时间：2010 年 10 月 4 日

地点：河南省封丘县陈桥驿酒店

杨叙让（1936— ），原封丘县人大副主任，1955 年毕业于郑州农校农学专业，先后在封丘农业技术推广站、农业局、农委等单位工作，1984 年任副县长，1993 年任人大副主任，1998 年退休。

程丁合（1946—　），原封丘县政协主席，1969年毕业于武汉水利电力学院农田水利工程专业，1972年春到封丘县水利局工作，后任水利局副局长兼工程股股长，1984年4月任副县长，1998年任政协主席，2006年退休。

程丁合：杨叙让同志是封丘县的老人了，"黄淮海战役"开始前后，他就在封丘主抓农业工作，"黄淮海战役"的所有过程都参与了，对那段时间的工作很清楚，所以主要请他介绍，我来补充。

杨叙让：我讲几个方面的情况，不准确或者遗漏的情况，请程丁合同志补充一下。

第一，我先讲讲封丘县的基本情况。

封丘县位于黄淮海冲积平原，它的位置是在豫北新乡市的东边，东南两面紧邻黄河。黄河就在这个地方转了一个弯儿。它是属于北方大陆性季风气候，一年四季比较分明。雨量多集中在七八月份，这两个月的雨量大约占全年的一半以上。县域面积是1 200多平方公里，耕地面积当时是上报了98万亩。耕地大体有四种类型：青沙两合土、黏土、沙土、盐碱土。由于黄河泛滥，在封丘县改道的次数比较多，所以形成了大面积的沙丘和沙荒地。98万亩耕地中风沙地就占18万亩，盐碱地22万亩。地势是西南高东北低，排水能力差，涝灾严重。最严重的是1957年，积水成灾约80万亩。村民们甚至用一排排的竹筏子做交通工具。那是"夏天水汪汪，冬春白茫茫"，夏天涝，冬天盐碱就翻到地表上来了，"一年四季忙，年年去逃荒"。

当时封丘县是比较贫困的，生产生活水平相当低，基本上不能解决温饱问题，历史上就属于国家贫困县，其主要原因就是自然灾害太多，土质又比较差。

封丘县处于这样一个贫困多灾的地区，历届县委、县政府为治理灾害想了很多办法，也出了很大的力。当时救灾很出名的一个地方就是毛主席推荐的一个合作社，叫应举合作社，但这不是傅积平研究员说的"鸡毛上天"，"鸡毛上天"那个典型是安阳市的。毛主席把应举合作社的社长请到中南海去，1958 年《红旗》杂志第一篇文章《介绍一个合作社》，报道了这个事情。

第二，我讲讲黄淮海治理的情况。

黄淮海的治理从 60 年代就开始了，80 年代末进行了大规模治理，经历了三个阶段：

第一个阶段主要是采用发动群众的办法治理盐碱地，主要是修建引黄灌渠。

程丁合：1957 年开始，修建了很多引黄灌渠。

杨叙让：但灌渠是只灌不排，造成地下水位越来越高，而排水渠没有整修，还是原来的一些自然沟渠，所以群众说"只灌不排肠梗阻"，从而引起了大面积的盐碱化。全县的盐碱地发展到了 50.04 万亩，次生盐碱地增加了。因此，从 60 年代开始，全县对盐碱化开展了治理工作。

当时县里面采取的办法是沟渠台田，这是我们到山东禹城去参观学习后实施的，就是挖一块地，挑一些沟，中间搞一块田，沟沟相连就可以了。当时我们是在曹岗乡试验，因为那个地方是低洼盐碱。其他的盐碱地是"冲沟播种躲盐碱"。冲沟就是傅积平讲的，把土壤翻到上面，中间成一个沟，把粮食种到沟里面，躲开盐碱。这是大面积的治理，同时治理的还有沙荒地，主要采用的方式是翻淤压沙。因为沙层底下是淤土、黏土，把这个土层翻上来，沙就翻在下面了。

经过这些治理，产量有一定的提高，但是没有从根本上解决土地改良问题。当时亩产也就几十斤到100多斤，沙地一起沙就把苗儿盖住了。所以采取这些措施虽然产量逐年有所提高，但是没有大幅度地增长。这是治理的第一个阶段。

第二个阶段到了70年代了，采取了两种方法，一个是"引黄放淤稻改"，另一个是"井灌井排"。这两种措施在全县范围内大面积展开。这两种方法都是比较有效的。

在背河洼这个老低洼盐碱地，采取的是"引黄放淤稻改"的方法，把背河洼的22万亩盐碱地基本上改良了，稻子亩产达到五六百斤了。

至于大面积次生盐碱化，就是采取"井灌井排"了。"井灌井排"是熊毅老先生提出的，当时在盛水源打了5眼梅花井。从那以后，全县所有的地方都开始打机井。70年代打了可能有七八千眼机井，每眼三四十米或者七八十米深。

程丁合：现在已经有2万多眼井了。

杨叙让：第三个阶段进入到中低产田改造了。因为土质基本上改变了，就开始进行培肥地力，提高生产力的工作。这时做了两件事情：第一件事情是在鲁岗乡搞了万亩丰产方试验。这里的土质主要是青沙壤。当时的县委副书记张立华主抓此项工作。

程丁合：这是60年代末、70年代初期的情况。

杨叙让：万亩丰产方主要是采取水、电、林、路配套技术。100亩一个方，搞了1万亩。排水系统和灌溉系统是分开的，采用机井灌溉；另外培肥地力，提高产量。到70年代末、80年代初的时候，在潘店乡搞了一个万亩示范方，这是由傅积平主持抓的。这个万亩试验田起到了示范样板的作用。

这些办法使粮食产量有了大幅度的提高。小麦亩产有七八百斤了，秋粮也基本上能到 800～1 000 斤。

通过这样的治理，全县农业生产有很大的恢复和提高。这是第三阶段的基本的情况。

第三个问题我谈一下地方和中科院是如何配合做好工作的。

在整个黄淮海农业综合治理开发过程中，历届县委、县政府都很重视，确实也做了大量的工作。大体上有这么几个方面：

第一个方面是从组织领导上加强了黄淮海开发的力度。县里成立了专门的黄淮海开发领导小组，就设在科委。那几年，不管哪一届政府都有一位副县长专职抓黄淮海问题。1980 年到 1984 年，是县委常委、副县长张玉岭主管的。1984 年后，我分管农业，所以我也负责管理黄淮海农业综合开发工作。我退休后，由李广海副县长主抓。

第二个方面是我们做了大量的工程，搞了基础设施建设。主要从这几个方面展开：第一个工程是大搞"引黄放淤稻改"，当时程丁合主席就参加了这个工程的设计、开发等工作。全县在辛庄、于店、大功、堤弯陆陆续续地修了 4 个闸门。另外还修了 2 个虹吸，一个是曹岗虹吸，另一个是陈桥虹吸，一共建了 6 处引黄口门。当时引黄灌溉面积设计 30 万亩，基本上覆盖了整个背河洼，全部都是自流灌溉，当时引黄河水 2 亿立方米。引水的目的是种稻，面积很大，十几万亩，整个背河洼几乎都种植了水稻。

盐碱地经过淤灌，淤泥覆盖地表面 20 厘米以上，上面的淤土层就能阻止下面的盐碱往上翻。下面我讲人物时，有位名叫宋荣华的，就专门研究这个问题。

因为背河洼很低洼，在那里打上一个个围堰，而黄河大堤比地面高出七八米，甚至九十米，七八月份黄河水量很大的时候，把黄河的泥沙引到围堰里，沉淀以后把清水再放出去。用这个方法改良了不少盐碱地。

第二个工程就是打机井。这时候南京土壤所的同志们来了，在全县铺开，打了七八千眼机井，所以地下水位马上就下降，土壤改良基本上做到了。当时打机井的配套工程发展得很快，开始还是使用柴油机，后来搞了潜水泵，所以效率提高得很快。

这些经费有上千万元，都是省、市、县的工程项目款。

盐碱地没有改造之前，群众为了种粮食，把地表上面的盐碱土都刮下来了，堆成堆，成了盐碱岗，上面长一些耐盐碱的红荆条。大面积治理之后，地下水位下降，群众又把很多盐碱岗都平掉了。最典型的就是应举乡，原来那个地方的盐碱岗特别多，后来盐碱岗就被逐步平掉了。中国科学院的科学家原来还说留一两个做样子，不知现在还有没有了。

另外植树，搞封沙育林，县委也做了大量的工作。

第三个方面是中科院的专家为黄淮海农业综合开发付出了大量心血。我举这么几个例子。

中科院从 60 年代就到我们这里来治理盐碱地了。当时也是来了许多人，做了大量的工作。最早来的人就是熊毅。熊毅从巴基斯坦考察回来，就到我们这儿考察了两次，跟我们这里的干部讲了盐碱地如何改良的问题，所以盐碱地的改良主要是从这里开始的。"井灌井排"主要就是熊毅在这里搞的试点。

还有一位叫宋荣华，是南京土壤研究所的科研人员。他常年在水驿村蹲点，搞引黄淤改的工作。他研究出用 20 厘米以上淤土层来阻止盐碱的上升。这里同时要说到县委副书记乔永庆，他为引黄淤改专门成立了一个稻改办公室，和宋荣华一起搞研究。那个时候确实很艰苦。宋荣华一年差不多有 300 多天不回家，吃住都在村里头。乔永庆副书记也是住到村里头，一般不开常委会不回县里来。他们都是骑着自行车下村。这是很难得的。

俞仁培是一位女同志，也是南京土壤所的。她是搞地下水研究的，主要是水盐动态观察，就在现在的应举镇。一位女同志一年四季在这儿工作，而且当时的工作条件和生活条件都是很差的。她开始吃住也是在群众家里，建实验站之后，才有所改善。

还有一位同志是傅积平，他主要搞了万亩试验方。他来这里也比较早，他可能是 60 年代就来了，一直在全县跑。科学院在潘店乡建实验站以后，他还当了站长。

在"黄淮海战役"中，南京土壤所来的人很多，有搞稻改的，有搞计算机的，另外中科院遗传所、武汉水生所、兰州沙漠所、遥感所、植物所都有人来，最多时有十几个所、上百人参加。他们都把自己的专业知识，运用到实践当中来了。比如遗传所，引进了好几个红薯品种；武汉水生所把鱼塘开发出来了，现在还有保留下来的鱼塘。

这些所里的专家常年在这里工作，在黄淮海开发中做出了很大贡献。

他们生活条件是比较苦的。当时群众生活水平很低，他们跟村民同吃同住。当时主要靠"三红"度日，就是红薯、红高粱、红辣椒。吃得饱，但吃不好。群众说"红薯面、红薯馍，离了红薯不能活"。再就是交通工具也很简单，条件好点儿也就是能骑自行车。从 60 年代到 90 年代，他们几代人付出了艰辛的努力。

第四个方面是县委、县政府尽量给科研单位在工作和生活上创造比较好的条件，从物质上尽量帮助他们。比如，为给他们提供住的地方，县里盖了一栋楼，除了科委在那里用几间房以外，全部都提供给他们了，使他们的住宿条件得到很大改善。一直到后来他们在潘店乡建起了试验站。

另外虽然原来县里的财政很困难，但逢年过节，县领导还是去南京看望、慰问他们，也提供一点资金，每年给实验站20万元补贴。资金不多，但对我们县来讲就是一笔大数目了。

县里很重视科技成果的推广，主要是开现场会。比如推广水稻种植，水稻办公室就组织开了很多次现场会，现场讲如何种水稻，还组织各级领导参观。另外，县里还分配种植水稻面积，规定必须种多少。还有就是在工程实施时，动员农民出义务工。在当时计划经济条件下，这些举措还是发挥了很好的作用。

通过黄淮海农业综合开发治理，确实解决了群众的温饱问题。

总结过去，我认为黄淮海农业综合开发走的是创新的路子，全过程是比较完整的，现在更加成熟了。所以这几年我们县延续了"黄淮海战役"时的路子，大力地抓中低产田改造，土壤改良，培肥地力。鲁岗万亩方、潘店万亩方和水电林路配套工程在全县推广。这是因为过去七八十年代打的井、修的渠已经老化了，引黄灌溉工程这些年也老化、退化了。小浪底工程修建后，河道冲刷滩涂淤高，黄河堤坝也逐渐淤高，引水比较困难，所以过去的很多引水工程现在都不适用了。现在我们在"巩固、提高、修复"。

通过近几年的努力，全县大概有一半以上的土地经过了再开发，小麦亩产800～1000斤，水稻亩产1000多斤，吨良田已经很多了。

程丁合：刚才杨副县长已经讲得比较全面了，我简单地说一下。

1972年春天我到封丘县工作后，就一直做水利方面的工作。黄淮海农业开发与水利非常密切。盐碱地改良主要是水的问题，熊毅的"井灌井排"就是一个水利问题。"井灌井排"主要是降低地下水位,治理盐碱地。盐碱地基本得到改良后,农业产量提高了,这时农业用水量就增加了好多倍,光靠降雨和地下水是不够的,所以要引黄河水。我接触的第一项工作就是引黄稻改,包括引黄水利、引黄灌溉等一系列工程。那是"大引""大改"。80 年代初,我跟中科院接头了,这是他们第二次来封丘。他们来了以后,也离不开水利,所以我经常跟他们在一块儿工作,万亩方我也参与过。我和王遵亲老先生等专家很熟悉。

中科院专家们吃苦耐劳的精神使我很受感动。南京土壤所的专家几乎没有人没到封丘来过,有的人把一辈子都贡献在封丘了。他们走遍了封丘县几乎所有的村庄,到各个角落去搞调研,到处都留下了他们的足迹。比如傅积平、俞仁培,就是一直从年轻干到年老。傅积平来封丘时还是小伙子,俞仁培还是个大姑娘,离开时已经是老人了。像朱兆良在周口村搞试验,经常打一个光脚站在稻田里。水生所几个专家在曹岗的湖里亲自给鱼治病,都是很艰苦的。但是他们的工作都是很规范的。他们为科学奉献、为封丘奉献的精神,真是很感人。而且不只是一代人,还延续到第两代、第三代。现在第二代、第三代人还长期坚持在试验区这个岗位,弘扬了"黄淮海精神"。他们从大城市到我们这个比较贫困的地方来工作,我很佩服他们。

另外,当时中科院通过李松华同志,调动各个领域的专家,协调一致,使封丘县的粮食产量有了很大的提高。原来不是说"三红"吗?现在是三白了:"白面、白米、白棉花"。

现在封丘县的粮食问题已经解决了,但是这个县还是很贫困,还是国家级贫困县,与沿海地区、富裕地区差距越来越大,所以现在封丘县面临的问题是如何进一步发展经济,增加财政收入,提高人民收入水平,向富裕生活迈进。这个问题恐怕不是我们封丘县一个县的问题，农业主产区，特别是粮食主产区都存在这个问题。

河南省用占全国十六分之一的耕地，为国家提供了十分之一的粮食。但是我们这里除了土地没有什么工业资源，引资很困难。而我们又是国家粮食基地，在保证国家粮食问题后，怎样发展经济，是全县人民正在考虑的问题。河南省委已经提出来"钱从哪里来，人往哪里去，粮食如何保?"的思考，我们希望中科院再有这样一个"战役"，再一次发挥科技优势、人才优势，把科研与经济发展密切结合起来，做出示范，帮助我们这样的地区从贫困向富裕迈进，实现全面小康的目标。

南皮篇

1 科技改变贫穷面貌

田魁祥　口述

时间：2009 年 6 月 7 日

地点：石家庄市中国科学院遗传与生物发育学研究所农业资源研究中心会议室

受访人简介

田魁祥（1942—　　），中国科学院遗传与生物发育学研究所农业资源研究中心研究员。1964 年 7 月毕业于北京林学院水土保持专业，1964—1967 年攻读森林改良土壤专业研究生。国务院政府特殊津贴享受者。曾任中国科学院石家庄农业现代化研究所南皮实验站站长、所党委书记、常务副所长。先后在中国林业科学研究院林业研究所和河北林业专科学校从事沙地和盐碱地土壤改良、防护林设计、造林技术等方面教学和研究工

作。"七五""八五"期间主持国家科技攻关黄淮海农业综合治理项目"南皮试区"课题。曾获得河北省、中国科学院科技进步一等奖各1次，其他级别科技进步奖励4项；发表专著1本、论文集1本、论文20余篇；取得两项发明专利。退休后，担任中日共建"21世纪中国首都圈环境绿化示范工程"治沙项目（丰宁小坝子）的首席专家。

在中国科学院开展的黄淮海农业科技攻关与综合开发工作中，原石家庄农业现代化研究所是重要的参加单位。研究所设在河北省的栾城试验站、南皮实验站都发挥了重要作用。我是南皮站的第一任站长。现在回顾黄淮海科技攻关的情景，仍然历历在目。

初建南皮站，定点常庄乡

提起为黄淮海农业做出重要贡献的南皮站和栾城站，必须首先回顾原石家庄所成立的背景。

石家庄农业现代化研究所是1978年经过国家批准正式成立的中国科学院3个农业现代化研究所之一。当时方毅任院长，李昌同志主抓，决定成立3个农业现代化所，是有很深刻意义的。我认为主要是因为中央要求中国科学院做一些与生产实际相结合的工作。

用解决"农转非"组建科研队伍

石家庄农业现代化研究所最早的名称是"中国科学院栾城农业现代化研究所"，基地就在栾城县。但是在县里，所里员工的生活问题不好解决，

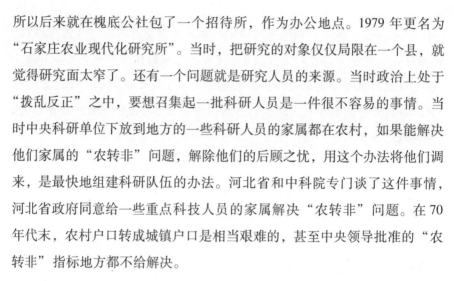

所以后来就在槐底公社包了一个招待所，作为办公地点。1979 年更名为"石家庄农业现代化研究所"。当时，把研究的对象仅仅局限在一个县，就觉得研究面太窄了。还有一个问题就是研究人员的来源。当时政治上处于"拨乱反正"之中，要想召集起一批科研人员是一件很不容易的事情。当时中央科研单位下放到地方的一些科研人员的家属都在农村，如果能解决他们家属的"农转非"问题，解除他们的后顾之忧，用这个办法将他们调来，是最快地组建科研队伍的办法。河北省和中科院专门谈了这件事情，河北省政府同意给一些重点科技人员的家属解决"农转非"问题。在 70 年代末，农村户口转成城镇户口是相当艰难的，甚至中央领导批准的"农转非"指标地方都不给解决。

我是怎么到这个研究所来的呢？我是原来中国林业科学院林业研究所的人，1971 年林研所 180 个人被"整建制"下放到河北省。河北省又把它拆散下放到当时的 10 个专区的很多林场。我属于比较幸运的，到了河北林业专科学校。因为那时这个学校已经准备招收工农兵学员了，而老师极度缺乏，就到我们所里选了 18 个年轻的、大多数都有研究生学历的人到了河北林业专科学校。我在那里教书 6 年，学生两年毕业，带了三届学生。学生都是（公）社来（公）社去。从招生接来再送走，老师都是跟班走。老师跟学生吃、住在一起，教书在一起。教课的任务是什么呢？学生的家乡需要解决什么问题，你就要教会他这方面的知识，所以我们要家访。学生领着我们去他们家乡看存在的问题。这样就给我们创造了很好的条件，就是全河北省各个县我都去看过。那时走一遍也很简单，坐汽车或者坐火车到县城里，然后租辆自行车，一天两块钱，挨着村跑。

1977 年，所里下放的人都希望重新恢复林研所，不能再分散下去了。所里很多著名教授，包括林学家侯治溥、昆虫学家萧刚柔、树皮专家张英柏等，在林场什么研究工作都不能开展，而他们也都是五六十岁的人了，耽误不起了。几经周折，在第一次全国科学大会的时候，我们成为第一个允许回北京的下放科研单位。但是，我所长期存在一个问题，就是有一批人的家属都在农村，这些人想把家属办到北京来，难于上青天。林业部原人事司司长赵尚武同志在1938年、1939年是河北献县的县委书记，我们在干校就认识。他就找中央领导给林科院批了20个进京的家属指标。报到北京市公安局，落实下来只有10个。所以，中国科学院跟河北省达成这样一个协议，说如果科研骨干到石家庄来，家属户口全部解决，这确确实实是破天荒的事情。家属是农村户口对我们这些人影响很大。她们在家里要种粮食、挣工分，但是又没有劳力，而孩子也越来越大，这是很严重的问题。我听说这个消息后，就跑到槐底招待所，找到了管人事的那个同志。我讲我已经是助研了，那人说我们正好需要你这样的人。7月1日我来联系，当年10月，一家人的户口就转到石家庄来了。1979年年底，我就正式到这里来工作了。我们所的科技骨干，像我这种情况的很多。

这一批人也是南皮实验站的人才基础。当初南皮实验站有18个人，其中就有八九个是因为要解决媳妇的"农转非"问题而到这个所里来的，都是30多岁的骨干。我们怀抱着对党的感激之情，就觉得应该去最困难、最艰苦的地方。到点上去也好，到地里实际操作也好，都是亲自干。这些骨干力量在下面驻村的时间每年都在300天以上。特别应当说，我们这些科技人员能多做些工作，离不了老伴儿的支持，军功章里有她们的一半。过去，两地分居，这些家属在家劳动，培养儿女，孝敬老人。进了城，她们依然承担着繁重的家务，保证我们安心下点下基层工作。我们的成就与她们持家的辛苦分不开。

我一到这个单位，就到了栾城工作，那时叫支农工作队，基地设在栾城县。每年 3 月 18 日，党委书记就开始动员："你们该下乡了。"下乡后一直到 11 月我们才能回来。

1981 年，科学院提出来，只有一个农业基地县，少了点儿，能不能再选一个？我们所的首任所长是郭敬辉，也是中科院地理所的副所长。实际上他是挂名的所长，出完主意就不来了，但是他有名气。我们所历届正所长总共只有郭敬辉、曹振东和刘昌明三位，而真正做工作的是河北省"文革"后平反了的一些原来的地委级干部。那时分第一书记、第二书记。第一书记是曹庶范，再有就是陆达书记。曹书记过去在沧州当地委书记，对沧州比较熟。郭敬辉说要选第二个基地县，咱们就到沧州找去。10 月份，所里就组织了一批科技人员出去选点，都是室主任和中年骨干，第一站就到了南皮。

治理前冬季土地面貌

南皮很穷。农民干一天活是 7 分工，值 8 分钱，一天挣不到 1 角钱。县招待所很小，根本没有地方住，吃饭和打水的地方中间还隔着一条马路。我们住在汽车站旁边的一个小旅馆，三间房，二层，楼下是一个小理发馆，楼上有几个床位。

南皮全县面积 800 多平方公里，有 60% 的盐碱地。五六十年代就有科研人员在这里搞盐碱地改良，有两个重要的科研基地。一个是河北省农科院土壤所在刘八里设的科研基地，所长叫贾如江；再一个就是省水科所在乌马营设的基地，叫盐碱地改良实验站，70 年代就建立了。这些实验站的同志说南皮县有支持科研的传统，有接受科研的能力，科研人员能有效地开展工作。我们又到了黄骅。据说渤海军分区的一个团长名叫黄骅，牺牲在那里，就以他的名字命名了。那里真穷，我们拿粮票吃饭，招待所实行"四菜一汤"，十几个人摆上四盘菜，一个汤，一个人一个馒头、一个窝头，多了不给。我们还是中央派来的人呢！

考察完之后，衡量的结果，我们还是把示范县选到了南皮，地点就在常庄乡，就是现在实验站所在地，那时叫常庄公社。常庄公社条件最好，每年的税收占全县的1/5，而南皮县当时有16个乡。常庄粮食比较多，工副业也比较强。比如当地生产的手动冲压机，老百姓叫捣子，冲压无线电的小零件，很赚钱。有的工厂可以生产收音机、电视机的承插件，几乎全国的无线电用线路板的承插件都是在他们那里生产的，数量非常大。有的厂子还可以生产电容、三极管、二极管。1966年人造卫星上天，其中有个三极管件就是他们生产的，还获得过国务院人造卫星上天的奖状。

当时党委书记曹庶范到县里去提了一个条件，说公社班子里要换一个能干的人，就从刘八里公社调了一个叫罗春达的人，到常庄来当书记。

1982年春天，这个点开始运作，负责人就是赵昌盛，后来调所里当了所党委书记。还有一个负责人是农经室的张宗荫，他是40年代的抗日老革命。由他带队，从农业资源室和农业经济研究室抽调了一些人。后来觉得，如果只有搞经济或者搞资源的研究人员，这个站还是不

南皮实验站初期生活条件

完整，因为这个地方的林业是比较好的，所以 1984 年 5 月正式把我调到南皮常庄点工作。

开始，公社给了我们两间房办公。我们就住在公社，在公社食堂吃饭。后来我们雇人自己做饭。生活条件、工作条件都是非常非常艰苦的。交通也非常困难。80 年代到那里去每天只有一趟火车，上午从石家庄上车，先到德州，换车，下午四五点钟到大满庄车站下车，然后走 8 里地到常庄。大家觉得很不方便，后来就每人配了一辆自行车。到常庄的车次少，到泊头的车次多，有快慢车。我们就骑自行车到泊头，把自行车存在泊头，一晚上两毛钱，再坐火车回石家庄。

当时的主要工作还是资源调查。

1982 年，农村体制改革，土地承包分田到户，以解决农民粮食自给问题。这个问题到 1983、1984 年就解决了。当时科学院管理我们的机构是农研委，最早的主任是石山，后来是李松华负责，还有一位是石家庄人杨挺秀。他们开始组织了农业系统工程，就是实现农业现代化，除了机械、化肥、电力以外，还要解决系统管理问题，就开展了农业系统工程的培训，为农业现代化做规划。1982 年第一期培训班在长沙，1984 年第六期培训班在栾城。我正好参加了栾城的培训班。这个班请的都是中国人民大学、国防科技大学等校的名教授，如系统工程专家周曼殊（国防科技大学）、经济学家张象枢（中国人民大学）、灰色系统专家邓聚龙（华中工学院）等，讲的都是系统论、优化论、动态仿真模型、灰色分析模型等。还以栾城为代表，做了一个县域的农业现代化规划，教授领着全班同学一起做。

回到南皮后，我就开始组织南皮县的规划。和我一起做规划的同事有曹伯男、张广禄、马永清。我们就住在县农业区划办公室。当时，由于1983 年搞石家庄农业现代化所办公大院的绿化，我雇了一台推土机施工，在这个过程中，造成咽炎，嗓子全哑了。搞农业现代化规划，首先要把理论传输给县里的干部，各级干部共同参加，所以要办培训班，要宣讲，要拿出材料，而培训别人没有人能帮助我。我每说一句话都要费很大的劲儿，但还要拼命喊，我只能每天熬药喝。有一回，从省中医院一次就带了100服中药。那是我最困难的一段时间。后来，1987年偶然喝了一回酒，突然能正常讲话了。据说是因为酒能活血，但还是留下了后遗症。

1985年冬天，中国市场引进了美国的IBM8086微机（PC机）。所里考虑到我们的情况，就优先给我们配了一台。这台机器给了我们非常大的支持。南皮全年的课题经费也就是六七万元，而这一台计算机的价格是5.5万元。配了计算机以后，我们就学习编程序，那时还是自己编BASIC程序，所以我们同时参加计算机培训班。我们就利用这台计算机做出了南皮县的农业发展规划。

此时，赵昌盛已经回去当了所里的副书记。主持常庄工作的是李水淇同志，他原本是地理所的人，也是为了解决家属问题到了石家庄所，还有曹伯男和王新元以及从综考会来的一位同志。当时点上的主要工作是种枣和玉米杂交制种。1984年之前的玉米都不是杂交品种，所以玉米产量一直上不去，亩产能达到300斤就是好的了。赵连城同志搞了黄早四不育系提纯及制种，可以大幅度提高玉米产量。

靠"1152"挤进国家计划

此时国家农业科技攻关工作已经开始了，黄淮海平原的农业综合治理工作也已经开展。当时农业部主管农业攻关的是科技司的刘星海。北京农

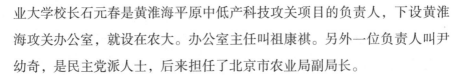

业大学校长石元春是黄淮海平原中低产科技攻关项目的负责人，下设黄淮海攻关办公室，就设在农大。办公室主任叫祖康祺。另外一位负责人叫尹幼奇，是民主党派人士，后来担任了北京市农业局副局长。

南皮下一步工作怎么搞？所里采取了一个措施：竞争上岗。我和李水淇各自写了南皮的发展方案，向大家讲了。讲完之后我当选了，成为南皮站的负责人。当时南皮试区也叫南皮试点，之前，我们叫南皮农业现代化示范县常庄试验点。

最早左大康他们起草的中国科学院黄淮海平原中低产田改造计划，只有禹城、封丘实验区，没有南皮试验区。南皮试验区能不能挤进"七五"期间黄淮海农业攻关的大项目中去呢？国家科委农村司就交给我这个任务，说如果不能进去，南皮试验区就会被"灭掉"。当时的局面是：黄河以北科学院有封丘、禹城两个实验区，农业大学有龙王河和曲周实验区，中国农科院还有陵县实验区，山东有寿光实验区。黄淮海平原地区已经有10个实验区或点了。

南皮要挤入国家计划有三大难题。第一个难题：石家庄所必须把在当地工作的各科研单位统领起来，才会在省里、在国家层面上有地位。但是当时在南皮工作的单位各有优势，有省水科所、省土肥所、省畜牧所。有些所在六七十年代就在那里开展了土、肥、水等项研究和改良工作，做出了重要贡献，而且都由很著名的科学家领衔。比如水利方面是方生先生，原来是水科所的所长。方生资格很老，是解放前大学毕业的，1952年就参加过熊毅先生组织的华北平原土壤考察，当过土壤考察队的队长。他在河北省也是很出名的，脾气特别大，对一般人还看不起。土肥方面是赵哲权先生，畜牧所是殷所长。石家庄所只算其中一个新成立不久的单位，没有这样的领军人才。在这种情况下，要统领各军，是一项很困难的事情。

第二个难题：当时黄淮海农业攻关项目的布局里面，禹城边上是陵县，陵县这边有龙王河，龙王河紧挨着就是南皮。要想在相距100多公里的范围内同时设立4个国家级的农业科技攻关实验区很难。要知道，黄淮海平原有35万平方公里呀！

第三个难题：石家庄所刚成立，只有几个人有助研的职称，没人有高级职称，要想拿到国家的项目，也很难。

在这种情况下，李松华主任在北京聘请了国家地震局地质研究所的罗焕炎老教授，当了南皮试验区的第一主持人。我是第二主持人，尽管实际的主持工作是我做的，但是如果没有罗焕炎，南皮根本就发展不到现在。

罗焕炎教授1960年从美国回国，在水文地质学方面很有名气。请罗先生出面，协调关系就比较容易一些。他跟方生先生关系不错，他的爱人和方生的爱人也是好朋友。省科委多次开会协调，罗焕炎也摆明了他对于这个地区治理的观点。最后在院里和河北省的共同努力下，达成了一个协议，在南皮工作的省地市各科研单位，统统团结在罗焕炎的旗帜下申请国家项目。

院里和所里都采取了很多积极的措施。为了使南皮能够立起来，李松华主任、曹振东所长愣提溜着我，赶紧晋升我为副研。我拿着副研的牌子去参与竞争。我就是这样被推选到这个位子上来了。

南皮挤入"黄淮海战役"的来历就是这样。

大家真心信服罗焕炎，还因为他的确站得高、看得远。

"六五"期间，全常庄公社都是我们的实验区，一共49个村（大队），村都很小，几十户人就是一个村，村子相互间距离也很近。整个公社共1.5万人，国土面积7万多亩，其中耕地4万多亩，平均每人2亩多。

我们所"六五"期间在南皮做了很多工作，但是都很零碎，总结怎么做？李水淇主持工作时，项目主持人是当时的所学术委员会主任高建邦，

从左至右：河北省水科所方生、罗焕炎、河北省科委副主任董桂海、南皮县县长胡雅轩（1985 年）

是从吉林农科院调到我们这里来的。我们在讨论"六五"总结的关键时候，罗焕炎在南皮看到了《沧州日报》报道常庄的一个消息：我们试验点在常庄施行了"1152"种植结构，这对于充分发挥当地资源优势和粮食增产起了很大作用。罗焕炎看到这张报纸后就拿到县里来，跟我们课题组讨论。他说："你们做得很有特色，这个成绩非常好啊！如果你们能把各个技术成果都总结到这里面来，就很有特色嘛！"这时大家才感觉到，还是罗先生站得高，不是从一个专业的角度看问题，而是从农业区域治理的角度看问题。

"1152"是什么意思呢？南皮盐碱地多，淡水少，只有20％，40％是微咸水，40％是咸水，在当时的条件下，咸水和微咸水都不能作为灌溉用水。我们的工作之一就是为农业灌溉找到一条出路。书记罗春达想出一个主意，人均两亩七分地，从中拿出1亩地种粮食，1亩种枣树，5分地种苜蓿，2分地种菜自己吃。按照这样的结构调整，老百姓就有了一个致富的基础。从1982年开始，罗书记就亲自组织，亲自去买枣树苗子，到1985年就种了2.4万亩枣树。加上20％可以灌溉的土地，基本上形成了粮食和枣树一个人1亩。然后又种了1万多亩的苜蓿，基本上达到了一个人 5 分地的苜蓿,家家户户留有 2 分菜地。这就是所谓"1152 种植结构"。

根据罗先生的意见,我们课题组把"1152"向县里汇报了。县领导同意,都说"还是罗先生水平高,领导实施'七五'的项目肯定是有希望的"。

"近滨海缺水盐渍区"

我们这个课题组优点很多,肯干,也肯吃苦,基础研究能力也不错。但是因为我们这些人大多数是从科学院下属研究所里来的,种地经验不足。秋收时,李水淇同志就组织试区骨干,到其他实验区考察学习。我们先到封丘参观。当时封丘在 5 个地方搞科技攻关,包括天然文岩渠流域的治理,在应举设试验站,在背河洼地种稻改碱等等。我们去时正好赶上黄河发大水,6000 立方米流量的水哗哗地流淌下来,十分壮观。之后我们参观了禹城试验站。禹城站由唐登银同志负责,程维新配合,工作做得很不错。

考察后对我们有很大启发。在这个基础上,按照罗焕炎先生的思路,由我起草了"六五"课题总结,后来获得了院科技进步奖,为"七五"的工作奠定了基础。中国科学院和河北省科委一同找国家科委农村司杨乃筹司长,同意在黄淮海平原中低产区科技攻关中,设立 12 个实验区,5 个专题。我们所承担了南皮实验区和黑龙港流域水资源管理的专题研究。

南皮试验区被列入了国家的"七五"计划后,按国家规划,要给每一

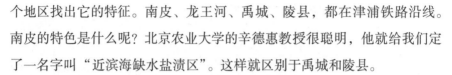

个地区找出它的特征。南皮、龙王河、禹城、陵县，都在津浦铁路沿线。南皮的特色是什么呢？北京农业大学的辛德惠教授很聪明，他就给我们定了一名字叫"近滨海缺水盐渍区"。这样就区别于禹城和陵县。

南皮试验区由 5 个子试区共同组成。我们所在常庄，罗焕炎为第一主持人，我配合他工作为第二主持人。水利改良试验区在乌马营，由方生负责。刘八里农业改良试验区由赵哲权负责。莲花池森林改良试验区由林研所的张天成老所长负责。吴家坊重盐碱地改良试验区由沧州地区农业局贾春堂负责。此外还有一个畜牧攻关队伍，畜牧课题组由河北省畜牧检验所所长马瑞芳负责。

这 5 个点各有特色。

当时乌马营水利改良试验区已经有一定基础，台条田与灌溉渠系基本形成。南皮县在 60 年代就建立了肖圈闸引运河水灌溉系统。但是因为地下水太浅，灌完以后返盐很厉害。怎样解决灌溉后不返盐？这就是盐改的关键。省水科所是采用提井水灌溉，把盐洗下去。

刘八里试验区是以农业种植技术和农业作物为主改良盐碱地。当时最出名的就是种植田菁，因为田菁能在盐碱地上生长，特别是在低洼易涝地，越涝长得越旺。60 年代开始种田菁，70 年代田菁生长就不太好了，刘八里试验区就转而研究有机肥和无机肥的关系，提高肥料的效果。

莲花池试验区在南皮县是最低洼的地方，主要结合排灌系统、道路，实现方田林网化。通过方田林网化改良土壤，达到治理盐碱地的目的。

沧州农业局在吴家坊重盐碱地改良试验区的工作就是找到一个方法，快速治理盐碱地。80 年代在这里实行联合国国际农业开发基金会贷款（IFAD）计划，按照项目的要求，排水沟、灌溉渠、台田、条田都做得非常规整。但是，就是不产粮食，不出苗子。这怎么交账呢？那时 IFAD 的人经常来检查。他们只好拣来树枝，要检查时，在路边上插上树枝，临时对付外国人。他们就找我们想办法。后来沧州农业局提出来一个办法，既然是低洼易涝重盐碱，能不能利用水盐运动的原理，先开沟，开沟以后上面覆上膜，膜上种西瓜，沟里种扫帚菜，第二年又改种谷子，想了很多办法，但是没有成功。

在畜牧业方面，当时也出过笑话。1984年南皮种草之后，就想当然地认为应该养牛，就买了9头奶牛。结果牛奶根本就卖不出去。为什么呢？因为当时人们的工资很低，像我只有60多元钱，根本买不起牛奶。畜牧组经常讨论畜牧业能搞什么。羊、兔子、牛也都养过。

以常庄试验区来说，"六五"期间种了枣树、苜蓿，也开始发展了节水灌溉，但是并没有推广开来。

我们的"七五"科技攻关工作就在这个基础上展开了。

地方领导非常支持我们

地方领导的支持是非常重要的。如果没有地方领导的支持，我们什么事也办不到。而且在黄淮海12个试区里面，我们是最受地方领导重视的试区。从"七五"开始，都是历届副专员级别的领导担任试区科技攻关领导小组组长，负责协调。南皮县的县长当副组长，省科委当然就更重视了，后来担任省政协主席的赵金铎，就曾是第一任领导小组的组长。不管人事怎样变动，总是副专员或者是副市长当组长，例如李志强（副专员，后任水利厅厅长）、赵维椿（副专员）、宋晓明（副市长）等，都担任过组长。

1992 年春，石家庄所所长曹振东（前排左 3）陪同河北省省长李峰（前排左 4）视察试验田。前排左 1 为南皮县副县长刘瀛涛、左 2 为石家庄所老书记曹庶范、右 1 为省科委主任杨子华

　　河北省负责黄淮海科技攻关的是科委副主任刘瑞生和农村处刘春台处长，这些人对抓农村试验区都非常热心。他们认为，河北省农业，特别是黑龙港农业要树立样板，如果把样板树立起来，科技的先导作用就发挥出来了。所以 1985 年我们争取国家试验区的时候，河北省同时设立了 10 个平原农业试验区。其中有 3 个是国家的，7 个是河北省自己设立的。河北省对试验区工作抓得非常紧，经常巡回检查，交流经验。当初的科技人员是只搞研究的那套思路，对外界的情况不是很熟悉，工作方法也不是很熟悉。但是，黄淮海经常开交流会，有时一年两三次。各个点一交流，科技水平提高得就比较快，各个点的变化也非常快，南皮试验区的工作也越来越突出。

　　80 年代、90 年代，河北省政府、科委对我们都是非常非常重视的。

他们一提起农业现代化所，3 个试验站总是挂在嘴上。我当所长时，只要是省政府的农业会议，我们是逢会必到，与各厅（局）长平起平坐。因为他们觉得我们是为农业服务的，每项技术成果都是值得推广的。

那时整个试验区的经费都很少。省里每年给 10 万元，我们算是给得最多的。黄淮海牵涉到的 5 个省，实际上只有河北省科技厅给了试验区、试验点经费。国家财政给 15 万元，中科院给我们 15 万元，5 个点大家分。其中还有一部分留给县科委，作为管理费。

国家把经费批下来，把拨款指标下达到省里，市里又下达到县，县里要等税收的钱入库才能拿出来给我们，如果收不上税，经费就发不出去，所以我们拿到经费都是 10 月、11 月甚至 12 月份了，并不是像国家计划一样，春天就能拿到钱了，因为首先要满足地方工资的需求。我们就找到专员、县长，请求支持，一般就能按时拿到经费。

向村里推广技术，1 万亩的试区，还有 10 万亩的推广区、上百万亩的辐射区。1 万亩我们还可以管过来，10 万亩就管不过来了，完全靠地方管理。所以地区领导的重视是取得成果非常关键的因素。县长是直接抓我们每一步工作的。我查了日记，由专员或者省领导出面的协调会，每年都有三四次，所以每一项新技术，政府都能帮助推广。我印象最深的是中专毕业的县长胡雅轩和搞水利的副县长刘瀛涛，很多乡、县的技术推广会，他们都是亲自到场。我们还跟有关的机构，例如农业区划办、农业开发办、水利局、农业局

李振声和胡雅轩县长（右）在交谈

都配合得很好。各个乡的书记和乡长，如罗春达、赵金茂等都是我们最强有力的助手。

他们实践经验真丰富。我是搞林的，都做不到人家的水平，栽的树棵棵活。我们节水搞小白龙灌溉就得靠村长去推广。我们推广种苜蓿，这苜蓿怎么晒怎么割都要他们推行。我们每年开 3 次村干部会，春天开始干活了，把王树明（大树金村书记）、张国庆（张拔贡村书记）、赵德礼（张汉家村书记）等村长、书记叫来，把事说完了，预备上两瓶老白干，喝完了，回家就干去了。

反过来我们也给予他们帮助。比如我们聘罗春达为我们的副站长，这对他非常重要。调他去做公社书记时，他还是没有工资的计工分书记。我们给他评了助理工程师的职称，这在科学院是最低一级职称，但是在县里可不得了。有了这个职称，全家可以"农转非"，而且他们的特长确实也能发挥出来，有些主意也是他们想出来的。

终于有了自己的基地

1982 年南皮试验点成立之后，我们住在乡政府的房子里，在乡政府吃饭，没有自己的地盘。"七五"之后，我们觉得这样下去不行，特别是我们参观了封丘、曲周、禹城，都有自己的实验基地，所以觉得南皮也应该有自己的基地。但当时全所一年的经费才 38 万元，不具备建站的客观条件。李松华同志在院里批准的"七五"科技计划里面加了南皮实验站的名字，我们就拿着这个计划本子跟所长谈，说如果不建站，科研人员心态不稳定。所里同意建站，但是一分钱都拿不出来，买地和盖房都不会给钱，但是可以享受站的待遇，有编制，叫做"任务建站"，课题出钱。

1986 年，我们就开始积极筹备，得到乡政府的大力支持。有个地方叫"三场"，就是社办"林场、农场、牧场"，是从各个村里划出来的边角次地，不归各村管。乡政府说就把这 9 亩地给你们建站吧。我们就用课题费先征了 2.9 亩。因为当时有规定，征 3 亩以上的地需要上级批准，2.9 亩县里就可以批准了。我们就先用 2.9 亩把房子盖起来。1 亩地乡里才要了我们 1000 元，3000 元不到就把地买下来了。盖房子的钱怎么办呢？我就找了过去的老同学，跑到吉林要了人家两车皮木头，变卖了一车，用这个钱买了点砖，才把房子盖起来。

1987 年正月初五，我和曹伯男同志就在那里正式开工了。老曹原来在综考会是搞制图的，也懂基建，他就在那里盯着。6 月 1 日第一批房子盖完，24 间，从此就有了实验站的基础了。那时 1 平方米房子的造价才 50 多元钱，一间房子也就合 400 多元钱。

6 月 1 日所里检查工作。我们就把 6 月 1 日作为了南皮实验站正式成立的日子。我们煮了一锅面条，请同志们吃了，算是庆祝吧！所里同时任命了一个站长、两个副站长，县团级待遇，我们就有了职务了。有了这个职务，到地方开展工作就更加方便了。

建站以后，我们把实验地逐渐扩大到 27 亩地。现在已经是 49 亩，都是有产权的，还有几亩是租赁关系。这样我们有些试验就在基地内进行，不用占老乡的地，精细的试验也都是自己来做了。

这时已经有了农业综合开发的苗头，我们都行动起来。王振华从植物所拿到无籽西瓜的种子，在实验地上种了好几亩西瓜，成熟之后，真是刷甜刷甜的。我们请县里五套班子的所有领导到站上吃西瓜，闹了个西瓜宴。他们吃了后说："哎呀，你们这帮人是很厉害。我们这里从未有过这么甜的西瓜!"这是实验站建成以后影响很大的一件事。这边盖房子,那边种西瓜。接着我们又推广了大棚蔬菜。

李松华同志建议,既然有了实验站,就不要闲着,尽量扩大影响,就联系我们加入"中国人与生物圈国家委员会"。当时李松华的爱人李文华是委员会的副主任,中科院副院长孙鸿烈是主任。李文华过去是北京林业大学的老师,我们曾经住过一个楼。院资环局的刘玉凯和陆亚洲让我们写了申请,我们就加入了。

南皮站的主要工作

"七五"期间我们重点抓了几件事情:种苜蓿、种枣树、解决灌溉水、研发非蛋白氮饲料。

苜蓿成为商品

苜蓿怎么才能赚钱?当初王占升和朱汉同志专门负责研究苜蓿。"六五"末时,设立了"苜蓿快速丰产技术的研究"项目。苜蓿比较抗旱抗盐,老百姓的习惯是一年割三茬,但是在盐碱地上的产量并不高。特别是第三茬苜蓿,质量不好,杂草多。要变成商品首先要高产。经过试验,如果1亩地施上2公斤的磷肥,产量就能增加1倍,从原来亩产800斤左右达到1吨。过去老百姓种苜蓿是为了养活自己家的牲口,一家也就种半亩地。而且苜蓿只要一晒干,叶子就掉了;一保存就发酵,叶子就黄了。如何能使苜蓿保鲜保质,高质量地卖到大城市的奶牛场去,是我们很重要的一项研究课题。当时南皮16个乡号称有12万亩苜蓿。但据我们统计只有

9 万亩。但就是这 9 万亩，也卖不掉啊！我们包火车，一列火车一列火车往外运苜蓿。王占升他们研究出一个办法保证质量不变，就是半干时打捆，这时喷上一种保鲜剂，运到哪里去都不坏。现在可以公开说了，保鲜剂其实就

苜蓿保鲜

是盐，喷上一点盐水。当时 1 斤苜蓿是 0.15 元，而粮食只有 0.10 元，所以产 1000 斤苜蓿比 500 斤粮食要值钱多了。老百姓愿意种，到处都是苜蓿地，一片蓝花。后来苜蓿把土壤改良了，粮食产量也上去了。现在苜蓿不值钱了，所以种苜蓿的少了。那时，我们对苜蓿的生物学特性以及改良土壤的作用的研究，都做得比较细。

枣树脱贫

1983、1984 两年种了 2 万多亩枣树。开始老百姓不愿意种。我们就请了河北农大和沧州市林业局技术人员专门来试区负责推广枣树管理技术。枣树管理有一项特殊的技术，叫定干，就是修理枣树的脑袋瓜。枣树长高后要用锯子锯掉，只能保留 1.3 米到 1.5 米。沧州林业局技术站的站长叫张立震。起初老百姓跟他打架，拿着剪下来的杆子追他，都追到乡政府去了，说他搞破坏，说好不容易长到 3 米高、5 米高了，剪了还能活吗？老

枣树硕果累累

百姓意见特别大。结果第二年就长出几个枝，小脑袋瓜就圆了，丰满了。老百姓这才不找了。

我们还请了技术站人员来研究提高结枣率。我还把在沧州林业局工作的我过去在学校教过的学生找来帮助我，研究枣树快速丰产技术。我们研究出了好多枣树的管理成果，包括优质枣的选育、密植丰产技术。到1988年，卖枣的收入就超过粮食了。那时人均年收入才500多元，300多元是贫困户标准。1亩地14棵枣树，一棵树差不多能收四五十斤枣。那时枣1斤可以卖到1～1.2元，好的可以买到1.5元，所以1亩地的枣树收入超过了全家其他收入的总和。这一下老百姓可高兴了。

浅井解决灌溉水

这个地方的降雨量年平均为550毫米。地下水位比较浅，深的也就是3米，浅的就是1米多一点。这里的老百姓说，挑水时，拿着扁担就能打上水来。"1152"结构要高产，必须解决灌溉问题，所以我们大力提倡打浅井。当时我们打的浅井管径是40厘米或者是60厘米。水泥管井，打到约20米深。一眼井约1000元的投入。我们试验区达到了每40多亩地一眼浅机井。原来推广的机井是抽深层水，要到地下300米左右抽水。现在河北的地下水漏斗，就是这种井造成的。这么深的水肯定是淡水。

最早发现打深水井会形成漏斗的是沧州的贾春明，就是我前面说沧州地区农业局的贾春堂的弟弟。他在"文革"期间"批林批孔"时发言说，咱们这个地方本来水就少，打来打去，打成漏斗了，因此挨了省领导一顿批，说："该打井还得打，怎么会成漏斗？难道还能漏到美国去呀？"一直到黄淮海攻关，贾春明当了沧州市的副市长，才翻过身来，他的观点才被人接受。

我们要改良盐碱地，又要解决灌溉水，又不希望过度利用深层水，就提倡打浅井，利用浅层地下水。浅层地下水也不都是咸水，在地表层，往往20米以上是下雨替换下来的水。这一部分水如果沙性强就是淡水，沙性弱，蓄水差，就是咸水。如果两边有沟，水性就好一点。把这一部分水开采出来，就能解决一部分灌溉水。而这个水使用了，就把浅层水的地下水位降下去了，盐碱地自然也就被改良了，实际上就是淋洗作用。我们发现这个方法非常有效。当时负责这个项目的同志叫王新元。他就非常注意到底有多少水可用，并在常庄试验区范围内设了72个观测井，随时观测水位变化。经过多年的试验比较，到80年代末证明，可以补给的动态水位范围在4米深，基本的可补给水量在120毫米左右。就是说，如果每年的抽水量下降4米，到了夏天这个水能补回来。南皮的输水系数是一米深含水层出水量40毫米，4米深可以利用的水就是120毫米。如果这120毫米的水抽上来，就能浇灌40%的耕地。剩下的40%如果种经济作物，勉强可以用抗旱补种的办法保收，还有20%的土地根本不可能靠浇地种植了。这就是我们最后形成的结果，也是点上的主要工作。

研发成功非蛋白氮饲料

我们在养兔子、猪、牛的过程中，最主要的一项成果就是"非蛋白氮饲料"。要发展畜牧业，这里粮食不够，光用秸秆喂牲畜，牛羊长不好，需要补充蛋白。买豆饼不现实，种豆子也来不及。那时沧州有尿素化肥工厂了，能不能用尿素直接作饲料？从中科院动物所调来的老廖（廖承寿）同志把尿素和淀粉混合，用膨化机膨化，就可以直接和草掺在一起喂牛羊。反刍动物都可以这样喂。实践证明，效果很好。

其他点上工作也出彩

另外几个点上的工作是怎样的呢？

刘八里的同志搞肥料的突出贡献就是研究了有机肥和无机肥的关系。80 年代末生态农业的概念已经出现了，所以化肥和有机肥的关系就需要研究了。根据土肥所多年试验、定位观测的结果看，是无机换有机。一个低产地区，没有粮食，到哪里去找有机肥？必须用无机肥去换有机肥。首先要把地力培肥，然后是有机无机相结合，只有走这条路子，才是中低产田增产的路子。当时他们做过各种各样的碳化比试验，如秸秆什么时候分解，定位试验做得非常细致。

水科所结合抽咸补淡，就是把地下的咸水抽出来，排走，然后用机井水或者是渠水灌溉，补充淡水，代换地下水。他们实施得较早，在乌马营效果还是较好的。以后随着整个生产条件的改变，现在采取的办法就是把所有的渠全部灌满，整个河里都是水。河水逐渐逐渐渗透到土壤中，既蓄了灌溉水，又改良了盐碱地。

莲花池试验区建立了一套标准的林网。那个地方是干热风多，蒸发也大。他们以林为主，创造出一片高产田。同时他们也搞了梨树的丰产田，这个地方跟泊头一样是产梨的地方。鸭梨的速生丰产和整个县里的经济有至关重要的联系。南皮当时总土地面积是 107 万亩，有 70 万亩耕地，梨树面积是 6 万多亩。

吴家坊是在重盐碱地上开大沟，起大垄。地面整个都做成垄状的，覆盖地膜，垄上种庄稼。种的瓜菜、谷子，都长得非常好。重盐碱地上直接种扫帚菜，扫帚菜也叫地肤子，都长得非常漂亮。

以上就是我们在这一段的主要成果。

1990 年春天，"七五"总结，就形成了"一个模式、三个支撑点、六项配套技术、五个示范基地"的成果，还出了两本书。总结体现了省里要求的"精在特色，贵在综合，面向全省"的目标，1991 年被评为河北省科技进步一等奖。这项成果还是中国科学院科技进步一等奖的组成部分。

7 万亩的故事

随着试验区的成果越来越显现，中央、地方对试验区也越来越重视。1987 年李振声副院长到了院里，觉得有必要把黄淮海的工作做大、做强，就提出来多兵种、多学科联合攻关。科学院的农业办公室变成了农业项目办公室，刘安国做主任，多次陪着李振声副院长到我们这里来视察。在视察中，李副院长认为，南皮是一个非常有开发潜力的地方。原来是贫困县、低产县，有那么多的土地，又有那么多的成果，只要把这些成果利用起来，就完全有希望做得更好一点。

这里我特别要讲一个 7 万亩的故事。南皮正中间有个大洼，东面是四港新河，西面是三号干沟，中间夹着东西长 20 多里的大洼，有 7 万亩土地。直到道光年间，也就是 1840 年，这里还是有名的出官盐的地方。因为春碱夏涝，不适宜居住，所以没有村庄、没有人家，只有中间有点好

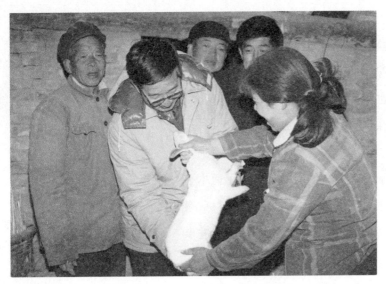

1987 年 11 月李振声（左 2）视察南皮试区时考察畜牧业的发展情况

地，多少年都一直荒废着。1983 年开始了利用外资的改碱项目，这里所有的水利工程都搞好了。当时规划，条田宽是 50 米，每 50 米中间挖一道排水沟，如果是台田，20 米挖一道排水沟，再把沟里的土垫到地面上，把地面抬起了。经过 5 年，把所有的工作都做好了，就是没有淡水资源，不见粮食，所有的希望都泡汤了。

李副院长去 7 万亩区检查工作。正好那天刚下完雪，地面平整，视野非常开阔。李副院长非常感兴趣，他说这个地方你们应该做点文章。1988 年 5 月，周光召院长和胡启恒副院长又到这里来视察。这期间正好是李鹏总理去曲周、禹城考察，原本说还要到南皮的，后来没有来。周院长视察后说："第一，你们能不能在 7 万亩里，搞一个快速丰产的方，打出粮食。第二，搞节水技术研究。"从此以后，科学院在这里组织了 30 多个所的力量，召开了多次会议，确定了一个节水项目课题。

整个 7 万亩开发的局势就基本确定下来了。刘安国多次来，同意拨款 70 万元，帮助我们把 7 万亩改造正式实施起来。当时确定，节水项目由赵昌盛负责，王新元负责具体组织。中科院兰州化学物理研究所、中科院化学研究所、中科院长春有机化学研究所、上海有机化学研究所、大连化学物理研究所等，只要能生产化学薄膜、有机制剂的研究所，都来参加节水技术研究。李振声副院长提出来 "水肥药膜一体化"，如果能实现这一条，就能实现节水和精细种植。

7 万亩开发的负责人是班文奇和孙家灵。班文奇是河北大学微生物专业毕业的，老北京人，插队到白洋淀，吃苦耐劳的精神没人能比，老穿着一件破棉袄，一直待在那里。孙家灵当时也是 "掺沙子" 进到省科委，"文革" 结束，被省科委安置到我们所。他生产经验非常丰富，怎么种能丰产，拖

1988 年 6 月周光召 (右 1)、胡启恒 (右 3) 视察南皮试区，田魁祥（左 1 ）介绍情况

拉机开过去，手一摸，就知道该种不该种，就有这么大的本事。他现在是高级农业师了。

这两个人搭配着，就在 7 万亩里选了 140 亩地开始试验。地是集北头村的，我们跟村里谈判，租给我们，做出样板，再推广。这 100 多亩就按照我们设计的模式，蓄雨、抽水、换淡。在地里挖大坑，还垫起了一片宅基地，跟开荒一样。因为这里的地势只有海拔 4 米多，下雨肯定涝，所以

1988 年 6 月河北省省长李峰（中）视察南皮试区，左 1 为专员赵金铎、右 1 为曹振东

谁也不在那里住。垫地基的同时还挖了一个蓄水池。1988 年的春天就开始盖房子，盖了北房 6 间，南房 4 间，共 10 间房子。第一年的粮食产量就达到了亩产 800 斤，第二年光麦子一季就打了 700 多斤，秋庄稼达到了 800 多斤。只用了两年时间，亩产就到了 1500～1600 斤。院长很高兴，地方也很受震动。我们的经验就是，浇上一次水，保住苗。苗只要拿住了，产量是没有问题的。那地方是碱地，但是碱地不见得不肥。只要种出苗了，管理好一点，关键时候浇上一两次水，产量就没有问题。

7 万亩非常有影响，推广会在那里连续召开。但是作为试验点，投入水平也确实很高。当时有两种说法，一是肥要够，二是水要大。这也是各点普遍的经验。廊坊农科所的宁守铭总结了非常好的丰产经验，说，不管这个地多么差，秋天搞一场人造涝，每亩施 60 斤磷酸二氢铵，粮食产量就可以过千斤。我们在这里就用了这个方法，磷肥一次施足，小麦保住，玉米基本上就没有问题了。

班文奇和孙家灵在那里吃苦是吃大发了。老孙一个人在那里一年要待 320 多天，该种什么，怎么种，雇民工，看家，都需要人，什么都是自己亲自动手。一开始他的家属问题没有解决，他就在窝棚里住着，哪里也不去，连个说话的人都没有，就养了两条狗。闷了，就打点白酒，弄点黄瓜、西红柿吃吃，就这样坚持了 5 年。虽然 1988、1989 年盖了房子，生活条件有了改善，但是比起我们这边来，还是要差很多。春节年轻人都回去了，有时他就让老伴到他那里去过春节。因为在实验站工作，就是守土有责，任何时候都要有人盯着。像我们这些人，没有什么怨言，只要能吃上、能住上，啥话都不讲。都是从农村出来的，农民比我们苦多了，毕竟我们的待遇比农村高得多。孙家灵现在退休了，但是南皮站不放他走，被返聘了。

"拨"改"贷"的教训

这期间，还出了另外一件事。院里要求搞开发，成立了一个基金会，我们可以贷款。但给我们的贷款我们都不还。为什么？当初李振声说得很清楚，叫"拨"改"贷"。我们并不欠国家的钱，因为钱是国家拨给科学院的，是科学院自己改制造成的。那时拨点钱真不容易，好不容易给我们点钱，只要我们把工作做了，就算了。

经过是这样的：

院里拨改贷 1000 万元，给封丘 300 多万元，给禹城 300 多万元，给新乡 100 万，给我们 50 万元。这笔钱让我们签订了项目协议，是刘安国批的，吴长惠办的。我们用来开发两个项目，一个是种子和种衣剂。因为当时搞"水肥药膜种子一体化"，就是在播种的时候，种子和农药、化肥一起施下去。这样不就减少了工作量吗？科学院有保水剂，我们希望能变成农业节水的一个技术。当时国外包衣种子已经很普遍了，但都是防虫防病的，都有毒。我们就用良种，加上包衣剂，推广给农民。再一个项目就是畜禽养殖，重点抓了养鸡。负责人是张广禄，他的专业是兽医专业。那时他年轻气盛，听说可以养鸡，还可以贷款，就以他为首，签了协议，贷了25万元。两个项目共50万元钱。为了搞好这个项目，我们成立了科沧农业开发公司。真正做起来以后，发现问题不简单。搞公司是既要懂技术，又要懂经营，但是把技术变成生产，中间还有很大的距离。我们盖了鸡舍，养了7000多只蛋鸡，但是到了12月份，7天之内，全部死掉了。张广禄本来就好强，哭得几天都不说话。到1989年5月份，这两个项目基本上都停下来了，光保留着科沧公司的牌子。损失不小，10元钱一只鸡，10万元就没有了，还有饲料、种鸡蛋等。但是因为这个开发项目，我们又多征了9亩地，又盖了3排房子，扩大了实验站的装备。如果没有这笔开发经费，就靠原来的24间房，很难扩大到现在的规模。尽管后来国家一次次拨款，一次比一次好，但是基础很重要。特别是土地，如果那时没有征到，以后土地越来越紧俏，就征不来了。另外钱到之后，每天都要付利息，一个月就要几千块钱，也受不了。我们就借给村里5万元钱，村里办副业，结果也赔了。后来就把挨着我们实验站的27亩地给了我们，顶了5万块钱。我们站上现在的49亩地，其中有20多亩是贷款抵债。我们还贷给了县农业局的一个毛巾厂5万元，结果毛巾厂倒闭了，就还给了我们几条毛巾。50万元，除了头一两年还了几万元的利息，后来就等于都"赖"了账了。但是通过这两个开发项目得到了一点经验，置办了一点资产。所以院基金会倒霉，也有我们一份责任，因为当时是农业开发的热潮。后来周院长有个讲话，说开发也是学问，这边做着课题，那边还想着开发，这个事情是做不好的。我们确实体会到，从研究技术，到应用技术再变成生产技术，中间有个很长的过程。

从研发到推广的艰难历程

我们深有体会的还有一件事，就是一个成果的出现到推广应用，至少要有好几年时间。

推广"小白龙"

我举两个例子。一个就是搞节水的王新元，他当时就发现，这个地方要想浇地，不能再用过去渠灌的方法"干支斗农毛"。深机井也不行，因为那时用电不能保证，往往是刚开机子有电，一会儿就没有电了，浇半截地水停了。电来了再灌一截，等于重复灌。从这头流到那头，一边走一边渗水，既费时间又费水。我们非常希望搞一个人工管道，埋在地下，又节省土地，又节省水，只需要5分钟，就从这头流到那头了。王新元负责试验区的水资源研究，他把各种各样的管子，包括消防用的水龙带，都弄去试验，最后发现还就是现在用的"小白龙"——喷吹的塑料管效果最好。我前面提到的贾春明，他用"六五"期间龙王河的科研经费建了一个"小白龙"生产厂。王新元想推广，他也是50多岁的人了，整天背着管子找到老乡家，说我给你送管子来了，你能不能使用我这个管子，浇水快。老乡说这个多麻烦，我到地里一合闸就有水了。这个管子我还要折腾，每次还要往回拿，多麻烦呀。不要，白给都不要。我们一边送，一边做动员。两年之后，大家才都用起来。后来因为用的人多，老百姓都买不着管子了。

70年代我就在廊坊安次县的王玛大队看到有人用管子浇地。那里是

永定河沙地，不用管子，水根本走不过去。那时一人发一丈三布票，每家都要拿出一尺来，交到队上，买来布，缝起来，涂上石蜡，再浇地。从那时到"小白龙"都过去 15 年了，加上普及，又过了 15 年，所以一种技术推广起来很难。

推广太阳能温室

我再举个例子。那时大棚种菜是很稀奇的事情。1978 年我们刚建所时，一位日本商人给我们所送来一套全现代化的大棚设施，1979 年冬天，摘下来的黄瓜鲜嫩鲜嫩的。省领导说："哎呀！大冬天吃黄瓜？天下头一份。从来没有人做到过，现代化所做到了。"但是，日本人送的是钢筋的，里面用煤油炉增温，挺漂亮的。这玩意儿普及给老百姓做不到呀！我们就研究了一套土办法。到 1986、1987 年时，这套土办法已经很成功了。我们就想把它推广到南皮去，改变大家冬天吃酸菜的情况。我们设计的是后边是土墙，前面是薄膜，晚上盖草笘子。现在叫太阳能温室了。我们拿着去送老百姓，没人要。我们就自己种，种了之后请老百姓参观，老百姓也不接受。1989 年，我们到了邯郸的永年县，就是出"黄粱梦"典故的那个县。永年是搞大棚蔬菜最早的一个县。我们请了一个技术员

罗春达书记（左）在参观温室

来南皮试区做指导，一年给他 9000 元钱。技术员住在那里，亲手指导，才逐步推开。那个人一天不在都不行。老乡一会儿来问黄瓜花怎么啦，一会儿问怎么不坐果，一会儿问黄瓜怎么一头大一头小。他要是不亲手操作一遍，老乡绝对不干。

可怜、可爱、可气、可恨

我们深有体会的是，不是技术成功了，老百姓就会用的。人家要眼见为实，为实还不行，还要在那里盯着。所以我们觉得老百姓真是可怜、可爱、可气、可恨。生活穷，就是一顿棒子面、一顿窝头，加上高粱和豆子，连青菜都没有。不是过年过节，哪里吃得上白面啊！有的房子就是拿盐碱土泥巴切块一垛，顶上 4 根檩条。这 4 根檩条长短都不一样。什么四梁八柱，根本谈不上。把高粱秆、苇子秆捆完了，往檩子上一排，上面垛土，房子就盖好了。那时，连煤油灯的煤油都是配给的，真可怜！但老百姓对我们好得不得了，有什么好吃的都拿出来，什么都舍得，真可爱！到村里去讲课，但是他们怎么都听不明白，真可气！示范作出来了，我们走了，说不定就给你毁了，真可恨！

与日本农学家合作受益多

南皮试验区通过开发，还给我们带来一个直接的结果，就是跟日本建立了一个 10 年的科技合作计划。这个计划对南皮实验站人才的培养起了决定性的作用。

1989 年，院外事局张松林给我们所引见了一位叫田村三郎的日本友人。他后来获得了国务院的国际友谊奖。他跟我们科学院，特别是我们所合作时间很长。在 50 年代他就到了广东，做蚕的研究。那时日本人到中国来还不是正大光明的，当时中科院的国际合作局局长姓薛，薛局长给了他很大的支持。中日友好协议签订以后，他对中科院特别感激，1985 年又带领一批科学家到了中国科学院陕西杨陵水土保持研究所的固原实验站，课题就是黄土高原生产力的研究。

1989 年，日本科技厅设立了"东亚环境变迁"的研究项目。这个研究包括 3 个内容，一个是盐碱化，一个是退化，一个是酸雨。盐碱化研究方面他们想选一个合作伙伴，而固原不是盐碱地。张松林就带了田村三郎和他的秘书中川喜代子，以及北海道大学的教授但野立秋、东京大学教授松本聪等 6 位专家开始考察。考察时从南皮走到禹城，从禹城走到封丘。转完以后，他们认为最好的合作伙伴是南皮实验站。他们的想法是，1989 年，禹城、封丘的盐碱地已经改良得差不多了，从表面上看盐碱地的面积已经很小了。而南京土壤所盐碱地改良的力量太强，他希望找到既做这个工作，又能尊重他们的人。1990 年，日本人正式决定和南皮站合作。第一期的合作计划是到 1995 年，第二期到 2000 年，有东京大学、北海道大学、冈山大学、鸟取大学、宇都宫大学等 5 家大学的教授参加。他们提出来很多想法。

1990 年主要做了两件事情。第一件事情，他们认为中国应该发展大麦，希望找到一些抗盐的大麦品种。以冈山大学武田和义教授为首，收集了 1 万多种大麦和小麦的种子，就在那 7 万亩试验区的实验田里种。每个品种的种子只有一小把，一小把怎么种呢？后来决定混在一起种，小麦和大麦分开就行了，哪一棵长得好就留下哪一棵，再从单株繁殖开始。当年我们选了 30 多个大麦品种和几个小麦品种。后来有一种抗盐抗旱的小麦

1990年石家庄所副所长由懋正（左11）、田魁祥（左17）、禹城县县长宋国平（左13）、常庄乡乡长赵金茂（左8）等同志与日本学者、友人合影。左起：5宇都官大学—前宣正、6东京大学山崎素直、7鸟取大学稻永忍、9北海道大学但野立秋、10东京大学松本聪、12田村三郎、14中川喜代子

品种经过了鉴定，名称是 A115 小麦。

这次合作使我们开拓了科技思路。一是这种混播对比试验，既省地也准确；二是他们提出了抗盐碱的指标问题，用甜菜碱提高植物的抗盐能力，包括咸水利用和怎样淡化咸水；三是我们做了河北平原北纬 38 度线地下水位变化和水质变化的研究。这都是他们来以后我们才设置的。后来大浪淀修水库时有很多争论，蓄水以后水位高出地面 5 米，会不会造成次生盐渍化？争论很大。我们就选点做定位监测。实际监测的结果，在目前的情况下，已经不可能再把咸水翻上来造成盐碱化了。

日本人还给我们提供了好多仪器设备。他们每年给我们的经费是 500多万日元，在那个年代已经占到试验区经费的一半以上。此外，还有两点很重要：第一点，按照合作要求，除了在国内的科技交流以外，每年组织两次到日本考察。我们课题组的人全部都去过日本一次以上，费用全部由他们负担。这 5 个大学，做的什么工作，在日本的发展前景怎样，都领我们去看，让我们大开眼界。第二点，派遣留学生的所有费用也是他们负担，为我所人才成长起了相当大的作用。我们研究所后来的所长、现在南皮站的站长，都是去日本读的博士。现在，这些博士都发挥了很大作用。

南皮站与时俱进

有一个科学问题，盐碱地改良后土壤里的盐没有了，它到哪里去了呢？河北省缺水，盐碱肯定没有被冲到海里去。观察表明，盐分大部分都累积到了 60 厘米以下的土层里，一般来讲不超过 2 米。"七五""八五"时，盐碱地标准规定土壤里的含盐量在 1% 就是重盐碱地了。但这是指的表层土，表层土里的盐分若摊开到全土层里去，底下并没有那么多。如果能摊到一两米的土层时，表层也就不呈盐碱化了。如果这些盐分能均匀分散在土层里，就可以消除盐碱的危害，同时土壤还出现了干化现象。地下水下降到 8 米或 9 米，土壤干燥层已经受不到地下水影响了。我们在 1989 年调查时，就发现原先是草甸土的苜蓿地里出现了褐土化的现象，出现大量石膏新生体。这说明土壤已经由草甸土向褐土演变。

目前南皮实验站整体生产条件都在改变。现在，在南皮县再找到点盐碱地已经很难了。那么，这个站又是以治理盐碱为名而建的，怎

南皮缺水盐渍区综合治理成果奖

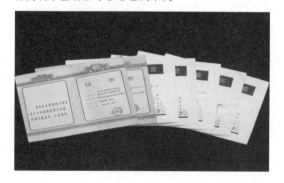

么生存呢？我们探索出来一条新路子，就是把重点放在了咸水利用上，所以现在的任务就向东转移了，挪到了海兴和黄骅以及天津。原来滨海的重盐碱地有 300 万亩左右。最近国家新批的一个支撑项目，就是"环渤海低平原咸水利用技术"。这项新技术就是让苦咸水或者海水结冰后淡化，用淡化的水改良盐碱地。这个设计思路始于 2004 年。北师大教授史培军当时申请的"863"项目叫做海冰取淡水，我们讨论时想，如果咸水结冰能不能直接取淡？把海水直接拿来冻，冻了之后再化开，看看结果怎样。结果表明，这在理论上行得通，在实践上也做得到。在海水结冰状态下，冰的含盐量只有 7 克/升，正常的海水含盐量是 30 克/升，这一下就去掉了 23 克。结了冰的海水再化掉，先化掉的是咸水，再化掉的 2/3 就是淡水。这个淡化过程是完全可以实现的。

同志们很辛苦，三九天到地里开水泵抽咸水浇地。水结成冰，等春天融化了，土壤就淡化了，农作物就都出苗了。现在面积只有几十亩地，新项目下来之后就可以扩大试验了。

黄淮海农业大开发，起源于黄淮海科技攻关，所用的技术都是试验区的。科学院的农业科技攻关，是黄淮海农业大开发的先导。1982 年，农

治理后的玉米亩产过千斤

治理后的高粱亩产过千斤

村体制改革，农民的积极性调动起来了，粮食增产了，但是粮食总数没有达到上纲要的标准。那时，农业"四、五、八"才能上纲要，就是黄河以北要达到粮食亩产 400 斤。这个数能达到，但是要进一步的增产，已经没有能力了。没有能力就要靠科学技术。科学院有技术储备，所以在不同类型区建立了这些试验点。这些试验点证明，只要把技术推广出去，粮食产量可以上一大步。

治理后的小麦一片丰收景象

李振声副院长有个著名的粮食"4000 亿斤、6000 亿斤、8000 亿斤、1 万亿斤"的阶段说。我们当时就在 6000 亿到 8000 亿斤之间的时期，在粮食进一步增产上，让农业技术发挥重大作用。南皮试验区从 1982 年建立，到列入"七五"计划，才有了后来科技成果。1987 年科学院提出来把这些成果转化，搞农业开发，并增加了投入，这是一个重大转折点。后来国家成立农业开发办公室，省里也成立了，制订计划的技术问题都是我们提供的，所有的样板也是我们提供的。当时中科院召开了几次科技与农业对接会，地方上也召开过几次农业开发大会、规划会。而最初的规划专家、应用专家都是我们各个点的科学家。

"黄淮海战役"已经结束了，参加"黄淮海战役"的很多老科学家都退休了，老同志有的病得很厉害，有些已经去世了。我觉得有责任和义务把他们的工作写出来。

附 田魁祥日记选抄（1987 年 4 月—1990 年 8 月）

1987 年

4 月 27—29 日　国务院农村发展中心主任石山和曹庶范（中国科学院石家庄农业现代化所原第一书记）来南皮视察，石山作了重要讲话。针对南皮，石山讲：南皮总结了"1152"大农业结构的想法是正确的。每平方公里 360 人，人均 4 亩地，一亩粮田可以自给，吃、饲有余，两亩半地是商品，找到了富裕路子，很鼓舞人心。

8 月 26 日　降大雨 119mm，院内积水。莲花池最大 260mm，沥涝三天全部入渗，证明了水调控能力。

9 月 24—25 日　科技部黄淮海检查组检查。有刘星海（农业部科技司负责人）、祖康祺（北京农业大学黄淮海项目办公室主任）、宋兆民（中国林科院研究员）、王天铎（中国科学院上海植物生理所研究员、中国科学院黄淮海项目专家组组长）、史孝石（中国农业科学院黄淮海项目办公室主任）、杨刚（水利部科技司负责人）、刘春台（河北省科委农业处处长）、尹幼奇（北京农业大学黄淮海办公室）等。省、地市领导刘瑞生（河北省科委副主任）、段之臣（沧州地区科委农业科科长）等陪同。

10 月 11—20 日　召开南皮课题组会，邀请王天铎指导。讨论总体模型，分析各个专题，讨论了目标，学习了研究方法。

11 月 3—4 日　召开试区的畜牧专业组会议，马瑞芳（河北省畜牧局检疫所所长）等参加。讨论牧草和畜牧业发展。

11 月 30 日　曹振东通知，李副院长等 4 日到南皮考察，为杜润生等考察做准备。

12 月 4 日　晚上，李振声副院长到南皮。

12 月 22—26 日　参加在北京圆明园西路 5 号召开的黄淮海项目组会议。各实验区及专题负责人参加。贾大林（中国农科院灌溉所所长）主持，石元春（北京农业大学校长、黄淮海项目总主持人）讲话。汇报交流布置工作。

12 月 25 日　参加农业部干部培训班结业会，农业部何康部长讲话。讲了农业的成就、问题和目标，重点讲 1988 年深化改革的 6 项工作。争取明年达到粮食产量 8200 亿斤。

12 月 27—29 日　在雄县温泉招待所参加河北省实验区工作会议。衡水张金锁（衡水地区农科所）讲了枣强的试验，证明浅层水可以平衡。指出，1987 年降雨量 496.6mm，多年平均为 505.3mm。1～200cm 土层的蓄水量为 275.5mm，透雨后的有效水量为 484.4mm，滞涝的容水量可以达到 209mm。作物的水分利用率：春谷 0.543kg/mm，小麦 0.53kg/mm，甘薯 0.55kg/mm，棉花 0.37kg/mm，夏玉米 0.6kg/mm。

安金城（河北省科委农业处农业试验区主管）在会上传达了国家科委在河北省召开的“双放经验交流会”上宋健主任讲话：解决粮食 3 年徘徊的问题，离开科技不行。

1988 年

1 月 14 日　到北京国防科工委后勤部招待所参加“黄淮海平原中低产地区综合开发治理讨论会”。

1 月 15—18 日　开会，李振声首先讲话，介绍了会议准备情况。说：

1. 8 月宋健组织召集写实现万亿斤粮食的农业发展意见。2. 10 月参加封丘站论证会，与省领导接头。3. "十三大"期间，他和其他院领导向田纪云副总理汇报，田提出将农业工作纳入国家规划。在会上，李鹏总理等听取中科院全面工作汇报。4. 11 月底—12 月中进行了考察。5. 1 月 6 日李振声等人向田纪云做了汇报，杜老、何康、计委主任、农科院院长等也参加了，我院周光召、孙鸿烈等 6 人参加。田纪云讲：当前农业面临的形势严峻，停滞不前，已影响很大。对农业必须有个再认识。

河北省农业厅魏义章（河北省农业厅副厅长）应邀在会上介绍了河北省的经验。

17 日　下午杜润生到会，讲了话。其中讲：中国科学院科学人才聚集，比"四小龙"强多了，但还没有和经济发展充分结合起来，找不到一个适当的结合形式，体制上有许多毛病，正在改革。农业这一块怎么办等问题。

周光召讲话：这几天的会开得很好，为解决农业难题，进行了认真的讨论。中国科学院的确有一支优秀的科技力量。振声同志是主帅，要把各项事情办好，三年五年完成宏伟计划。杜老提出的新问题，还要研究，如经营搞活的问题等。

18 日　闭幕时，李振声做了总结发言，部署了工作。

2 月 6 日　曹振东召开会议，谈研究所沧州农业开发领导小组的组成。

3 月 1 日　赵昌盛、康世英参加院德州农业开发工作会回来，召开有关人员会议，传达会议情况：在德州召开了省、地与中国科学院科技人员参加

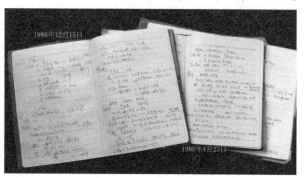

1988 年 12 月 15 日和 4 月 25 日日记

的农业开发会，有 300 人的大会，中科院有 100 多人参加。

3 月 2 日　在省政府二会议室参加省政府召开的"海河平原治理会"。主管农业的张润身副省长主持会议。

3 月 4 日　沧州专署县长土地工作会议，中间插进了黄淮海项目事项。赵维椿主持，赵昌盛介绍项目概况。

3 月 5 日　沧州专署张景升（秘书长）召开总体方案起草会。

3 月 7 日　李振声副院长到所，讲开发研究问题。"开发研究要注意增收。国家增一级工资不易，而凭知识搞开发是正当的。"

3 月 8 日　曹振东传达院长讲话精神时说，"以南皮为重点，补上这一课。改善生活条件，提高知名度。"

4 月 25—27 日　在北京植物园召开院农业项目开发座谈会。刘安国（中国科学院农业项目办公室主任）主持，讨论院重中之重项目（院农业重中之重领导小组组长李振声、钱局长，常务副组长李松华，成员包括各局头头）。院文件（88）科发计字 0468 号《关于我院有关企业编制问题的通知》，讨论了《农业重中之重项目管理暂行办法》。

5 月 28 日　中科院项目办和南皮县政府召开科学技术与生产见面会，王德荣副县长主持，胡雅轩（南皮县县长）讲话，介绍南皮。刘安国介绍陈俊生到禹城考察的情况。

5 月 31 日　考察 7 万亩。

6 月 14 日　中午周光召院长到南皮，考察 7 万亩。院内还有胡启恒副院长、秘书长张云岗、李松华等。河北省陪同人员李锋（省政府顾问、科技领导小组组长）、赵金铎专员（沧州地区）、刘瑞生副主任（河北省科委）等。

6 月 15 日　考察后，在实验站，周院长讲话：我国粮食不能靠进口。

看了南皮,感到中国还有很大潜力。缺水试验意义很大,模型很有创造力,还要研究。在长期干旱条件下,会发生什么结果?我们要事先做些研究工作。干旱再延长有没有办法解决?科研要走在前头。凡事预则立,经济比较稳定就比较有利。18条好汉长期在这里工作,又正在开辟新的工作方式,有更多的方式积累资金,扩大试验。要用企业经营办法,把这个点的工作做好,意义更大。科技与社会有一个关系,科学与经济的关系,好比树和土壤,树要大,一定要土壤肥沃。科学要有经济的发展,否则,树长不起来。从土壤改良入手,像这么大面积的实验世界少有。在生态上提供有世界水平的成果,(南皮所作的)是很重要的事业。

科学院过去观念上有点问题,只管上不管下(上游和下游),有点英国派,这不符合现代科学的规律。纯科学还要有,但是,大量的科学技术要与生产相结合。最近,IBM公司拿了两个诺贝尔物理奖。所以,科学院老观念要转变。过去不太重视农业,从去年李振声副院长来,经院领导多次研究,院领导的态度有转变,过去要下放农业现代化所,现在是宝贝。这是一个转化中的重要基地,(与经济)有血肉联系,要为国民经济作贡献,要介入国民经济。定位站做好了,为科学院争了光。祝大家工作做出新成绩。

胡启恒副院长讲:你们人的关系好,各得其所,与农业结合得好。再进一步更有出路,还要搞商品化、规模化,否则会受到生产关系的阻碍。还可以办超级市场,用市场调节,看似笑话,实是方向。

几天来,周院长和李锋同志的考察,提出:1.能否在中关村办一个农产品超级市场。每天送现货到北京?2.7万亩要搞个专家论证。3.李省长讲,用人要考试,合格才用,不要看关系。

下午3∶00周院长去山东禹城。

8月18日　赵昌盛、刘瀛涛(南皮县副县长)、杨殿爱等一起去禹城参加农业办公室组织的会议，考察农业开发情况，考察了北丘洼（强灌强排—大排水洗盐，地理所）、辛店洼（积水洼地—果基鱼塘，南京地理与湖泊所）、沙河洼（沙地葡萄，兰州沙漠所）。

8月19日　与刘安国、吴长惠、洪亮（院农业项目办）、王燕（院农业项目办）及记者刘茂胜（科学报）等回到南皮，下午开会讨论南皮7万亩农业开发的事。胡雅轩县长等参加。

9月1日　完成实验站扩大征地问题，扩征14.57亩，2.914万元。

9月3日　在石家庄开院、县等方面协商会，院刘安国等8人，县科委杨主任等出席。

9月6—9日　进行7万亩开发的外业调查。

9月15—16日　农业开发片长会议，参加人有李振声副院长、李松华、刘安国、王燕、吴长惠、卢震、谢明、刘续娟（计划局）

地理所：左大康（所长）、许越先（科技处长）、程维新、唐登银、李宝庆、黄荣金、凌美华

石家庄所：赵昌盛

南京土壤所：刘文正（科技处处长）、俞仁培、周明枞、姚培元、杜国华、祝寿泉

生态中心：冯宗炜

许越先：禹城贷款569万元。

吴长惠：第一期启动费176万元。

李振声讲话：（中科院）一年工作成绩比较大，在黄淮海站住了脚。具体3个方面：1. 提出任务是把点的经验推到面上，变成生产力。2. 与地方结合，被地方承认。3. 明确了第二战役的几个问题，即（1）节水农业可以推动"5232"工程，扩大灌溉面积；（2）有机肥料；（3）种子包

衣剂、激素类、生化物质应用等；4. 下步任务——科技与经济捆在一起，与绿色公司一起办。提出三方面任务加一项措施。

会议上，还研究了所里同志们反映的职称、生活补助等问题。

传达了 8 月 25 日中国科学院给俊生并李鹏、纪云写的《关于开展黄淮海平原节水农业综合研究工作的报告（讨论稿）》及附件《中国科学院黄淮海平原节水农业综合研究方案》。

12 月 3 日　三个现代化所联席会在南皮召开。

12 月 14 日　课题组开会讨论农用化学物质应用研究事项，包括黄腐酸、稀土、光解膜、保鲜、田菁下脚料、生化营养剂、包被剂、饲料添加剂。

科学院成果的应用衔接问题——谁吃"第二个馒头"？

12 月 15 日　召开院化学物质应用协作会，参加的有各所的 26 人，恽勤（长春应用化学所）的生化营养剂、李淑捷（化学所）的黄腐酸、陈树良（长春物理所）的光助素、于旻（min，长春应用化学所）的保鲜膜、罗云霞（长春应用化学所）的保水剂、佟绍华（植物所）的田菁下脚料、李继云（环境化学所）的 AT 吸引昆虫、梨增糖剂及抗旱剂 1—2 号等成果亮相。

1989 年

1 月 10—13 日　北京召开黄淮海课题攻关会议，祖康祺主持，石元春、贾大林、申茂向（科技部农村司）、刘星海（农业部科技司），以及 12 个实验区负责人参加，尹幼奇出席。

1 月 17—19 日　召开省实验区会议。刘瑞生、徐铁成（原科委农村处处长）、刘春台、魏济周（科委农村处副处长）、安金城等出席。刘瑞生提出"贵在综合，精在特色，面向全省"，"农业上台阶一靠政策二靠技术三靠投入"。

提出了"以雨水利用为中心，以浅井开采为手段，适水种植，适量灌溉，适当调控"的贫水咸水区农业水管理和调控模式。

1 月 23 日　赵昌盛召集沧州农业开发领导小组会，宣布浮动工资、专项奖励、年终一次性补发浮动工资、专业技术职务等措施。

3 月 20—22 日　院召开农业工作会议，50 多人参加，刘安国主持，周院长、李振声副院长从头到尾参加了会议。22 日周光召做了长篇发言。周院长讲，"有一点思想我赞成，我们院各地的同志，要成为一个整体，要大家一起来综合，在综合研究中来安排课题。"

4 月 5 日　决定种子和种衣剂项目下马。

5 月 24 日　学术委员会后，卢福瑞谈南皮：1．抓高产研究，集约经营占 40%，抓 1～2 个关键问题；2．抓经营，首先是技术管理；3．不要怕挫折，总有赔有赚；4.20%的骨干要有主张；5．在农牧结合上下功夫，搞成系列化生产。

6 月 2 日　完成水调控模式研究报告。

6 月 6 日　曹振东谈日本专家接待，主张"以南皮为主谈合作问题"。来的日本专家是：崛田良、柳泽宗男、浅野孝三郎、守田美典、渡边正三、广赖慎一。

6 月 19 日　所学术委员会会议，讨论申请加入台站网络问题。

6 月 29 日　曹所长召集务虚会，传达院务虚会精神。

7 月 1 日　曹振东召集会议讨论农业项目建议书。

7 月 12 日　刘安国、吴长惠等来所，开黄淮海项目汇报会。明确要集中力量搞 7 万亩。专题关键是在水上突破，关键点在哪里？

7 月 27 日　赵昌盛、陈宏恩、陈鸿儒来县里找刘瀛涛副县长等谈 7 万亩和试区工作。

下午,刘希伯(省科委副主任)来站,穆铁学(沧州地区科委主任)、段之臣等陪同。刘希伯主任谈了3个问题:1. 试区工作"七五"要善始善终。(1)"八五"怎么办?科技兴冀计划,科技兴农。(2)成果推广。2. 7万亩,规模经营加全程服务。服务机制是有偿服务,解决家庭承包社会化商品生产的矛盾(农村第二步改革的问题)。

8月5—7日 在北京农业大学召开黄淮海攻关年中会议。石元春、朱鑫泉(农业部科技司)、张兴权(地理所)、谢承陶(农科院土肥所,陵县试验区)、魏由庆(农科院土肥所,陵县试验区)、史立本(寿光实验区)、辛德惠(北京农业大学教授,曲周试验区)、佘之祥(南京分院院长)、刘巽浩(北京农业大学)、人民胜利渠黄工、宋兆民(中国林科院,林业专题负责人)、刘星海等发言。石元春总结。

8月22—24日 在石家庄科技大厦省科委召开河北省10个实验区会议。刘瑞生重申"贵在综合,精在特色,面向全省",已经列入省科技兴冀计划。

9月15—16日 日本田村三郎等专家考察团来,张松林陪同。日本专家有松本聪、足立忠司、但野立秋、山崎素直。考察与会谈效果均不错,展现了合作的希望。

9月19日 上午省科委主任安炳奇到南皮,晚上孙鸿烈一行来到南皮。

9月20日 孙副院长考察,去了7万亩,赵金铎专员来。晚上,孙副院长指示:完成"七五"是关键,必须有整体性,要总结好。水盐效应场要有很好的设计,首先把数抓起来。

12月21—23日 省科委召开试区工作会。

王世奎讲了几点要求:1. 研究的宽度要适应深度;2. 反映区域特征

的针对性；3. 突出技术体系主体性；4. 避免原有观念和概念的重复；5.
要建立几个技术体系。

12 月 26—28 日　参加中国科学院黄淮海项目主持组会。

确定了出版专著丛书。

1990 年

1 月 11 日　参加沧州科技改革试点座谈会扩大会。

沧州地区李志强副专员主持，国家科委副主任郭书贤、省科委刘锡伯
等到会讲话。贯彻科委"依靠科技振兴农业"的决定。

1 月 15—17 日　中国科学院节水农业会议在南皮召开，到会 59 人。
左大康、许越先、黄让堂、刘长明、罗焕炎、陈肖柏、张兴权等出席，县
长胡雅轩到会。

刘安国主持，李振声讲话，许越先讲院里节水农业研究的部署。

王新元讲了百、千、万计划。

李振声、姜诚志考察 7 万亩。

1 月 18 日　召开地理所和石家庄所联席会，许越先、谢明、吴凯及曹
振东、赵昌盛、李继军、陈宏恩、由懋正、袁小良、王新元等出席。

李振声在回北京前，留下手书指示：

南皮实验基地负责同志：

1. 我同意你们多年通过移栽做点小规模的"淋灌＋畦背盖薄膜＋畦
沟盖麦草"小麦高产试验；

2. 地膜可以先用普通膜裁到试验所要求的宽度后再盖，不必等长春
所的长寿膜。

3. 要有只进行淋灌而不盖膜和草的对照。

4．最好也有一个"畦灌"也不盖膜和草的对照，以比较"畦灌"和淋灌的灌水用量和效果。

5．要做好土壤水分的测定，最好自动记录（酌情决定）。

6．请曹振东同志给李玉山写封信，问他一下长武王东沟1988—1989年小麦生育期与播种前的雨量分布（1989年他们的小麦产量是702斤）。李玉山说，降雨量总数并不多，但是分布均匀，符合小麦生长需求。这个雨量分布数据可以作为南皮进行淋灌安排的参考。

7．试验的底肥要配合好，使用适当。

李振声

1990 年 1 月 18 日

2 月 13—14 日　省科委实验区工作会，刘春台主持，刘瑞生、张拓（省科委副主任）出席，祖康祺来参加。安金城、赵丽梅及各实验区负责人。

张金锁讲，枣强试验区水分利用率0.76kg/mm 亩

4 月 13—15 日　刘春台召开试区负责人会，讨论验收办法。

确定了南皮实验区"一个模式、三个支撑点、六项配套技术、五个示范点"的总结思路。

4 月 20 日　刘安国、吴长惠等到南皮实验区。看 7 万亩进展，计划投 70 万元，今年 35 万元。

5 月 12 日　李振声副院长和黄正（李院长秘书）来南皮，13 日早走。

5 月 28—31 日　完成实验区"七五"的验收鉴定。

7 月 26 日　召开节水课题全体会议，赵昌盛主持，传达了李振声副院长的指示。

7 月 30 日　在南皮县科委会议室召开"八五"项目会议。

2 "论文写在大地上"

王占升 口述

时间：2009 年 6 月 7 日上午

地点：石家庄市中国科学院遗传与生物发育学研究所农业资源研究中心会议室

受访人简介

王占升（1955— ），中国科学院遗传与生物发育学研究所农业资源研究中心综合办公室主任、研究员。1987 年毕业于河北农业大学农学专业。自 1979 年开始，参加了国家、院和地方的 16 项研究课题。其中，主持了中国科学院院长基金项目"棉花包被剂配方研究与应用"，中国科学院重大项目中"南皮盐碱洼地综合治理配套技术"课题和国家"九五"科技攻关专项"次声波防治棉

铃虫的研究与应用"课题。自 1983 年至 2000 年参加了国家"六五"至
"九五"国家黄淮海科技攻关南皮试区的科研工作，荣获省部级科技进
步奖 7 项，发表论文 30 余篇。1998 年开始享受国务院政府特殊津贴。

苦在其中无怨言

1983 年我就到黄淮海去了。在那个艰苦的岁月里，我们是苦在其中，
乐在其中。我就先从苦说起吧。

1983 年"文革"结束后，全国"拨乱反正"，科学院研究所的很多科
研人员都是刚刚从干校回来的。中科院遗传所农业资源研究中心的前身是
石家庄农业现代化研究所，是 1978 年与河北省共同组建的，在院农研委
的支持下聚集了一批科研力量，目的是在我国农业现代化进程中，探索出
一条符合中国国情的路子。1982 年研究所资源室赵昌盛主任先期组织 5 个
人到地处黄淮海地区的南皮县启动了常庄试区的建设。1983 年研究所为
了加强常庄试区的科研力量，又组织了 6 个人去，当时的试区共 11 个人。

一开始我们住在南皮县常庄公社大院内，公社党委给我们腾出了 10 间
房子加一个食堂，为我们配备了被褥和简单的办公设备，条件十分简陋。没
有自来水，只有苦咸水，全体同志都要去找淡水喝。苦咸水一是 PH 值比较
高，另一个就是高氟。不管什么茶，沏出来都是一个味儿。肥皂抹在手上根
本冲不掉，总是滑的。洗澡更不成，弄一点水烧开了擦一擦就不错了。我的
头发现在差不多已经掉光了，与那时洗头的水有很大关系。

一开始，既没有人做饭，也没有地方买菜，所以科研人员轮流做饭。

在南皮工作初期的住地

有一位老先生叫王新元,他说我给你们做个疙瘩汤吧,结果一个疙瘩硌掉一位先生一颗牙!当时还是计划经济,因为我们在野外工作,所以规定每人每天的粮食从9 两补助到1.4 斤。这真是一个飞跃,首先可以吃饱了!但是粗粮细粮的比例是3 比7,70% 是棒子面,30% 是细粮。地方政府即便想改善我们的伙食也拿不出细粮指标来。天天是棒子面,晚上做一点面条汤,好就着把棒子面咽下去。这种状况维持了一年多。后来田魁祥等老先生做了很多工作,南皮县政府特批给我们配了大米,科研人员的口粮变成70% 的细粮,30% 的粗粮。

我会做饭的本事就是拿这些科研人员的伙食练出来的。比如肉,横丝切还是竖丝切,下锅是温油还是热油,鱼是红烧还是糖醋?我都学会了。

这期间还出了一件事,现在想起来还觉得挺对不住当时的副院长孙鸿烈。孙副院长和我们的老所长曹振东是同学,都是北农大毕业的。孙副院长说,老曹我到你那里去看看吧。他到南皮之后,我就是主厨,凉的热的,也不管好吃不好吃,凑了一桌,买了四瓶山西的杏花村酒,结果所里一位先生告了状,说孙副院长在南皮大吃大喝。孙还没有到北京,告状信就先到北京了。信写得很邪乎,什么"山珍海味"了。院里就开始查,把我都叫到北京去了,问我在哪里学的厨师。我说我就是科研人员呀!我会做什么?不就是豆角炒肉、蛋炒韭菜,花生、烤玉米。用棉花换的棉花籽油，菜都是咱自己种的，我们有个小菜园啊！如果酒能自己造，就自己造了，就不去买那点酒了。这场风波折腾了两三个月，最后我们还做了笔录，之后也就不了了之了。

那时电也保证不了，三天两头停电，所以蜡烛对我们来说相当重要，看书、写论文都是在蜡烛底下进行的。收音机、手电筒成为人手必备的"家用电器"。

采购食品必须3个人一起出去，就是花5毛钱也要3个人一起签字。比如菠菜2毛钱，3个人都签字，以证明自己的清白。

1983、1984年我的工资也就是三四十元钱，所里为了鼓励科研人员到南皮去，一天补助3元钱。生活苦啊，回家捎四五个梨、一两斤枣，家里人就高兴得不得了。东西实在太奇缺了。

那时没有汽车，火车是慢车，4个小时才能到德州，在德州等一个半小时再到泊头镇。后来所里给我们配了自行车。我们就把自行车存在泊头镇火车站，下火车后骑车到常庄，要骑大约18公里左右的土路。直到1985年，所里给我们配了汽车——北京212吉普，把我们高兴坏了！南皮是研究所唯——个配车的课题组。这样开车从石家庄有4个小时就到南皮了，不用来回倒车和骑自行车了。

1988年周光召院长到南皮站视察南皮试区工作时，看到科研人员艰苦的工作生活条件，看到科技攻关取得的科研成果，看到科研成果转化对地方经济发展的拉动作用，听到地方政府对科学院科技人员的赞誉后说："南皮站有18条好汉。"

我们大多数人都成家了。所里80%~90%的人都长年在野外工作，南皮试区每年平均在那里待200多天的同志能到80%以上，所以家属们没有感到什么不正常。我爱人在手表厂工作，一直是我母亲帮助我们带孩子。

我在家里住的时间还不如在旅店住得多！我和田魁祥先生有些年甚至在南皮待了 300 多天。一首歌的歌词中说"军功章有我的一半也有你的一半"，这首歌词恰如其分地表达了参加过"黄淮海战役"人的经历和家属的不容易。

家里有困难了，所里的领导和同事就帮助我解决了。那时打电话不方便，打个长途，要北京，需要总机接转，你就等着去吧！等一两个小时都不稀罕。有次我孩子病了，等传到我那里，已经是："孩子病好了，你放心吧。"那时我的孩子才三四岁。当时通信也要七八天。

我记得"六五"结束后，人都特别累。课题验收完了，出了很多成果，田魁祥先生特高兴，所里也高兴。那时表现好了可以上庐山等地疗养。他是南皮站的站长，所里说他挺辛苦，就让他去庐山休养。他在那里待了半个月，把"七五"的开题报告写出来了。所长十分感动，说所里要有这样的干部，还愁发展不起来？那时弄一份报告多不容易！不像现在制作 PPT 文件或打印在纸上。那时要手写，再到印刷厂排版印刷，反复校对，挺费劲的。

当时这种敬业精神，现在似乎很难找到了。

几项成果

种棉花

我们苦中又有乐。我去黄淮海是二十七八岁。我们中的大部分人在"文革"期间不能做科研工作，这时有机会到野外去就突然释放了，所以又很快乐。所有的科研工作都是有条不紊地进行。比如配合河北省棉花东移战略这一项工作。河北省太行山东侧是山前平原冲积扇，正好是我们国家冬小麦的主产区。再往东到南皮就是我们工作的地区，是海河低平原，河北省称之为"黑龙港地区"。河北省为了调整种植业结构把棉花东移到黑龙港地区，南皮县就处在黑龙港区域。棉花的生物学特性是抗瘠薄、耐盐碱，东部为发展棉花生产拓展了空间。当地老百姓种棉花在历史上就是能种多少是多少，种了就不管了。种棉花的几个关键技术，一个是"脱裤腿"，就是把下面的叶子打掉；二个是"整枝打杈"。因为棉花本身有两种枝，一种是叶枝，一种是果枝，果枝是结棉花的，叶枝是为果枝提供营养的，叶枝多了不利于结棉花。这些最简单的管理技术都需要我们科研人员手把手地教他们。我们刚去南皮的时候，大约亩产皮棉35～36公斤，我们用了4年"拱"到了50公斤皮棉。说"拱"，是因为科学技术普及到农民手中非常困难！等会儿我专门谈这个问题。那时还谈不到什么高新技术，科研人员只是把现有的技术到那里去推广普及。第一是因为"文革"，老百姓饭都吃不饱，不可能拿出多少精力来学习技术。第二，体制上还是人民公社，还是生产队说了算的时候，所以推广技术只要当时的生产队长认可，就能很快铺开。如果生产队长的工作做不通，就很难推开。

种苜蓿

六五期间，我的主要业务是种植业，种紫花苜蓿。那里盐荒碱地太多了，谁也说不清到底有多少地。我们提出来"1152"种植结构，就是每人1亩粮食、1亩果树、5分草、2分菜。紫花苜蓿是那里的优势种，在那里生长的历史已经很长了。这是豆科牧草，有固氮菌，在地里种植后还能养地，可以作为培肥地力的作物。当地的苜蓿是沧州苜蓿，自有品种。但是当地的畜牧业又不是很发达，所以对苜蓿的需求量不大。老乡都是零零散散地种植，只供家里的牛、羊食用，面积很小。但是大片的地又荒着，很可惜。那时已经有商品意识了，我们就想扩大苜蓿的种植面积，卖给北京、上海等大城市的乳业，进入大城市。我们从著名草业专家任继周先生那里，从甘肃的庆阳、黑龙江的肇庆、张家口的蔚县、中国农业科学院畜牧研究所都引进过牧草，只要是种苜蓿的地方我们都跑到了，包括美国的大叶苜蓿，共引来40多个品种。之后我们就作对比，看哪个品种适合南皮种植。经过对比试验我们发现所有的品种还是比不过真正的南皮苜蓿，这跟它的生态型有关系。"六五"期间我们打好了基础，所以才能到"七五"期间和"黄淮海战役"时期在沧州地区推广40多万亩紫花苜蓿。给我们做成果鉴定的主任委员是贾慎修先生，他被誉为"中国牧草的鼻祖"。田魁祥说，我们南皮有生长了30年的苜蓿。贾慎修就抓住这句话不放，非要看看30年的苜蓿。他特别派了中国农科院畜牧所的耿华珠先生考察30年的苜蓿。后来我们终于找到了。30年的苜蓿根能扎到2米多深。在平原农区发展苜蓿业在当时是不可思议的。因为一说发展苜蓿业就是南方的草地草坡，内蒙古和东北地区的大面积草原。在平原发展牧草是很新鲜的事情。为什么贾先生要亲自鉴定呢？他说："南皮是中国平原牧草第一县。"1988年我们的紫花苜蓿项目获得了河北省科技进步三等奖，1989年获得了中国科学院科技进步二等奖。

我们对紫花苜蓿的认识也有一个由浅入深的过程。1983、1984年时，我们发现老百姓农忙时才给牲畜吃苜蓿，农闲时只喂麦秸和棒子秸。当地老百姓都知道苜蓿是上好的畜牧业饲料。我们所朱汉先生，原来是中科院植物所搞植物化学研究的，是课题组长，他指导我进行试验和推广。朱先生了解紫花苜蓿，它的粗蛋白含量在20%左右。农民在农忙的时候让牲畜吃，就是充分利用它的营养价值。考察时我们发现在一个叫贾屯子洼的地方有 2000 亩，是最大一片。面积最小的只有几分地，这种零零散散的地最多。这是因为生产队时期牲畜少，联产承包责任制之后，家家户户都有牛、马、羊了，个体经济发展了。原来生产队可能有 10 头牛就足够种地了。现在村里可能就有 400 头牲畜了，对牧草的需求量增大了。相对来说南皮的土地资源比较丰富，责任到田以后，村里掌握了很大一部分荒地，是很大的生产资源。我们就正好利用这一部分机动的土地资源，开始大力发展紫花苜蓿。最早是从张拔贡村开始的，这个村的苜蓿历史最悠久，30年的苜蓿就在这个村。考察后我们想，如果把它纳入南皮的农业综合治理中，好处很多。第一它培肥了地力，可以固氮，第二是给牲畜提供了饲料。一开始还没有想到要变成商品，因为黄淮海当时主要的工作是中低产田改造，所以我们的主要目的也是拿它作为培肥地力的手段。老百姓非常认可培肥地力。比如当时的小麦产量在每亩 150 公斤左右，倒茬以后种上苜蓿再种小麦，就可以达到 250 公斤以上。随着工作的逐步深入，我们就想能不能更加充分地利用苜蓿的优势，而不仅仅是培肥地力呢？苜蓿的特点是前 3 年它的产量很低，3 年以后它的产量就突然增加了。但是我们需要最大的产量，就设立了 "早期丰产技术" 这个课题。为什么前 3 年产量不高呢？研究发现，是因为地下水特别差，农田基本建设特别差。农作物都不浇水，能给苜蓿浇水吗？南皮地区年降水量在 400 毫米左右，70% ~ 80% 集中在 7、8 月份。春旱是北方季风性气候的一个特点，也是沧州地区一大弊病，而此时恰恰是苜蓿返青的关键时期。如果 4 月底 5 月初能灌上一水，产量就能提高 1 倍。

问题解决之后，我们就一块地一块地地推广。开始只有 10 亩地。先和老乡签个协议。第一，试验地 1 亩给 30 元的误工费。老百姓相当高兴，

苜蓿高产

1 亩地 30 元钱价格是很高的了。第二，小麦产量可以达到每亩 150 斤，但如果利用了我们的技术，减产了，亏多少我赔你。第三，如果搞砸了，1 亩地我赔你 100 元钱。我们就采取这样一种方式来推广。一开始是 10 亩、8 亩，后来是 30 来亩，再推广面积就更大了，最后成为了南皮试区的一个专题。

我们还联合了沧州地区畜牧局饲草饲料工作站一起做。他们攻海兴，我们攻南皮，最终发展到 44 万亩。紫花苜蓿一直到现在都是沧州的特色产品，早已作为商品出售了。现在打的还是"紫花苜蓿第一县"的牌子。现在是外向型商品，出口到韩国、香港地区，卖的效果相当好，换回来的都是硬通货。

这个课题到 1987 年算是结题了。

枣粮间作

我们还做成功一件事就是枣粮间作。枣粮间作是在沧州地区献县发现的。金丝小枣，非常好吃，枣树也抗旱。田魁祥认为这是农业种植业结构调整一条特别好的路子。但是农民不是按照科学的规则来做的。我们把它模式化了。怎样模式化呢？树冠有多大？行距有多宽？长多高？既不能与粮食争肥争水，影响粮食产量，还要枣树丰收，这就是一整套技术。老百姓种的枣树前三年没有产量，我们种的第一年产量就能达到一定水平，提前两年达到丰产，这都要研究。罗春达书记和田魁祥所长就在大树金村种了700多亩地，结果市场很好，也不影响粮食产量，在常庄乡一个乡就扩大了1.3万亩。在三四年的光景里，沧州地区开现场会，县里开现场会，乡里开现场会，村与村之间互相观摩，来回推广。到1998、1999年，南皮县就达到20万亩了，推广的速度特别快，人均收入每年增加600到700元。

紫苜蓿是跟枣粮间作一块儿推的。苜蓿推广得快一些，因为紫苜蓿不占良田，都是在盐碱地上种。枣粮间作是在良田里推，所以不太容易。枣粮间作和紫苜蓿这两篇文章都做得特别漂亮，在农业结构调整中留下了重重的一笔。

枣粮间作和紫花苜蓿实际是研究课题的内容。为什么这样种，要靠数据说话。这些数据就是我们观测到的，水土气生都要做。比如土壤含水量、水层的深度，这样用水地下水位是否下降？气象条件是否适宜播种和生长？比如玉米，几天长一片叶子？比如小麦啥时返青？啥时拔节？什么时候抽穗？什么时候成熟？这是一整套研究内容。老百姓说，枣芽发，种棉花，几千年就是这样种的。现在我们知道4月25日前后种棉花最合适了。这都是我们亲自跑到地里去，进行生育期调查、生长量调查、土壤养分调查等，按照试验方案一步一步观察测定水土气生，经过几年才有的结论。现在光合测定仪是便携式的，一滑就过去了。那时我们哪有这种设备！整天在地里待着跟黑李逵似的，还不如老农民呢，农民还有歇的季节

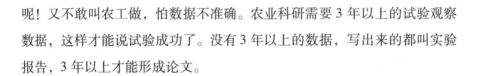

呢！又不敢叫农工做，怕数据不准确。农业科研需要 3 年以上的试验观察数据，这样才能说试验成功了。没有 3 年以上的数据，写出来的都叫实验报告，3 年以上才能形成论文。

机械化喷洒农药

在没有抗虫棉以前，棉花的棉铃虫特别厉害，我主持做了机械化喷洒农药的技术，解决老百姓繁重的体力劳动和中毒问题。现在推广了。做法就是在一辆四轮拖拉机后悬挂专门设计的农药喷洒机。我们设计的这套装置为什么技术含量高呢？因为底盘的高低不一样，轮距不一样，臂长不一样，拖拉机驶过去，不压苗、不踩苗才行。比如轮距间可能种的是夏播棉或紫花苜蓿，轮距外的地方是春棉花。夏播棉和紫花苜蓿在轮距间压不着，或一擦歪了就起来了，就让它们从底盘下面过去。这样一是把农田效益提高了，另外也解决了中毒问题，当时每年喷洒农药，死亡人数很多，原因就是背着那个药箱子喷农药时，人也跟着中毒了。

推广农业技术成果需要的时间长

在"黄淮海战役"中，我们的一条重要经验就是一种农业成果从研究出来到推广，需要 8 到 10 年的时间，一是因为我们的成果都是很超前的，当时老百姓的需求并不迫切；二是让老百姓接受新事物也是十分困难的。

一个例子就是我和王新元先生推广"小白龙"塑料管的经过。王新元先生是研究水资源和节水农业的。现在庄稼地里浇水普遍都使用的塑料管，叫"小白龙"。我们经过 3 年时间的试验，有详细的数据资料。当用小压井浇五六亩地时，需要一天多的时间，用"小白龙"浇地，3个小时就解决问题了。因为垄沟宽在1米到80厘米左右，压出来的水顺着垄沟走，要洇透了土才往前走，在垄中间就渗没了。"小白龙"可以节省50％的用水量。最开始沧州有个塑料管生产厂，我们就

三微两覆技术

背着这个塑料管满处求老百姓"你用这个管输水吧"，满村去跟人家说好话，"小白龙"多么多么好，能省多少水。但是当时有压井，不收电费，所以他们根本不感兴趣。等他们终于接受的时候，差不多10年过去了。因为现在在沧州打井不到150米深就没有淡水，浅层淡水已经没有了。

还有一个例子就是推复合肥磷酸二氢铵。从美国进口开始推广的时候，我们背着肥料，给老百姓30元钱，老百姓都不要。这是什么东西？尿素白白光光的我们还都不用呢，你们这个东西能好用吗？3年以后我们才不用推了，他们到处买磷酸二氢铵了。一开始磷酸二氢铵是22元一袋，后来涨到47元、89元、120元，老百姓仍在抢购。因为他们终于发现这个东西非常好了。

农民就是这样。第一年种出来他都不认，第二年还要看看，第三年突然发现是个好东西了，就不用管了，他肯定能做成了。农业科技成果有个三四年时间老百姓能认可就不错了。科研人员是不怕有闪失，因为你可以走人，但老百姓怎么办呢？我们要充分理解他们呢！因为粮食不保，他们

棉花覆膜机播

夏玉米免耕贴茬机播

一家一年吃喝就成问题了。所以我们过去说农民保守，其实不是保守，因为每一项技术，都与他们的切身利益挂钩。推广一项科学技术成果，首先要在领导中间开展。虽然我与各个村的干部都是铁哥儿们，但是也有要顾及的问题。在给他们推广的过程中，也是相当费劲的。他们没有见过这些成果，不知道到底能不能成功。他治理一方百姓，老百姓的利益不能受损，受损一是对不起百姓，二是也会影响到他的乌纱帽。这是实际问题。我们做工作一定是互惠互利，如果不是这样，肯定不会有人干，说出大天也没有人干。我们把工作做在前面，领导干部逐步认识了，向百姓推广就好办了。

搞好与地方的关系

我们跟当地政府关系特别好。我们周围有 5 个村，是大树金、张拔贡、木桥、张汉家，还有常庄。这些村约有 1.4 万亩地。我以前在省科委工作过一段时间，知道怎么跟地方打交道，所以除了科研我还是"外交官"。村干部跟我非常熟悉，就像哥儿们一样，只要说是王占升要办的事，就办了。当地产一种叫铁狮子的啤酒，两毛钱一斤。我们打一塑料桶，白天累了，晚上和这些干部喝点啤酒，就高高兴兴回来睡觉了。我感到跟地方不同层次的官员打交道很重要。最困难的时候，为了支持我们，县里还从别的乡给我们调了一个人任常庄乡的书记，叫罗春

丰收景象

达，他的工作能力特别强。他在我们以后的工作中，包括我们的粗细粮比例、食油等生活改善方面，起了决定性的作用。在调整农业结构中，我们推广枣粮间作，"树上千元枣，树下千斤粮"，他认为很有前景，就一手促成了。开始推广枣粮间作时，正好赶上枣的市场特别不好，有些村老百姓开始砍树，他坚决不让，他认为这是支柱产业。最后他在全县推广了20万亩枣粮间作，成为南皮县一个大的支柱产业。紫花苜蓿和枣粮间作与他都有直接的关系。后来他成为农业局局长，后又提升为县人大副主任。

我认为后来的"黄淮海战役"有建树，"六五"期间打的基础是非常关键的。如果没有"六五"的科研基础、干部基础、群众基础，"黄淮海战役"根本就不能取得那样重大的成果。它真正让老百姓知道，科学技术在生产中能发挥作用；让各级领导知道，科学技术在拉动经济的时候能发挥多大作用。这是后来我们一批老黄淮海人总结的："如果没有'六五'夯实的基础，黄淮海不可能辉煌。"

我从技工走到研究员

"黄淮海战役"培养造就了一批人,这是功不可没的。比如科学院从"七五"时期开始,制定的特殊政策是,在黄淮海工作的人尽管没有论文,但是课题组证明你有成就,就完全可以参加到科学院的职称评定系列中去。科学院年年给黄淮海几个指标,不占本单位职称评定指标。我本身就是受益者。我实实在在就是农村的一个土娃子,1975 年我高中毕业后在河北省丰宁县大滩公社当了一个半脱产技术员。1974 年,在我们那儿发展墨西哥春小麦,品种很好,那时就叫墨麦。原来我们那里只有春小麦和莜麦,亩产只有 35 公斤左右。我在那里用 10 亩地试验墨麦,亩产达到了350 公斤,一下就在当地放了一颗"卫星"。"文革"后期有个说法叫"掺沙子",就是工农兵登上上层建筑领域。1975 年河北省老省委书记刘子厚的老伴儿刘东是省科委副主任,她提出从 10 个地区各抽一个人来"掺沙子"。我所在的是承德地区,就选上了我。1975 年 6 月我就到了河北省科委农业组。1977 年初,我们就转正了。"文革"结束,三中全会以后,清理我们这批人时,赶上 1978 年成立石家庄所,1979 年 3 月我就被调到这个所了。在这个所我就是一个技术工人的身份。1983 年我到了南皮。后来河北农大成人教育招生,我想我在这个单位没有学历也不是个事,就考上了农学专业,1987 年拿到了大专学历。1989 年所里给我评了一个实验师,1995 年评为高级工程师,1996 年我当科技处处长,1998 年评上研究员了,这些都跟黄淮海政策有关。"战役"中我做主持人的成果荣获科学院三等奖,我作为主研人员的成果有 6 个,参加项目的成果有 6 个,共 13

项。我本人这种情况在科学院也很少，为什么我能破格？一是因为我的成果多，二是也有赖于"黄淮海战役"的特殊政策。黄淮海对于我们这样没有系统学过的人，真是特别好的实验场。所以我是在"黄淮海战役"中成长起来的。

为了提高年轻人的水平，南皮站还开展了"口吐白沫"活动。黄淮海当时有"四大天王"，包括中国科学院系统研究所王毓云，植物生理研究所王天铎，南京土壤研究所王遵亲等。南皮站就把王天铎先生请去，让年轻人讲自己的学术思想。王天铎一直提问，直到把我们这些年轻人都问蒙了，"口吐白沫"，问得你答不上来了，才问下一个。比如我谈牧草，我是怎么想的，我怎么做的，老先生就从他们的角度谈，你的草应该怎么干，因为他们的知识比我们渊博得多，问来问去，把我们逼到一个死胡同说不出来了，才算结束了。

我起点较低，因为别人有学历，就算是工农兵学员也是学历，我什么都没有啊！如果我没有练出点东西来，在科学院的舞台上，我连举旗呐喊的那个人都当不上，所以我有压力，当然也是年轻气盛，在黄淮海，我付出的没有别人的十倍八倍，三倍五倍总是有的。

"论文写在大地上"

90 年代初，李振声副院长在"黄淮海战役"中，发现单项技术在生产实践中的作用总是有限的，解决农业问题要靠综合技术。他提出技术组装配套，并组织"水肥药膜一体化"。当时动员了全院 20 多个研究所，连高技术研究所都进来了。比如长春应用化学研究所的膜和梨的增大剂、整形剂，上海有机光学研究所的增效剂等，都集中在南皮和封丘了，在南皮就有十几个所。光解膜就是那时出现的。根据植物要求，光解膜分别被设计成 10 天、15 天、30 天开裂。日照期之后膜就"啪啪啪"地裂开了，变成一块儿一块儿的了。比如棉花到一定阶段已经不用膜覆盖了，光解膜也就破裂了。这是战绩最辉煌的时候。2000 年以前，科学院推广的技术，全部都是这些技术，影响面太大了。李副院长提出了技术集成，配套以后在农业技术应用中的效果太好了。

那时在黄淮海中科院组织起了 20 多个研究所、近 400 人的团队，集合作战，大兵团作战。经过"六五""七五""八五"，粮食亩产从 300 公斤上升到 800 公斤，那一步迈上去以后，科学院的地位一下就提升了。因为不管是在科学技术上还是在组织管理上，科学院都在全国科技界起到了引领作用。

实际上"黄淮海战役"还解决了科学院"第三个馒头"的问题。因为以前科学院重点在基础研究层面，对应用研究和成果转化重视不够，科学院是不吃"第三个馒头"的。"第三个馒头"让人家吃饱了，自己还饿着。过去写完论文连中试都没有就算完成研究任务了。"黄淮海战役"让科学院把多年积累的知识和技术突然发挥出来了，基础、应用基础和应用研究有机结合，尝到了"第三个馒头"的甜头，享受到了为农业科技和农业生产做出贡献而被国家认可的喜悦。

2009 年我们中心有 45 个硕士研究生、25 个博士研究生，比例比大所一点都不少。原来说我们是应用型的，写不出高水平的论文，但是现在我们的 SCI、EI 论文每年都在 30 篇左右。2002 年进入创新基地以来，我们荣获成果奖 23 项，其中国家二等奖 6 项；审定品种 11 个，其中国审品种 4 个；获得国家专利 63 项。现在是 45 岁以上的人能在生产实践方面出成果，再年轻点儿的就只会做论文了。我们现在就感到这是个压力了。我们这个单位的产出应该是多元化的。如果说基础研究单纯出高水平的论文，比如生物物理所、心理所、数学所等，而我们侧重于应用基础和应用研究的创新单元的科研产出应该是由几个部分组成的：第一是论文，第二是成果，第三是专利，第四是品种，第五是咨询报告，这才能体现出研究所的综合竞争能力。论文体现学术水平，成果、专利和品种体现国家需求，为国家和地方经济社会发展作贡献，咨询报告一旦为政府采纳，体现了我们为政府决策做出的贡献。多元性的产出是我们这样的单位综合实力的体现。

我很赞赏路甬祥院长来我们这里观察工作时说的："熊毅院士的论文写在大地上。"

3 亲历见证南皮的 "黄淮海战役"

刘瀛涛　口述

时间：2010 年 9 月 17 日下午

地点：河北省南皮县南皮宾馆

受访人简介

刘瀛涛（1937— ），原河北省南皮县政协主席。1957 年毕业于河北水利学校。1958 年到南皮工作，历任县水利局工程师、副局长，副县长，政协主席。70 年代中期开始，任试验区领导小组成员、办公室主任，直接参与试验区的组织协调、后勤服务、技术推广示范。直接参与研究获得的主要成果有："农业综合试验区系统管理研究与实践"获河北省科技进步三等奖，"南皮县乡（镇）农业发展规划"获全国农业区划委员会、农业部优秀科技成果三等奖等；"乡镇半脱产农民技术员实行劳动保险及职称补贴制"获沧州市科技进步二等奖；曾获河北省政府颁发的黑龙港地区"六五"科技攻关荣誉奖。

南皮县的特点

"黄淮海战役"在河北省开展，为什么试验区最终落户在南皮县？为什么有那么多科研单位到南皮来工作？这与南皮县的自然条件和社会条件有关。

从自然条件方面看，有史以来南皮就是一个灾害比较频繁的县。我原来在水利局工作，历史资料接触得比较多。首先是盐碱严重。在五六十年代，南皮县盐碱地占全部耕地的50%多，最多时达到过40多万亩，占全部耕地的60%多。其次是涝灾。在50年代和60年代初期，平均每年涝地有30多万亩，最严重时能达到全部耕地的80%。再次是土地条件。南皮县域只有东南部比较高，因为那里是黄河故道。老百姓把那一带叫金沙陵。金沙陵只占全县土地的20%，其他大部分是低洼地区。最低洼的地方叫大浪淀，50年代在那里修过水库。

从社会条件方面看，造成南皮县灾害最严重那段时间，其实主要是人为的影响。因为从50年代开始，不仅修水库搞平原蓄水，还搞河灌工程，但是没有考虑到排水，只有蓄水和河灌，这就加重了自然灾害。

1964年毛主席提出来治理海河，所以到60年代中后期，整个生产条件才有所改变，但是真正的改变还是70年代后期和80年代，尤其是咱们建试验区之后。

首先是历任领导对水利工程都比较重视，领导的决心很大。一是在60

年代治理海河后，这儿的排水系统就搞得很好了。到了 70 年代后期和 80 年代初，这时候旱灾比较明显，涝灾缓和一些。县里借助原来的引水工程，又把河道改成排灌一体化，叫"排灌两用"。这样解决了一部分抗旱问题。二是从 70 年代的中期到 80 年代的初期，打井发展得很快，这儿的浅水条件比较好。

其次，从 1963 年开始，河北省农科院土肥研究所就在刘八里村建了一个试验区。他们 50 年代就开始在那里做试验了，但是没有建点，是流动式的。"文化大革命"时中断了一段时间，到 1972 年就又恢复工作了。罗春达同志就在那里当书记，他们配合得很好。1974 年，河北省水利科学研究所在乌马营乡也建了一个试验区。中国科学院石家庄农业现代化研究所是从 1981 年开始筹备，真正建设试验区是在 1982 年，是从常庄开始的。因为有前期的基础工作，所以在"六五"期间石家庄所就想争取常庄成为国家试验区，到"七五"被列入国家和省级重点科技攻关试验区。

有这么多科研院所在南皮建立了试验区或试验基地，并连续承担了"六五""七五"农业综合发展研究课题，为配合他们的工作，县里与上级相关管理单位也成立了试验区领导小组。

世行项目科学家发挥了重要作用

试验区和科学家的工作对南皮县的农业发展起到重要的作用。有这样几个例子：

第一，科研院所在这里建立试验区，为我们争取世界农业发展基金会的项目起了实质性的作用。

这是一个很大的农业项目，是世界银行在中国农业方面的投资，项目的名称叫"河北农业发展项目"。该项目包括两个县，一个是河北的曲周县，再一个就是南皮县。曲周原来是国家试验区，南皮是省试验区。两个县投资总共是 2500 万美元，南皮县大概分到 1150 万。省里面配套资金 2200 万人民币，当时 2200 万相当多了。

1982 年我当副县长，就赶上农业发展基金会投资项目立项，由我牵头。在获得项目的过程中，立项的一些程序和准备资料这些工作我都参与了。这个项目在开始运作的时候，省政府和省委讨论时认识也不一致。因为是贷款，有没有能力还钱，没有把握，也没有经验可以借鉴。后来省委最终拿出了 2200 万元的配套资金，说明省领导也下了大决心。

农业部也带来一个粮食援助项目。该项目是世界粮食计划署提供的，与"河北农业发展项目"相匹配，用于支付修渠、打井、修路、平整土地、修桥闸、种树等劳动补贴，有 500 万美元。这个是给实物，不是给钱。我们分配的大项目是给 1.7 万吨小麦，290 吨食油，也就是一个劳动工人每天补助 3 公斤小麦，50 克食油。这是批复项目时规定的，必须直接发放到参加工程的农民手中。项目监督和验收由世界粮食计划署单独负责。该项目从 1983 年开始，到 1986 年上半年结束。

这些项目要是没有科研单位在南皮县，获得的可能性不大，因为一是如果没有试验区，就不具备投资的条件，因为投资的前提是必须要有农业科研的基础。南皮县从 50 年代开始就有土肥所在这里做科学试验，后来又有那么多科研单位的介入；二是在规划和执行方面科研单位起到了很重要的技术支撑作用。

规划是我主持搞的，但是真正出主意的不是我，就是这些科研单位的科学家。项目由世界银行管理。世界银行在评估阶段也挺厉害的，没有专家指点，需要提供哪些资料我们都不知道。而且规划如果不科学，不实在，投资我们也拿不来。这些项目里面有的涉及产业，也得有懂产业的代表。世行代表来考察的时候，咱们的代表得跟人家相对应。这些代表也是科研单位派出来的。这里面还有地质部门的科学家、水科所的工程师参与。农业方面主要是石家庄所与我们共同搞的。农业发展项目中有一个程序叫"监测"，完成之后还得交监测报告。这个对我们来讲难度比较大，监测报告完全是科研单位帮助搞的，我们最后负责打印装订。所有的世行项目没有一定的科学技术水平根本申请不下来，申请下来也完不成。

农业发展基金评估的时候，先在曲周进行，他们的资料提供得不全，而在我们这里是顺利通过了。

咱们县被世行评估的时候，是我们最风光的时候，很多单位的领导都来了，还有很多专家也来我们这里考察。他们评价认为南皮县的干部素质在县一级算比较高的。到南皮县来考察的国家最高领导有副总理田纪云，中科院有周光召院长，孙鸿烈、胡启恒副院长，李振声副院长就更不用说了，他指导工作，来过多次。

另外，河南、安徽、山东三个省也获得了世界银行投资，是同时启动的。

河北省省长李峰（中）陪同周光召（左2）视察南皮县，刘瀛涛（右2）正在讲解

"七五"期间，南皮县有试验区和世行项目区。项目区和试验区的工作有重叠。试验区的工作已经覆盖了南皮整个土地面积的三分之一。后来试验区里的单位增加到17个，光科研人员就有60多位。除了中科院石家庄农业现代化所，还有省属的水肥所、林科所、畜牧所等。世行项目是1982年开始，1987年结束，投资强度很大，科研投入力量也很大。这也是相辅相成的，有了项目就能引来资金，有了资金项目进行得也会比较顺利；既把科研力量充实了，促进了试验区建设，也使县里在落实农业外资项目中，有了技术后盾。这些项目使我们受益不小。省科委也参与了试验区的工作，到了"七五"成为国家试验区之后，就成立了一个领导小组，组长由省科委副主任担任。所以整个"七五"期间南皮农业的发展应该说是有史以来最好的阶段。

最近一些年虽然农业上出现过这问题、那问题，但我感觉南皮从农业的产量和收入上，应该说还是很不错的。一个原因是由于原来的生产条件改变了，还有一个原因是生产技术相对比别处发展要快一点，再有一个原因就是后来国家有些投入，我们也没少拿。我们与省里各有关部门、市有关部门关系也比较畅通。后来农业开发单独立项了，又进行了扶贫开发。这些投入南皮县拿到的比别的县也不少，而且有前面的成功经

世界农业发展基金会聘请英国环卫电视台记者潘迪（左）在河北农业项目结束后拍摄了电影纪录片《土地的盐渍》，刘瀛涛正在和他交谈

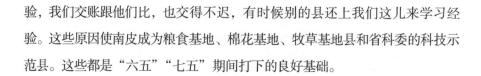
验，我们交账跟他们比，也交得不迟，有时候别的县还上我们这儿来学习经验。这些原因使南皮成为粮食基地、棉花基地、牧草基地县和省科委的科技示范县。这些都是"六五""七五"期间打下的良好基础。

科研院所的主要贡献

科学院石家庄农业现代化所在南皮县的农业发展方面做出了重要贡献。我想有这样几个例子：

第一，特色农业的发展。

田魁祥他们在常庄建的试验区，主要是枣粮间作和种牧草，当时叫"特色农业"。枣粮间作不光坚持下来了，而且在常庄发展得面积很大，走到前头了，整个沧州地区都没有那么大的面积。当时像常庄一个乡枣粮间作能搞那么大面积的，恐怕全国都没有。

在发展牧草方面，最多的时候，全县推广到 10 万亩。而且从最初大面积推广牧草种植时，我们就很重视产供销配套。1988 年、1989 年，有不少外国人来洽谈牧草项目，像日本、加拿大、澳大利亚的专家和企业家，我都接待过。日本人想把这里建成牧草出口基地。那个日本专家叫山木，我现在还有他的电话号码。他们要求牧草不是到成熟之后，而是在开花期就收购，然后压成草块，这时的营养成分是最高的。虽然最终没有搞成，但是让人家了解了南皮，因为后来日本人给南皮县提供了一个无偿援助项目，是不是山木联系的，我就不清楚了。为什么现代化所建议搞牧草？因为他们了解自然分区。日本人、加拿大人，包括咱们陪同的一些专家，都知道咱们这里的自然条件是最适合种牧草的。

澳大利亚农业资源局高级研究员戴维·怀特博士（左5）考察牧草后与刘瀛涛（左6）、石家庄农业现代化所赵昌盛（左4）、班文奇（右1）等合影

我认为南皮的牧业随着农业的发展，随着产业结构的调整，还会往前推进，还有潜力，还应当是南皮发展的一个重点。因为它一省劳力，二是绿色农业。

第二，7万亩起了表率作用。

在今天来看，7万亩带了个好头。现在那里是棉花生产基地了，被大户承包了，有14户人家在那里种棉花，到收棉花的时候当地人收不过来，都是邻近的老百姓来给他们打工。事实证明，这几年生产条件改变了，只有走大户承包或者土地向大户流转，农业才能更快发展。

"七五"以前，老百姓讲这7万亩里有多数不在地亩账。旧社会时拿捐、新社会拿公粮都是按照耕地面积计算。南皮的县域面积是840平方公里，折算成亩，应该是126万亩。一般来讲，道路、沟渠、村庄占地为30%，所以可耕作面积应该是90万亩左右。1989年县里搞过一次土地资源普查，也就是这个结果。咱们这里离渤海100多公里，7万亩海拔只有

7 米，原先是个洼地。它太低洼了，常年积水，"南边碱洼，北边洼碱"，只有中间有两个村子，周围有一些好地，此外就是盐碱涝洼地了。过去也就是好年成才能收点高粱，基本收不上庄稼，所以老百姓认为 7 万亩不在地亩账。1988 年以前，外资项目启动。县里利用外资在 7 万亩里搞了水利

1989 年夏，中国科学院院长周光召考察 7 万亩后，召开中国科学院与地方共同开发 7 万亩会议，当时中国科学院三个农业现代化研究所：石家庄农业现代化研究所、长沙农业现代化研究所、黑龙江农业现代化研究所的有关领导都参加了会议。图为会议后合影

前排右起：石家庄农业现代化研究所书记赵昌盛、黑龙江农业现代化所书记张福、沧州地区农业开发办公室主任崔连元、河北省科委副主任刘希伯、刘安国、河北省农业开发办副主任李德保、石家庄农业现代化所副所长卢福瑞、河北省地理所吴金祥、长沙现代化所副书记陈礼御；中排右起：1 县科委主任杨子华、2 黑龙江所孙成璧、4 刘瀛涛、5 沧州地区科委主任穆铁学、6 吴长惠、7 河北省社科院农经所牛凤瑞、8 石家庄所陈宏恩、9 长沙所同志、10 班文奇；后排右起：田魁祥、省科委彭玉坤、长沙所陈正法、洪亮、孙家灵、王寺镇许春来、县政府办公室主任周钧功

工程，修了桥，挖了沟，拉了电，基础设施基本配套了，但是因为没有解决种什么和怎么种的问题，所以到 1988 年之前基本还是荒着的。水利工程的作用基本上没有发挥出来。这么一大片地荒着，很可惜。

"七五"后期周光召院长、李振声副院长来考察 7 万亩之后，决定把这片涝洼地改造成良田。科学院农业办公室主任刘安国说："我投入，你们也得投入。"我就投了 20 万元。当时因为有外资项目，我有这个权力批钱，批了之后我再告诉县长就可以了。

后来科学院现代化所派了班文奇和孙家灵同志在 7 万亩里试点。通过艰苦的努力，他们把碱改了，把涝排了，把玉米、棉花都种了，做出了示范。"七五"以后就推广了。

现代化所最大的特点是会经营土地。他们在 7 万亩的试点有一二百亩，同时还带了 14 户人家，搞规模经营。这 14 户就是采用大户承包的方式，因为当时的耕地分配还处于集体和个人界限不那么严格的时期。如果不搞规模经营，根本种不过来。那时农民承担耕种的能力，每人最多 3 亩地。这 14 户就跟着班文奇、孙家灵学习。班文奇他们种嘛这 14 户就种嘛；试点怎么管理，他们就怎么管理，开始大概一共是种了 700 亩地。种子由科学院提供，班文奇他们进行技术指导。"七五"以后科学院就不用再组织了，农民已经知道怎么种了。现在班文奇他们的试点已经撤了。现在 7 万亩就是你们今天看到的样子，棉花和玉米长得多好！后来县里搞粮食基地县、棉花基地县，我们都是按照这个路子走的。一个是要把资金捆起来，集中投入，一搞就一片。另外，搞项目的同时农业技术要跟上。

第三，提高南皮县的综合发展能力。

科学院不光在农业上，在其他方面也努力给南皮县一些帮助。我找到一份资料，是"参加黄淮海南皮县试验区技术开发座谈会名单"。可惜的是关于这个会的资料不全。这个会是在北京召开的，大概是 1987 年或者是 1988 年。会议之后科学院还让我们参观了遗传所和植物所。从参加会议的名单上可以看出来，出席会议的有资环局的领导、化学学部、遗传所、动物所、微生物所、植物所、科仪厂、力学所、生态中心等单位的很多专家和领导。我记得当时中科院秘书长竺玄说过，科学院和县一级一起开这种会是破例，可能今后也不一定再召开了。我看报纸上刊登的消息，中科院都是跟天津市、上海市这样一级单位开类似的会议的。

参加黄淮海南皮县试验区技术开发座谈会名单

会议请了这么多专家，南皮县有关部门的负责同志也都去了，包括负责工业的部门。会议结束后这些专家也来我们县看过。李副院长不是经常来吗？有一次他问我，能帮你们搞点工业吗？我记得当时有一种工业品叫PVC，设备是进口的，我问他能不能帮我们搞。他说要搞 PVC，国家要建实验室，可能放在科学院。他还亲自到企业看了一次，而且还派人来考察了，至于以后的事情我就不清楚，因为不是我主管工业。当时李副院长也好，整个科学院的领导也好，不是光想帮我们解决农业问题，而是想把整个南皮的经济搞上去。遗憾的是，那时我们的工业消化能力差一些，项目不少，但是我们都消化不了。

1992 年，我们又在北京开了一次会，是聘请科学院的专家当顾问。

第四，水利规划发挥了作用。

再有一点要提到的，就是水利问题。因为我是搞水利的，这一点我最清楚。我们对南皮的水资源的分布比较清楚，资料比较全，"六五"期间科研单位就帮助我们搞规划。在 70 年代末 80 年代以前，我们还能用点河水，80 年代中期河水断流，但因为科研单位已为我们做了规划，因此我们就将地上和地下水循环使用来扩大农业水源，因此后来尽管水资源短缺了，农业产粮还是保持了稳定。

密切配合，共同受益

为什么南皮有这么多科研单位加入？如果政府和科研单位，科研单位和科研单位之间没有和谐的关系和密切的配合，这些单位是不会在这里扎根的。"七五"之前，各科研单位是单独作战，后来要形成整体作战，统一起来，还是挺难办的。经过一系列工作，终于统一到"黄淮海农业综合发展研究开发"这个国家大项目下，试验区由省科委和中国科学院牵头，组成了一个领导小组，组长是省科委副主任刘瑞生，副组长是中科院农研委李松华、沧州地区一个副专员和南皮县县长。几个主要科研单位的领导都参加了领导小组。在技术体系方面，科学院聘请了罗焕炎先生做课题主持人。当时现代化所在常庄试验区的负责人是田魁祥。各科研单位的领导

中国科学院农业项目办公室主任李松华（中）和石家庄农业现代化所所长曹振东（右）在刘瀛涛的陪同下视察南皮县试验点

都能互相协作、互相理解。

在地方，我们组成了一个办公室，我是办公室主任。省科委农业处的一个科长、地区科委的一个副主任，都是我们办公室成员。我们主要搞行政服务。县里面有困难找沧州地区，地区领导是绝对帮助支持的。在县里也不是我这个副县长单兵作战，先后的两位县长沈德庆、胡雅轩都十分支持试验区的工作。整个县委、县政府领导都全力以赴地投入，当成全县的一项大事，都十分支持科研单位的工作。县各级领导和科研单位都配合得挺好，科研单位只要有事，都是他们出头来处理，而不单是我这个副县长来处理。

这就得说到田魁祥他们的本事了。他们和县各部门的关系，和乡镇的关系，比我们处理得一点儿不差。我们和乡镇还有点上级下级关系问题，而他们则配合得非常紧密。你别看我那时候当副县长，真正对基层老百姓、对农村、对农业，咱了解得也没他们透彻。他们到我们这里来建试验区，是来到一个人生地不熟的地方，又是在基层，但是他们对基层工作、对我们都很熟悉。因为有些老科研人员虽然是在科研单位工作，但是他们一直在基层搞实验。我最佩服的还有现代化所的赵昌盛等领导同志。许多工作不是靠我们行政干预、行政压力，而是他们主动都做了，这是难得的。罗春达是比较有能耐的人，在70年代就是县委常委、刘八里乡党委书记，要没点技术水平，没点能打动他的能力，他就不会认。他要认了就真干，他要不认，对不起，你说服不了他，他可是真不理你！罗春达在刘八里乡跟土肥所配合，一起推广种植技术，他推广得很厉害！科学院现代化所一来，县委就定了，让罗春达去常庄乡配合科学院的工作，一是因为罗春达有工作魄力，二是他能接受新事物，能与科研人员配合。后来他果然与现代化所配合得挺好，当然也是因为现代化所拿出的成果能够打动他。

现代化所赵昌盛是第一任头儿，田魁祥是第二任头儿，他俩的一个共同特点，就是都从做规划开始。"六五"期间调整农业结构，要做调整规划，是田魁祥主持做的。他和县农业局有关的部门，包括区划办共同编制这个规划，从选地形开始。所以农业局等其他部门也依赖他们，他们互相依赖，三天两头就得在一起商量些事儿。

另外，现代化所有些课题还让县里单位的技术人员参加，也让地区单位的技术人员参加，而且把他们都列入参加名录了，所以最后的这些成果县里、地区都有份儿。我们的成果不少，有好几十项。根据当时的政策，有了这些，有些同志就可以转成干部身份，农业户口转成非农业户口，所以也是很实惠的。

那些年，县委、县政府对科研单位要做的工作主要是协调和为他们呼吁呼吁。其他需要跟各方面的配合问题都没有让我们操心。这在科研单位、在科研人员里面真是难得！往往是搞技术的人不善于搞协调工作，而在南皮的科研单位证明有这个能力。当时我这个办公室主任好比主持人，领导小组需要开会了，我们就去组织，跑去跟各部门打招呼。比如争取跟日本的合作项目时，也就是让我们出来陪陪客人，给地方打个招呼，具体工作都用不着我们做。与他们在南皮的工作相比，需要我们替他们做的工作，很少。

我从 1982 年当副县长开始，就和他们接触了。跟他们"混"了这 10 来年，关系挺好的，交道打得也不错。当副县长之前，我还当了一年农办主任，再以前我在水利局当技术员、副局长。水科所搞乌马营试区时期，我还在里面待了一年，所以我跟科研人员共同语言比较多。我为他们服务，也能够互相体谅。

通过试验区的工作，南皮县的农业在那些年发展得很快；从我们领导层面上，思路也比过去开拓了一些。而且我们也不是自夸，我们和其他兄弟县比起来，我们的路子确实还是比较宽阔的。那时候我任农业副县长，干了四届，是很受尊重的。那时规定最多只能任三届，我任四届副县长，也是破例了，而且与市有关部门、省有关部门，甚至部委有关部门，关系都很和谐。我带着我们的部门去跑下来一个项目也是比较容易的。

地方从试验区得益不少，另一方面，科研单位在地方上建一个试验区或者试点，破解一个科研的题目或者是综合题目，他们的本职工作也完成了，也能向国家交账了。石家庄现代化所"七五"成果不少，其中一个重要因素，就是有试验的场所，到农村的生产现场来。如果没有在南皮建立的试验区和试验点，试验、示范、推广的任务也很难实现。

艰苦工作，没有怨言

这些老伙伴最让我感动的，还有他们对工作认真负责和艰苦奋斗的精神。

田魁祥他们最开始来时，县计生办修了几间宿舍，他们就住在那里，就是几间平房，连电扇也没有。道路也是土路，直到 1994 年才修了沥青路。有了汽车之后，他们修了 1 公里多的洋灰路，车轮走的地方是洋灰的，当中种草，是他们自己搞的。

1982 年现代化所到常庄建立试验区时，乡里把一个做酒的厂子的几间房给了他们。他们一来就是 20 几位，挤在那几间破房子里，当然条件好不了。后来县里给他们买了几辆自行车。再往后，日本人给了他们一辆车。搞 7 万亩试点时的条件就更差了，开始就搭个窝棚。那地方很低洼，窝棚很潮湿，连门也没有，一到雨季地上就是黏土，走都走不出来，要是放在现在，给多少钱也不会有人去。常庄和 7 万亩都不在外资项目里，所以我也没有办法给钱让他们建房建舍。而且那时财政多紧张啊，根本拿不出钱，连工资都发不出来！孙家灵、班文奇同志就是在那样艰苦的条件下，一直坚持工作，直到把 7 万亩棉花基地建成。

4 我和科学家与 "1152" 的故事

罗春达　口述

时间：2010 年 9 月 18 日上午
地点：河北省南皮县南皮宾馆

受访人简介

罗春达（1947—　），原河北省南皮县人大副主任，经济师。历任刘八里公社党委书记、常庄乡党委书记、县乡镇企业局局长、县农业局局长、县农业产业化办公室主任等职。70 年代末，在刘八里公社综合治理盐碱地，使单产、总产人均贡献居全县首位；80 年代初在常庄提出 "1152" 耕作制度，国家农业部及省地县多次召开现场会予以推广，并被评为中国近滨海地区人工种草先进典型，获国家科技进步一等奖等；《南皮常庄试区种植结构调整研究》等文章被国家重

要刊物刊载；多次荣获各类表彰与奖励，曾连续 10 年被评为县模范工作者，河北省劳动模范、沧州市劳动模范，是国家绿化奖章获得者。

科技可以改天换地

我跟原中国科学院石家庄农业现代化研究所是有特殊关系的，感情也是很好的。当年现代化所在常庄建立了试验区，我们共事了很长一段时间。现在我已经离开常庄很长时间了，但一直没有跟现代化所断了联系。

我是 1982 年的 4 月初到常庄公社任党委书记的。为什么调我到常庄任党委书记呢？这要讲讲我之前的经历。到常庄之前我在刘八里公社任党委书记。刘八里因为距泊头镇八里地而得名。"文革"期间，我属于"双突"干部，还在粮食局任副局长时就被突击提拔成县委常委。那时沧州地区有精神，突击提拔的年轻干部要到基层去锻炼，所以让我去刘八里兼党委书记。到农村去我不怕，因为我自己就是农民出身，而且我在农村当过干部，后来在粮食局工作又作为工作队队员下乡，但是我不知道能不能干好书记这项工作。这时就有人说闲话，说当常委的未必能做好党委书记，意思是看我的笑话。事实证明，我当书记当对了。书记是第一把手，自己想干的事情就能自己做主，我得到很大的锻炼。当时我还不到 30 岁。

那时河北省土肥研究所已经在刘八里施行了十几年盐碱地改良工作了。他们主要采用的是生物改碱措施，种绿肥，用绿肥改良盐碱地。

那是以粮为纲的年代。刘八里很穷，农民吃不饱饭，小土房破破烂烂

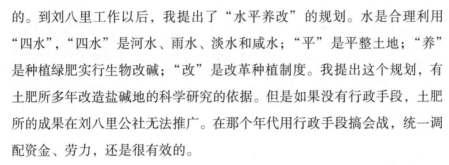

的。到刘八里工作以后，我提出了"水平养改"的规划。水是合理利用"四水"，"四水"是河水、雨水、淡水和咸水；"平"是平整土地；"养"是种植绿肥实行生物改碱；"改"是改革种植制度。我提出这个规划，有土肥所多年改造盐碱地的科学研究的依据。但是如果没有行政手段，土肥所的成果在刘八里公社无法推广。在那个年代用行政手段搞会战，统一调配资金、劳力，还是很有效的。

我们采取的措施是土地分类合理利用。一类地施行三种三收，即小麦地在 5 月下旬套种玉米，小麦收割后，在玉米中间种大豆，水、肥、劳力、资金四集中，实行高产稳产；二类地施行三种两收，即小麦、玉米与青豆（青豆在盛花期翻压做绿肥）；三类地施行一麦一肥，即小麦与田菁轮作。只用了三四年的时间，刘八里的粮食产量翻了一番还多。单产、总产、人均贡献在全县均居于首位，使土地含盐量下降了 61%，土壤有机质增加了 50%。土地越种越肥，进入了良性循环，改变了刘八里原来"吃粮靠统销，花钱靠贷款"的面貌。省、市多次在刘八里召开现场会。我的一篇论文还在黑龙港综合治理学术讨论会上宣读了。

1980 年 6 月，中共沧州地委、地区行署做出《关于在全区推广南皮县刘八里公社综合治理旱涝碱经验的决定》。1981 年底，中央已经提出"增产致富"，一靠政策，二靠科学。省里召开"增产致富双先会（先进集体、先进个人）"，我参加了。"双先"会结束以后，我又参加了一个河北省先进集体和劳动模范大会，省里发了奖状。这实际上是河北省省委、省政府嘉奖先进单位，我个人也算是省级劳动模范。在刘八里这几年，我是真干了，而且干得不错。

我在刘八里公社的经历，不仅锻炼了我的基层工作能力，而且了解了科学技术的重要性，跟科学家配合默契。这也是为什么县委要调我去常庄工作的原因之一吧!

"1152" 规划

1982 年初,县委通知我去常庄乡任党委书记。那时乡党委书记、副书记是由地委管理,需要报地委批准。调我的报告已经报上去了,还没有批回来。此时科学院石家庄现代化所的曹庶范书记要到常庄去。因为曹书记曾担任过沧州地区党委书记,而当时县委的主要领导人都是曹书记的老兵,所以曹书记到常庄来的头一天晚上,县委管人事的段副书记就给我打电话,说让我第二天早起去取个便信,先去常庄接待曹书记。所以我是调令还没有到,人先上岗了。

这里还有一个插曲。我是"文革"期间因为"双突"政策被提拔成县委常委的,80 年代初,落实新政策,要把"双突"干部——那时叫坐直升飞机上来的,一律免职,所以后来我的县委常委就被免掉了。免了我倒轻松了,工作我干得更起劲了,也干得更好了。

"1152" 的内涵和意义

1982 年的常庄是怎样一个情况呢?那时它有 26 个村,4.5 万多亩耕地,人均 2.7 亩。其中农业占地达到 77%,农业劳动力占 72%,而粮棉油的收入只占总收入的 23%,"没有千亩地,打不出万担粮",广种薄收,粮食产量每亩只有 176 斤。土地已经陷入恶性循环,越种土地越薄,越薄粮食产量越低。所以常庄是一个典型的单一种粮、农业结构很不合理的穷乡村。

常庄未治理前的秋季景观

我一方面深入各村了解情况，一方面听取石家庄现代化所在这里驻点的科研人员的意见和建议。经过一段时间的调查研究，我在乡党委、乡政府联席会议上提出了"1152"耕作制度，即把每人2.7亩耕地变成一人1亩良田，一人1亩枣树与棉花等作物间作，用5分地种苜蓿，用2分地种蔬菜。

"1152"是有科学根据的，在那时也是思想很解放的产物。

这里有几个要点：第一个要点是2.7亩耕地都种粮食也收不来多少，不如集中1亩良田，提高单位面积产量。第二个要点是枣树与经济作物间作。常庄南面是乐陵，北面是沧县，这两个县的小枣，在全国都是知名度很高的。常庄就夹在这两个县的中间。他们那两个县的枣好吃，常庄种枣也应该有优势。第三个要点是每人必须种5分苜蓿。因为既然要发展畜牧业，就要先有草；种苜蓿的地都是盐碱地，还能改良土壤。第四个要点是每人2分菜园地，是要实行多种经营，解决农民菜少少吃，没菜不吃的问题。如果吃不完，可以卖到沧州，增加农民收入。这四个要点的目的是优化耕地结构，开展综合经营，促进农业向现代化发展。

我在常庄待了6年，一直围绕着"1152"规划工作没动摇。

科学院石家庄现代化所对"1152"帮助很大。具体在哪些方面，我下面再谈。我先谈是怎么利用行政手段推广"1152"规划的。

我抓的力度很大。第一，抓水利建设。常庄正好在大运河东面。1982

年春天，南运河往天津送水，国家不让用运河的水，但是给沿河乡镇补钱，用于打井，常庄就有这笔钱。当时春种已经过去了，为抢农时，我打了几天几夜电话，把其他乡不用的打机井的设备都找来了，硬是一口气打了300眼浅井，水利条件得到很大改善，扩大了水浇地面积。第二，当年推广了1万亩粮豆间作和优良品种，坚决不让农民再种春谷子、春棒子、春高粱等低产作物。第三，推广种植枣树。我之所以要推广枣树，是因为枣树不跟粮食争地，而且经济价值高，又耐储存，鲜枣卖不了，可以卖干枣。

种枣树

我想说说种枣树这个事。在常庄6年，枣树我是年年抓、月月抓。

我刚才谈到，常庄应该有种枣树的先天优势，而且是农民致富的重要途径。但是在刘八里时，我种的枣树都没成活，这是我最大的困惑。在常庄种这么大面积的枣树，如果不能成活，劳民伤财，是没法儿向党和人民交代的。

是什么原因呢？我就深一步地调查这个事儿，向枣农、专家询问，查阅有关资料。这里要提到一个人，就是现代化所农经室室主任张宗荫，他对我们常庄种枣树帮助是很大的。他是沧州的老人，过去在沧州农校当教师。在曹庶范当书记时，他调到了现代化所。南皮很多干部，包括县级干部、科技干部都做过他的学生。我准备种枣的时候，国家在沧州举办一个枣树技术培训班，他听到这个消息后，带着我去沧州。可我们到达时会已经散了。因为张宗荫和交河县副县长齐春林很熟，沧州农林局技术科长张国英和齐副县长送我两本大会印的关于种枣的书。齐副县长还领我和张宗荫参观了沧县、献县、交河县几个有名的产枣村。

这期间还有一个花絮。我和张宗荫主任住在一个房间，当天晚上都很累，我们很快就睡着了。张主任有 200 来斤重，半夜，他的那张床突然"咔嚓"一声就塌掉了，把我吓坏了，把他摔坏了咱们的损失就太大了！好在有惊无险，我们重新搭好床板，他很快就又呼呼大睡了。

我反复钻研得到的"宝书"。书上有一段话启发了我，说是枣苗的包装和起运十分重要，枣苗根干了就不能育活。我想起了在刘八里时，苗子从山东运来，不仅路途有 200 多里地遭风吹，而且到达后还要在院子里晾晒几天，树根早就干枯失水了，怎么能种活呢？明确了这个问题之后，我们就非常重视苗子的问题。周围一些苗贩子听说我们要大量栽种枣树，都纷纷涌来给我们提供苗子。我们严格把关，有些苗贩子甚至贿赂我，给我提成，但是我们的原则就是只看苗根的情况。1982 年我刚到常庄的第一年，枣树种植面积就达到 6000 亩，成活率 60%。这是相当不错的成绩了。

第二年就发生问题了。当时老百姓还认识不到种枣树的重要性。刚刚实行农业生产责任制，农民还是把眼睛盯在粮食上，有些农民嫌枣树种在地里不方便耕种粮食，就把枣树毁掉了。有的村甚至整村都把枣树毁掉了。这个形势比较严峻，如果不采取措施，"1152"规划就会泡汤。

我也不动声色，安排了一个乡干部会。我让他们逐棵鉴定枣树成活率。鉴定后，我就召开乡党委、乡政府联席会议，制定了"三个五毛"的奖惩政策，就是对两年新种枣树，每成活一株，奖励五毛钱，由乡政府出钱；今年新种树不能完成的，每株罚五毛；新种树要登记造册，来年不成活的，每株罚五毛。根据各乡报上来的数，我从计生办借了 6 万元钱，让乡里发到村干部手里，然后在全乡广播，说这些钱都发到村干部手里了，让村民到村干部那里去领奖金，哪个村干部不给你，直接来找我。这下炸了营。那些"腆脸估数"的村干部们，只好再去一棵一棵地重新数。从乡里领取的奖金数不够了，只好偷偷自己补。老百姓说，咱种了枣树没结枣就"结"钱了？村干部也再不敢糊弄了。这下真正把干部群众发动起来啦！

开完大会我就可以睡大觉了，睡完了我就下去转，一看全种上了。因为不成活要罚款，所以成活率也很高。第二年，枣树种植推广到7500亩，成活率80％。

1986年，种枣又掀起一个高潮。沧州地区林业局副局长高勇，组织沧州地区干部参观河南省兰考县的林业建设。那个地方是黄河故道，风沙相当严重。当年焦裕禄在那里当县委书记，通过种泡桐防风沙。我又受到启发。泡桐是十年成材，枣树结枣一年就能卖出一棵泡桐的钱，所以坚定了我掀起第二次种枣高潮的信心。

我在常庄三条公路两侧的所有好地全种上枣了。另外，过去想留住一类地，现在我把这些好地也都种上了。大树金村有1000亩的水浇地，正好在公路边上，全都种上了枣树。我要求他们达到95％的成活率。大树金村的村干部非常负责任，工作做得很细很认真。这片枣林，行距15米，株距3米，南北宽3里，东西长1里，整齐划一。由于苗壮而且管理得好，当年单株结枣就达30到50个，真正实现了"枣树当年就换钱的愿望"。这一年秋天，沧州地区行署专员赵金铎亲自主持在这里召开了市县长现场会。有人说："这在全国也是种植标准最高的枣粮间作方。"

这一年冬天，河北农业大学中国枣研究中心教授王永惠、副教授彭士其等人，在全国通过筛选比较，最后选在大树金村新种千亩枣树方，设立了"枣早实丰产综合技术的研究"这项课题。1990年，国家林业部对这项研究成果组织了鉴定。1991年，这项目获得国家科技进步一等奖。而1989年，在沧州林科所工程师张秀梅和助工纪巨清的主持下，在这个枣方里进行的"小冠密植枣园速生丰产的研究"，1990年就已经获得了河北

常庄产的优质红枣

省科技进步四等奖。

这片枣林的地理位置是在全乡最显眼的地方，发挥的示范作用是非常巨大的。

在常庄推行枣粮间作时，我还碰到一个难题。在实行责任制以前，有几个村的老枣树根本不被农民当回事，由于疏于管理，根本不结果。这时我发现在常庄村有管理得很好的老枣树。原来村里把这些树收回，让大户承包了。我就在这里召开了现场会，推广常庄村的做法，并限期落实大户承包。大户承包落实以后，由于他们精心管理，这一年，30 多年没有结枣的枣树都是硕果累累。石家庄现代化所南皮生态实验站站长田魁祥主张利用他们站上的子课题，呈报《老枣树"超量施肥宽开甲"，实现快速丰产》的试验项目。这个项目在秋天也通过了专家鉴定，认为在省内同类项目中居领先水平。

推广枣树种植时，农民没掌握技术，还闹出一些笑话。春天要给能定杆的枣树定杆，也就是给枣树剪枝。技术人员在给枣树定杆时，常庄村林德福恰好不在现场。他是对种植枣树非常负责的人，他不知道为什么要给枣树定杆，看到长得很好的枣树被剪成了一根棍子，急了眼，就一连三天到乡政府大闹，哭哭啼啼。经过解释，并保证如果秋后不长出一个"好脑袋"，则由乡政府包赔，他才不闹了。秋天时，凡是定杆的枣树都长出了喜人的小脑袋，丰收一片。他提溜着鲜枣和树下的甜瓜送到我家，非要让我尝尝。

枣粮间作的优势就是因为浇麦子时枣树也能浇上水，枣树长得好，也不影响麦子的收成。

枣树种植成功，给常庄人民带来的效益很大，已经成了一个产业，解决了农民均衡致富的问题。这个效益在常庄很长一段时间对老百姓的震动都很大。我离开常庄20多年了，可现在的常庄，大人小孩、见过没见过、认识不

枣粮间作

认识的，都知道我。有次我的车要路过一个地方，有人正在那里用"小白龙"浇地。我怕压着他的管子。我就说我是罗春达，你能先停下来让我过去吗？他说，哎呀，你是罗书记？他马上停下机器让我过去了。现在乡里很多的人还一直和我保持很好的关系。

种苜蓿

在常庄的历史上一直有苜蓿种植，但是种植面积都不大。我觉得畜多肥多才会粮多，而且苜蓿本身就耐盐碱，可以在瘠薄地上种，所以1982年我到常庄以后，就号召实行一人种5分苜蓿。因为是刚刚实行责任制，老百姓的眼睛还盯在粮食上。我广泛动员，讲广种薄收的弊端和少种多产的好处。

有几件事情很重要。一点是我们抓了统一备种。如果让农民自己备

种，结果可能就是"黄瓜打驴去半截"，甚至"多半截"。现代化所的张宗荫从太行山区帮我们调来了 2000 斤种子。其余不足部分，我们与常庄村民按每斤 2 元签订合同，按每斤 0.9 元卖给苜蓿种植户，每斤种子乡里要赔 1.10 元，仅此一项，乡政府要补贴种植户 1 万多元。但是我们保证了种子的品质好。

另一点是我们规定了奖惩制度。全乡统一规定种植苜蓿的时间是伏天"挂锄钩"时，就是不用耪地的时候。乡里规定，凡是完成苜蓿种植任务村的享受定额补贴的村干部，8 月份奖励一个月的工资，否则扣发补贴。

正好"挂锄钩"那几天天公作美，下了一场透雨，我们突击了一周，超额完成了任务。苜蓿比较容易种，撒在地里，搂一搂，过几天苗就出来了。全乡原有苜蓿种植面积 1650 亩，按计划又种了 6500 亩，群众又自发种了 1000 亩。第二年苜蓿就长起来了，就有一点收入了。第二年的苜蓿亩产大约在 1000 斤，第三年、第四年、第五年进入高效期，达到四五千斤了。

当年秋天，河北省畜牧厅来了一个人，上常庄来看苜蓿，那个时候地里还长着庄稼，只能钻到庄稼地去看，还看不出有多大面积，那他也挺高兴。他觉得咱们是大面积种苜蓿的一个地区。几年之后，苜蓿进入丰产期了。村与村的结合部都是盐碱地，我也种苜蓿，他也种苜蓿，村上也提倡种，自然就形成大片了。全乡有三个大片，形成了万亩草场。1986 年，河北省在沧州地区召开了人工种草现场会。农业部草原处来了一个处长，参加了会议的全过程。会议由各县市主管农业的县长、畜牧局长参加。因为这个会议级别比较高，县里的条件也有限，就在沧州地区找了一个招待所。会议代表专门看了常庄现场。车队很长，村里的牲畜哪里见过这个阵势，一头小牛见到车队都吓跑了。人们都笑说还没有见过黄牛被车惊的场面呢!

看完苜蓿,回到沧州地区开会,我有一个发言。原来县政府办公室给我准备了一个材料,我觉得这个材料太一般化了,头天晚上我就自己写。我发言完了,草原处的处长看到我的发言与发到与会者手上的材料不一样,就让我把发言再抄一遍,带走了。这位处长给了很高的评价。他说这是这几年来中国滨海地区人工种草的先进单位,在全国这样大面积地种苜蓿,还没有先例。

种苜蓿的效益还是不错的。第一,增加了大牲畜。有了饲料,而且是精饲料,全乡在4年时间里牲畜增加了2倍多。第二,牲畜发展了,有机肥料增加了,肥料的质量也增强了。第三,土壤肥力增强了。因为苜蓿根部有根瘤菌,能固定空中氮素,增加土壤有机质,改变氮磷钾的结构。五六年后,种苜蓿的土地就可以跟种粮食的土地倒茬轮作。虽然种粮面积减少了,但是单位面积产量提高很快,从不到200斤提高到605斤。第四,腾出一大批劳动力,向乡镇企业转移。1985年全乡务工人数达到3300多人,占劳动力的50.5%,产值比1982年翻了一番。

2分的菜园虽然没有大力抓,但从农业结构、食品结构的调整上都需要发展蔬菜。现代化所的田魁祥他们都认为这个"2"不能丢。

与石家庄所亲如一家

我在刘八里待了五六年,在常庄先后待了有七个年头。我这样的党委书记在南皮县是很少的。在一个地方长时间工作,难免有一些这样那样的矛盾,加上我家属"农转非"了,我就考虑进县城了。这时已经到了

"七五"期间，现代化所已经在常庄建立生态实验站了。现代化所对我和对常庄的帮助很大，我走了是不是合适呢？我就问田魁祥，他说你该走就走吧。就这样我被调离了常庄，任县乡镇企业局局长。

我和田魁祥他们现代化所的关系始终亲如一家。这里有工作上的默契，也有感情上的默契。

帮我解决了家.

1982 年，农村先后实行农业生产责任制。我的老家在罗四拨村，在南皮县的最东边，也实行责任制。我两个孩子还小，爱人照顾孩子还要种地，忙不过来。常庄在南皮县的最西边，离家太远。作为一把手我又不能经常回家。我跟段副书记说，想把家属带到常庄去，他说可以。我就把我的家属和两个孩子的户口都放到大树金村了。两个孩子的学习关系也转到常庄。

我早在粮食局工作时就是国家职工了，但是家属都是农业户口。那时社会上有这样一句话，很能说明"农转非"对于农民的重要性："单职工一辈完，双职工辈辈传。"当时科学院还是党委书记负责制，现代化所曹书记是第一把手。在常庄蹲点的是所里一位室主任叫赵昌盛，他接待的我。他劝我说，你家属的"农转非"问题，可以找曹书记说一下。那时候每年有千分之五的"农转非"指标。但是我想，曹书记在沧州地委当书记时，我还是个小孩子，不认识。现在刚认识，就跟曹书记提这个事，给他添麻烦，不合适。我就没有提这件事。

1986 年 9 月，由中国科学院石家庄农业现代化研究所南皮生态实验站站长田魁祥提议，所党委书记赵昌盛批准，聘任我为助理实验师兼南皮生态实验站副站长（原级别不变）。按当时国家有关规定，助理以上职称，全家可以转成非农业户口。文件送到南皮县人事局,县人事局向县委书记、副书记打了招呼。县领导有同意和不同意两种意见。上报给地区人事局后,地区人事局又上报给省人事局,批复是"同意"。1986 年 11 月份,我全家正式转为非农业户口。这件事对我们家是一件大事。

南皮实验站这样帮助我,说明我们的关系不是一般的关系。

科研与经济建设相结合

县委调我到常庄工作,就是看到我善于和科研人员打交道,能和科研人员相配合,有共同语言。他们说的事情跟我说的事情都是一致的,我想的事他们也能接受;他们想的事,我能很快去办。现代化所没有建站的时候,我们吃住都在一个大院里,见面比较方便,到什么季节抓什么问题,他们经常和我们讨论。

首先在指导思想的转变上,现代化所的建议对我们很有启发。他们一直提倡调整农业产业结构,就是调整一、二、三产业之间的结构,在没调整之前,农村就是一产,很少二产和三产,要不就是一产捎带着二产,没有三产。其次就是帮助我们解决技术问题。他们到常庄后,帮助我们做规划,搞调研,做示范,还经常办各种培训班。他们搞的节水项目——"小白龙",也推广开了,还有苜蓿的施肥和浇水试验,遗传育种方面的试验,都是很有示范作用的。

现代化所建站的时候是田魁祥负责。在建站选址问题上,我说你现代化所实验站需要建在哪里,我就把那块地给你,我支持你建站。因为现代化所只要建站他就走不了,我也不需要他们从钱上物上对我们有多大帮助,只要在技术上能帮助我们就了不得了,就是对我们最大的支持。开始选的地址离火车站比较近,后来胡雅轩县长说还是离乡镇近一点好,所以就选在现在这个位置了，离乡政府只有 1 里地，离县城也很近，靠在马路边上，办事很方便。

我的体会，现代化所不是单纯地搞研究，而是把科学研究的题目与当地的经济建设相结合，单纯搞研究的科研单位，来到基层是不被重视的，只有跟当地的生产实际结合了，才能受当地农民的欢迎。我们之所以配合得很好，也是因为他们的科技工作能和我们的工作互相结合。

种植棉花上出了大力

在普及棉花种植技术和管理技术上，现代化所的同志们出力了，帮助是很大很大的。现代化所有试验地搞棉花种植示范。那会儿老百姓还不认识磷肥呢，他们就搞了施磷肥试验，还搞品种对比试验，特别是在棉花种植上采用了地膜覆盖，提高地温，棉苗早期发育就比较好。这些试验地在我调到常庄前就有了。我就是跟他们现学的。

石家庄现代化所的研究人员在进行棉花试验

"六五"期间，抓棉花生产时，是实行一人 1 亩枣树和棉花间作。常庄乡不是产棉区，老百姓没有种棉花的习惯。当时国家实行鼓励发展棉花生产的政策。老百姓致富，也需要发展棉花生产，而枣树和棉花间作效果很好，特别是枣树在生长幼期，更适合种棉花。我就提出来大力发展棉花，要发展

到一人1亩。1982年我刚到常庄时，全乡镇只种到二千多亩，亩产只有47斤；到1983年就发展到六七千亩，产量可达到七八十斤；到第三年就发展到一人1亩，亩产皮棉达到97斤，基本实现"一人一亩棉，亩产过百"的目标了。在行政手段方面，就是组织参观、宣传

常庄丰收的棉花

发动、技术宣讲。我把常庄分成七片，每片四个村，实行了"三结合"，就是领导干部、一般干部和技术人员三者相结合，驻村推广种棉技术。每一个生产环节都到村、到地头了。

开始如何保全苗是关键。贾屯子支部书记王俊起，他的棉花只出苗四五成，想毁，可惜，不毁，盖不住地。我说："行了，开会完就在你那地里搞示范。"现代化所的朱汉同志就在那里讲技术，搞示范，结果全苗了，秋季亩产收获超过百斤。这个说服力是很大的。

现代化所的同志有些不是研究棉花的，但是他们可以看材料做示范。就是在他们的帮助下，棉花种植才逐渐推广到一人一亩。原来没有棉花收购站，后来棉花多了，特意建立了一个棉花收购站。当然现在棉花种植面积有所减少，这是符合市场规律的。但当时棉花确实是农民增收致富的一条路子。

枣树开甲做贡献

在枣粮间作方面，科学技术人员也发挥了重要作用，像张立震、林树河、张秀梅等都给予我们很多技术上的支持。推广枣树开甲技术主要是现代化所田魁祥他们的贡献，虽然这是老枣区农民都采用的一项传统技术，但是在常庄却没有人知道。枣树开甲就是在枣树的盛花期（大约 5 月底到 6 月初的芒种节前后几天），用开甲的刀子，在树的基部比较光滑的部分划两道口，两道口距离一个韭菜叶宽，深度达到切断树皮（韧皮部），把其间的皮部截断撕掉。这样树叶光合作用形成的养分不向根部传输，集中用在坐果上，以提高坐果率，而又不影响水肥管养向上的传输。到枣坐住的时候，树皮伤口也愈合了。每年一次，逐次向上推移 1 寸左右。不管大树小树，只要一开甲，就能坐枣。河北农大园艺系还派来研究生周俊义，长期住在常庄乡，指导农民种枣树。

科研人员的工作促进了南皮农业的发展

"1152"因为是科学规划，所以推广后比较成功，而且被立为地级课题，在"六五"末进行了验收，成为区级的科研成果。我的论文或者是工作总结，在《科学报》《科技日报》《河北日报》等媒体发表的文章，都是有科学数据的，不是拍脑袋瓜想出来的。这些数据都是科学试验的结果，所以很有说服力，也很受重视。那时的行政干部很少能写出这些科技含量比较高的文章来。我和现代化所的农经专家李士铎合写的《南皮常庄试区种植结构调整研究》被收入中国科学院南京土壤研究所傅积平研究员主编的《黄淮海平原区域治理技术体系研究》一书中。

我和科研人员在工作上互相配合，私下里感情也很好，他们也不端架子，我们有时还在一起喝喝酒什么的。不仅跟我们，他们跟农民也能打成一片。我的家庭还是农业户口的时候，也要种植责任田。我就在实验站的西南角一块地种了小麦。我播种晚了一点，现代化所的同志就用地膜帮我把地给盖上了。这些我也不用特意去致谢，我们在一起很随便了。我要调到县里去时，张秀梅和她那个课题的同志，专门到我家看我，怕我走了，以后的工作就不那么顺手了。他们需要的我就帮助解决，我能为他们的事去跑，别人可不一定能那么做。

可以这么讲，没有农业现代化所和其他科研单位的工作，就没有南皮县今天的农业成就。有些作用是潜移默化的。特别是"黄淮海战役"中，现代化所立项研究黑龙港地区问题，常庄是一个点，有以点盖面的示范作用。

（本访谈照片由南皮实验站提供）

附　录

李松华与 "黄淮海" 科研项目

　　李松华是一位女同志, 湖南省长沙市人。她出生于 1931 年, 于 2007 年不幸逝世。她曾任中科院农业研究委员会副主任、科技合作局学术秘书、资源环境科学局学术秘书、农业综合开发领导小组副组长、科技扶贫领导小组副组长, 研究员。

　　李松华在中科院主要从事农业科研组织管理和土壤农化工作。她经常深入农业生产第一线和贫困地区解决各种难题。从 50 年代起, 多次参加在黄淮海地区的实地考察和调研。60 年代, 参加河南省封丘试验区 10 万亩以 "井灌井排" 为主的生物综合治理实验。1982 年 7 月, 李松华等组织黄淮海平原综合治理与开发攻关项目科学考察组, 历时20 天完成了冀、鲁、豫 3 省 12 个县 (市) 的考察任务, 为 9 月下旬召开的中科院黄淮海平原科技攻关工作会议、11 月下旬中科院呈送国务院《关丁我院组织有关农业科技力量, 为开创农村发展新局面作贡献的报告》提供了科学依据。1985 年初, 李松华等组织中科院农业科技成果, 参加在北京展览馆举行的中科院 "六五" 科技攻关成果展览。1985 年中科院地理研究所拍摄《黄淮海平原综合治理及开发研究》电视片, 由李松华监制。"七五" 期间, 李松华等组织科学家完成《全国产粮万亿斤潜力的分析》研究报告, 为中央制定我国农业发展战略提供了决策依据, 受到中央领导同志的好评。1988 年初, 面对即将实施的中科院黄淮海平原农业综合开发项目, 李松华向中科院副院长李振

李松华（中）深入农村调研

声、秘书长胡启恒建议：成立领导小组；设立专家组，依托中科院农业研究委员会；成立办事机构。按此建议，成立了中科院农业综合开发领导小组及农业项目管理办公室。

李松华参与组织和研究的科研成果中，获中科院科技进步特等奖1项、国家科技进步二等奖1项、国务院农村发展中心科技进步二等奖1项、1988年获国务院二等奖1项，被评为"黄淮海平原农业开发优秀科技人员"。在国内外共发表论文10多篇，是《黄淮海平原治理与开发的组织管理》《中国的农业生态工程》专著的主编之一，为"黄淮海战役"的成功做出了重要贡献。

值《农业科技"黄淮海战役"》出版之际，作为李松华的同事，我们认为有责任将李松华的贡献反映出来，以表达我们对她深深的怀念和敬意。

（刘安国）

李松华同志遗作

给院领导的信

李副院长并启恒秘书长:

当您们在二月四日生物局召开的农业会上宣布要我负责承包我院"黄淮海"的组织管理工作后,心中十分激动。领导的信任对我既是动力,又是压力,也是生活和工作中的活力。我愿把毕生的精力,以争朝夕的精神来完成任务,切实地为党和人民干点有益的事,绝不辜负您们的期望和信任。但,一想起现在所处的工作环境、目前的办事机构,实在令人担心,长此下去很难完成这一艰巨的硬任务。每天的事情一件件如潮水一样地涌来,而我单枪匹马,没日没夜地干工作,一天也只有 24 小时,而农业任务涉及面广,综合性强,与几个职能局都有关,因此,有时我感到十分疲惫,难以应付。

时间就是效率、就是生命。为了不使工作受损失,我考虑再三,提出以下建议,请您们审示。

李松华

88. 2. 15

李松华(右)在试验场地调研

李松华(右3)在试验点调研

中国科学院

李副院长并敬悉谭院长、吴召院长：

当您们在二月0日生物局吕开的农业会上宣布了我负责承包贵院"黄淮海"的组织管理工作后，心中十分感激动，领导的信任对我既是动力，又是压力，也是生活和工作中的活力。我愿把毕生的精力，以争朝夕的精神来完成任务，切实地为党和人民干点有益的事，决不辜负您们的期望和信任。但，一想起现在所处的工作环境，目前的办事机构，实在令人担忧，长此下去很难完成这一艰巨的硬任务。每天的事情一件之如潮水一样的涌来，而我单枪匹马，没日没夜地干工作，

中国科学院

一天也只有24小时，而农业化实涉及面又广，综合性强，与几个职能局都有关，因此有时我感到十分疲惫，难以应付。

时间就是效率，就是生命，为了不使工作受损失，我反复再三，提出如下建议，请您们审示。

李松华
80.3.15日

附　关于“黄淮海”科研项目管理的建议

为了加强我院“黄淮海”科研项目的领导、组织协调、评审、咨询、督促检查、人财物的综合平衡及信息交流等，以促进这一项目圆满完成，同时出成果、出人才、出效益、出经验，当务之急是要建立一个强有力和效率高的指挥机构和办事机构，方能形成有效的管理，使这一支500人的综

李松华在汇报工作

合性队伍做到有领导、有计划、有步骤地进行工作，真正发挥我院多学科、多兵种的优势。

为此，建议成立三个层次的组织领导、学术咨询和办事机构：

（一）决策层：项目领导小组

由李副院长任组长、李松华和有关局负责人、四片片长组成。

（二）评审、咨询管理层：专家顾问组

设专家顾问若干人：如

李庆逵　农研委主任、学部委员

黄秉维　地理所名誉所长、学部委员

马世俊　环委会主任、学部委员

席承藩　南京土壤所研究员

专家组组长：○曾昭顺　农研委副主任　研究员

成　　　员：左大康　地理所所长　研究员

　　　　　　赵其国　南京土壤所所长　研究员

　　　　　　○王遵亲　南京土壤所　研究员

　　　　　　○王天铎　上海植生所副所长　研究员

　　　　　　○沈善敏　应用生态所所长　研究员

　　　　　　○罗焕炎　农研委委员　研究员

　　　　　　屠清英（瑛）　南京地理所所长　研究员

　　　　　　○姜恕　植物所　研究员

　　　　　　陈锡康　系统所　研究员

　　　　　　○沈长江　综考会生态室主任　研究员

　　　　　　○刘孟英　动物所　研究员

　　　　　　○胡启德　遗传所　研究员

（有"○"记号者为农研委委员）

（三）执行层：

在项目领导小组和专家顾问组领导下，设立一个精悍的具体办事机构。

拟请杨挺秀、吴长惠（兼）、王燕同志负责，组织一个短小干事的班子，处理日常工作。

中国科学院

（一）决策层、项目领导小组.
　　由李副院长任组长
　　李振华为首席的负责人，□片之长任组长

（二）评审、咨询鉴定会：专家顾问组
　　设专家顾问若干人，名
　　李庆逵　农研室副主任、学部委员
　　黄秉维　地理所研究所长
　　马世骏　环委会主任
　　□承藩　南土壤所　研究员
专家组主任："曾昭顺　农研室副主任　研究员
成员：左大康　地理所之名
　　赵其国　南土壤所之名
　　于□沈　研究员

中国科学院

· 王天铎　上海植生所副所长　研究员
· 沈善敏　在问之参所之名
· 罗绳英　农研室之员
· 吴清英　南京地理所之名
· 姜恕　植物所
· 陈铭康　毛遂经管所
· 沈长江　作技会秘书长
· 刘章英　动物所
· 胡敏徵　遗传所

（有"记号者为农研室之员）

三、执行层：在项目领导小组和专家顾问组领导下
　　设立一个精悍的具体办事机构
　　拟请杨挺秀、吴长惠（兼）、王燕同志负责，
　　组织一个短小干事的班子，处理日常工作。

黄淮海科研项目的组织管理

中国科学院农业研究委员会李松华等①　一九八九年元月

一、项目简述

黄淮海平原指黄河、淮河和海河下游的冲积平原，包括京津冀鲁豫苏皖五省二市的部分地区。总面积约 35 万平方公里，其中耕地 27000 万亩，占全国总耕地面积的 18.57%。全国解放后，虽然国家进行了大量投资，以期改变这一地区的地产面貌，只因这里的自然条件很复杂，灾害频繁。如：洪涝威胁依然存在，特别是黄河万一出险，平原内将蒙受重大损失；水资源短缺日趋严重，尤其是平原北部地区，水资源供需矛盾已相当突出；区内尚有 2200 万亩盐碱地，3000 万亩砂礓黑土地，3000 余万亩风沙地，中低产地总面积约占总耕地面积的三分之一左右；农业结构不合理，畜牧

1985年12月24日万里同志(左2)、严东生副
院长参观黄淮海展览，李松华(右1)在讲解

---

① 参加此项目工作和编写的主要人员有中科院院部：李松华、吴长惠、沙志发、袁萍；有关研究所：刘文政、许越先、陈宏恩、凌美华、杨跃武、蒋秀珍、韩宁。院黄淮海科技攻关领导小组成员及提供宝贵意见的同志，一并致谢。

业、林业、副业和渔业十分薄弱。

实践经验表明，要根本改变这一地区的面貌，必须组织多科学、多部门、多层次，从多方位进行综合研究，用系统工程的方法进行科学管理，才能收到事半功倍的效果。为此，从接受"黄淮海"这一攻关任务起（1983 年）直到 1985 年，针对黄淮海任务需要，组织了南京土壤研究所、地理研究所、遥感应用研究所、系统科学研究所、石家庄农业现代化研究所、植物研究所、遗传研究所等 19 个单位，30 多个专业，300 余名科技人员，以及中国社会科学院、中国人民大学及河南、山东、河北省有关部门和有关科研单位 30 多个，共 100 多人参加，对黄淮海平原自然资源的开发利用与综合治理开展了大规模联合攻关研究。

三年来，由于各单位的共同努力，圆满地完成了国家的合同任务，写出论文报告150 余篇，编著和专著 13 本，绘制各种图件 60 余幅，拍摄和洗印航空照片 5000 多张，收集各项科学数据近 700 万个，还培养了队伍，发展了学科。主要成果如下：

1. 初步查清了"黄淮海"平原水、土、气等自然条件与自然资源；编制了 1∶50万地貌图、低产土壤分布图和卫星影像图等六幅大型图幅；建立了四个层次（面、片、点、专题）的农村经济综合开发和资源配置的数学模型；从宏观上研究了农业发展战略，为"七五"进一步综合治理和开发提供了建议，供中央决策。

2. 开拓和探索了豫北天然文岩渠流域的总体开发和综合治理途径，对流域的内涝问题提出了四种可行性比较方案，水电部已采纳其中的最优方案，并申请国家批准实施。同时对中原油田用水问题也向中央提出了建议。

3. 三个典型示范区（河南封丘、山东禹城和河北南皮）1985 年比 1983 年粮、棉增产一倍以上，经济作物增到三倍，人均收入增加两倍以上。增强了抗灾能力，生态环境得到了改善，经济、社会、生态得到了协调发展，并为该地区提出了长远的综合发展和治理方案。河南封丘县潘店示范区沙盘模型已于 1986 年被选送到法国进行展览。

三年来，"黄淮海"科技攻关共投资 400 多万元，其中试点上约 110 万元，而直接增加的经济效益达 2100 万元，近期扩大效益可达 5000 万元。同时还在这一地区普及了科技知识，培养了农村技术力量，为农村发展增强了后劲。在发展生产的同时，科研队伍本身也得到了提高。在试验点上培养了 10 多位硕士生和博士生，开拓了一些新的研究领域，如植物——气候——地下水的水循环、土壤信息库等，为国家"七五"科学技术攻关奠定了良好的基础。

"黄淮海平原中低产地区综合治理与开发"这一项目获得了三委一部的表扬和奖励，被评为中国科学院特等奖，国家二等奖。为我国组织管理科技大型攻关项目的成功一例。

我国在科研管理方面积累了很多经验，在组织大型科研项目方面也进行了有益的探索，特别在国防建设中，如原子弹、氢弹以及人造卫星等实验方面，积累了宝贵的经验，取得了显著的效果。在农业科研方面，60 年代曾组织过一些重大项目，如"农业十大块"等。由于众所周知的原因，都未能对其管理经验从理论上进行系统的总结。本项成果是根据大型项目组织管理中的 8 个主要问题进行的总结。

二、组织管理中的八大问题

国家"六五"科技攻关项目"黄淮海平原综合治理和开发研究"是一个复杂的大系统。从研究全过程看，要经历项目确定、人员组织落实、规划制定、实施运转、成果鉴定、应用推广、反馈等各个环节。它的组织结构是一个由国家科委、中科院、项目领导小组、专家顾问组、试区以及课题组构成的多层次的结构，是一个多学科、多兵种协同攻关的主战场。对于这样一个复杂的系统，不运用系统的理论与方法进行科学管理，是难于完成任务的，为此，我们主要从八个方面进行了探索：（图 1）

1. 进行系统分析，明确攻关目标；

2. 建立组织机构，形成管理体系；

3. 搞好总体规划，进行课题分解；

4. 确定过程系统，按期完成任务；

图1 中国科学院黄淮海平原综合治理和开发研究科研管理示意图
1983—1985 年

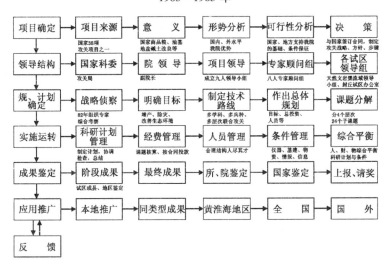

5. 加强综合研究，实现五个结合；

6. 加强试区管理，提高系统功能；

7. 组织实施运转，定期检查交流；

8. 成果及时鉴定，注意推广反馈。

（一）系统分析，明确目标

对一个项目，特别是大型项目上马之前，必须对该项目的重要性和可行性，进行外在环境条件和内在自身系统的调查和分析（图2）。

有了这个基本的认识，才能明确攻关目标，统一思想和行动，鼓舞士气，增强胜利的信心；才能从整体上搞好课题分解和设计，制订出最佳的研究计划和方案，合理配备人、财、物，以最少的投入，在较短的时间内取得最佳的效果。

首先是提高对任务重要性的认识。

就黄淮海平原来说，它是我国最大的冲积平原之一，是我国重要的农业区，播种面积 1.6 亿亩，相当于四个日本。但是，该区旱涝盐碱灾害频繁、抗灾能力低、土壤

图 2　黄淮海平原综合治理与开发研究系统分析图示

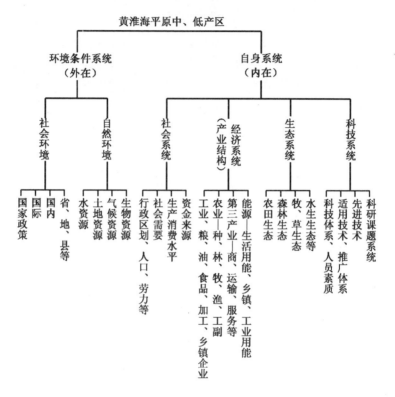

痹薄，水土资源没有得到合理利用。解放以来，科学研究虽然取得了不少成绩，但推广不力，有些基础理论如水盐运行规律、华北地区土壤中磷的释放等问题还待深入研究。要真正解决这个地区的落后面貌，不仅在科研本身有待努力，同时在科研与面向生产的结合点上也要探索新的形式。因此，开展对黄淮海平原的综合治理和合理开发研究，不仅对这个地区农业生产的提高、农村经济的发展和人民生活的提高具有重大意义，对全国农业经济形势也有举足轻重的作用。同时，科学的发展，也有赖于生产水平的提高，生产中问题多的地方，也正是科研大显身手的地方。

其次是要进行可行性分析。

在黄淮海尽管还有不少问题有待进一步研究，但已有了很好的基础：

（1）50年代，中科院与水电部及有关省市结合，进行了华北平原土壤调查，编著了《华北平原土壤》及1/20万土壤改良利用等图幅，为开发这一地区农业生产提供了科学依据；60年代在河南封丘、山东禹城分别建立了10多万亩"井灌井排"等进行旱涝盐碱综合试验，积累了大量资料，培养了一批专业骨干。

（2）我院有多学科、综合性的优势，在组织科技攻关方面，有人才、学科和技术的组织管理的经验。

（3）当地领导和群众对改善这一地区的自然和经济状况有着强烈的要求。同时，我们与当地领导、群众和生产科研部门有良好的合作传统。

（4）列为国家攻关项目，经费来源有可靠的保证。

第三、明确目标，选准主攻方向。

明确攻关项目，是决定攻关任务成败的关键。目标明确了，就能集中力量，全力以赴解决主要矛盾，使人力、物力、财力和信息资源得到最优配置，发挥其最大的经济效益。黄淮海平原中低产问题是一个相当复杂的大系统，涉及自然、社会、经济等方面，实现攻关目标，不仅要解决农业生产中的大量科学技术问题，而且还要考虑人口、经济、社会等问题；不仅要看到平原本身30多万平方公里的问题，还要看到黄淮海三大水系的全局；不仅要看到"六五"，还要看到"七五""八五"……因此，在确定研究项目时，首先组织了水利、土壤、气候、农业经济等方面的专家和领导进行了战略侦察，调查了国内外科研动态，并深入到河南、河北、山东等三省的12个县进行了实地综合考察，经过科学论证，明确了这个地区中、低产原因，在科学技术上可能遇到的难关，以及在战略上要抓的关键的科技问题，确立了"治灾、致富、改善生态环境，建立良性生态农业系统"为攻关的主要目标。

为了实现这个总目标，对其主要限制因素又进行了系统的分析，选出主攻方向。

这些因素是：

（1）旱涝盐碱风沙等自然灾害依然存在，抗灾能力还很薄弱；

（2）水资源和土地资源的利用极不合理，从总的来看，缺水现象是一个主要问题；

（3）土壤瘠薄，肥力低；

（4）农村能源严重短缺；

（5）生态系统不平衡；

（6）文化素质低，经营管理差；

（7）农村产业结构过分单一，商品经济不发达，科技、社会、经济发展很不协调。

针对这些问题，确立了起点要高、技术要新、周期要短、受益要大的基本指导思想。形成了"多学科、多层次、点片面"的联合攻关总体方案。

对于管理者来说，管理的目的是为了提高劳动或工作效率，"管理者的本分，在求工作之有效"，"所谓有效性，就是使能力和知识的资源，能够产生更多更好的成果的一种手段"，"组织管理者的绩效（即效率）本身便是目的"。（《有效的管理者》〔美〕彼得·弗·杜拉克）因此管理工作的目的就是为了把管理对象中的各个要素的功能统一起来，从总体上予以放大，使总体的功能大于各部分功能之和，这就需要健全管理体系，强化任务的管理和组织。

（二）建设组织机构，形成管理体系

建立一个健全的组织机构，形成有效的管理体系，是完成总目标的组织保证。"黄淮海攻关项目"是一个十分复杂的巨系统，包括很多层次，在每个层次上都有一个结构问题。结构合理，效能就好，结构不合理，效能就低，没有结构，就丧失了效能。黄淮海平原中、低产的综合治理和开发，涉及自然科学中的水、土、气候、生物等学科，还涉及社会经济和技术等方面；有中央部门的所、院校，也有省、地、县的领导和科研部门的科技人员……如果没有一个合理的管理机构，组成一个有效率、有节奏的队伍，就会造成各唱各的调，形不成一个统一的整体。因此，当任务一上马，首先就要建立一个强有力的指挥部和各级管理组织，形成合理的组织管理机构。

根据国外学科管理的经验，在一个大的科研工作中，往往要成立多个层次的领导结构。例如，有人认为，科技人员超过100人时，需要三级以上的结构，才可实现有效的管理。

针对"黄淮海"科技攻关任务情况，设立了三级管理层次，分级管理层层把关。各级管理机构的责、权、利明确，以利于发挥各级领导机构的功能。

这三级管理层次是：第一层是决策层；第二层是组织管理层；第三层是执行层。（图3）

图3　黄淮海项目组织管理体系

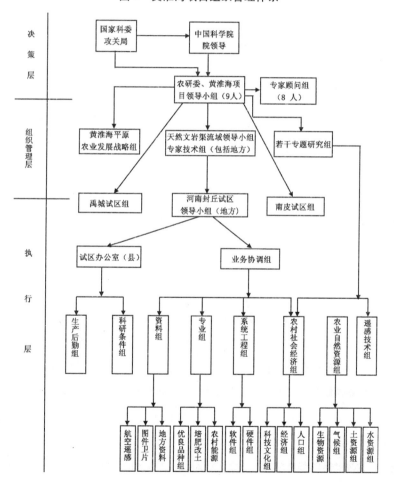

决策层以进行宏观领导为自己的职责，这一层包括黄淮海领导小组，专家顾问

组，各管理部门和地方领导者。其主要职责是：负责与国家科委、攻关办公室和地方领导部门进行联系，进行宏观决策，制定方针、政策，明确攻关目标，审查和批准整体规划和年度计划（包括经费和条件等）。

组织管理层包括有关所的领导，台站及其课题的负责人，负责科研计划与条件的综合平衡。检查和监督任务完成情况，落实人、财、物的分配，保证科技计划按期、顺利地实施。

执行层是课题研究实体，主要包括在第一线工作的科技人员，当地领导干部和群众，也是出成果、出人才的基本单元。

这三个层次是相互联系、有机结合的整体，上层要经常下基层了解工作进度、科研成果和存在的主要问题与困难等，下层也要了解上层的意图和总体要求，做到上下通气，相互协调、相互支持。

在各级管理机构的成员中，既有经验丰富的科学家，也有深入实际的组织管理人员，还有地方领导干部，战斗在第一线的实干家。这样可以充分发挥各家之长，形成一个有效的战斗集体。在考虑各试验点的负责人时，还大胆地选拔了一批中青年科技骨干。实践证明，他们年富力强，有理想，敢挑重担，有一定组织能力，能团结同志，因而超额完成了示范区的任务，为攻关课题作出了突出的成绩。现在，他们均在"七五"黄淮海科技攻关项目中起着组织领导的作用。

（三）搞好总体规划，进行课题分解

科研计划管理是管理工作的核心，一个大型项目，目标明确后，就要围绕总目标选准主攻方向的研究课题，进行课题分解，对选定的课题经过充分的论证，分层次进行研究，再将课题落实到人，这是达到目的十分重要的一环。有一种观点认为，一个项目的课题选准了，就是完成任务的一半，事实证明有道理。黄淮海科技研究课题系统分为四个方面，24 个二级课题（表 1，略），从空间、时间、专业建成一个主体研究网络，构成课题的整体结构，三年实践证明，所选择的课题是比较好的，正确的。

1. 空间：把黄淮海平原作为一个整体系统，确定了面、片、点相结合的三个梯级层次的科研计划。

第一个层次是：从面上着眼于五省二市，运用遥感、计算机处理等新技术，宏观研究黄淮海平原农业发展战略，建立该地区农村经济合理开发和资源配置的模型。

第二个层次是：从片上起步，开拓和探索一个小流域（如豫北天然文岩渠流域，4个县2 500平方公里）的总体开发和综合治理的途径，用系统工程方法按流域进行整体规划，并协助地方组织实施。

第三个层次是，从点上着手，选择山东禹城、河南封丘县、河北南皮常庄乡等三个不同类型的典型试验区（各一万亩）作为示范推广的样板。

这三个层次形成面、片、点的有机联系，以面指导点，以点促面，点面相结合。

2.时间：黄淮海科技攻关要求三年完成，我们把整个科研攻关全过程分为四个阶段：准备阶段，制定规划、计划、课题分解论证阶段，实施运转阶段和成果鉴定与推广阶段。这样，可以掌握时间进度，使总体题目与子课题之间衔接，又注意了子课题之间在时间上的序列，还考虑了"六五"期间黄淮海项目完成后与"七五""八五"的延续与联系等。

从表24（略）上看出：在管理中，黄淮海"六五"攻关任务的最早期望完成时间为33.7个月，按照相应的路线进行监测管理，终于提前完成"六五"计划。

3.专业：黄淮海平原的研究涉及面广，内容繁多，任务性强，单靠某一个学科、单一的技术和一种模式都不能解决问题，必须发挥中科院多学科的优势，同时还要广泛与社会科学、经济、新技术等方面紧密结合，形成多学科、多兵种之间的相互渗透和交叉，从而产生新的学科群，从多方面进行研究。我院组织了生命科学、地质、化学、物理、数学、系统科学等19个研究所，60多个学科，近300名科技人员参加研究工作，并与社会科学、农业经济和河北、河南、山东三省的科研单位，省、地、县、乡党政领导部门共100多人密切协作。

在专题研究方面，选择了一些综合性、关键性的科学技术问题，如优良品种优育、农村能源、遥感技术、水盐运动规律等科学技术问题进行重点研究。

（四）确定过程系统，按期完成任务

任何一项大的工程，从时间上来划分，要包括许多环节，这些环节构成一个过程系统。黄淮海科技攻关的特点是时间紧、任务重、环节多，各环节之间有很强的时间要求。针对这种情况，我们视其为一大型工程，用网络方法进行分析（图4，略）。用网络方法进行分析和指导管理工作的优点是：

1. 突出了主要矛盾，即影响整个攻关项目完成期限的关键路线，抓住关键路线，加强对关键子课题的指导并在人力、物力、财力上给予支持，即可保证整个项目如期完成。

2. 明确了各个子课题之间的衔接关系，使各个子课题不是"关起门来"研究，而是明确自身在整个项目中的地位，服从整体要求，在较短的时间内取得最好的研究效果。

3. 便于子课题进行检查和协调。

（五）加强综合研究，实现五个结合

农业科学是综合科学，它是由自然—社会—经济—技术融为一体的人工系统。只有通过综合研究，才能认识其本质。只有在综合研究中，才能实现五个结合。这五个结合是：

1. 宏观研究与微观研究相结合。从点入手，以点带面，点片面结合外，在技术路线方面，充分发挥中科院多学科、多兵种的优势。在采用一般的常规方法的同时，重视遥感遥测、系统工程、数学模拟、计算机技术和中子测水等新技术、新方法的应用，在更高的水平上加强综合研究。

2. 自然科学与社会科学相结合。黄淮海的治理和开发，不仅要求揭示各种农业自然资源之间的相互制约关系，而且还要考虑社会经济的各种因素，需要多种学科的相互配合和渗透，比如，运用系统工程和方法，通过100多万个数据的运算和系统分析，最后才建立了面、片、县、点四个层次农村经济、农业资源时空开发的模型。这种模型包括资源开发模型、资源配置模型和经济生态平衡模型等三个大子模型。每个大子模型又包含一系列的小子模型。它不仅要求多种自然科学学科提供各种农业自然资源的数量、质量及分布，而且还要求从社会科学方面提供人口、劳力、生产结构、工业、市场、交通、商品、价格等大量数据。

3. 利用和治理相结合，用中求治。自然条件的有利因素与不利因素都是相对的。如封丘试区的低洼易涝淤土地带，过去把它当成包袱，强调先治理才能利用，在利用上也是一麦二水，秋季作物不保收。现在从多种经营考虑，采取了合理利用水土资源和综合治理相结合的技术路线，秋涝对于玉米、棉花和谷子等作物不利，但对于水稻是有利的，可变害为利。为此开展了水稻旱种试验研究，并获得了成功。经三年试验，水稻平均亩产达 300 公斤左右。比过去种玉米、大豆、谷子等植物增加 1～2 倍。与工程措施相比，该试验投资少、见效快、效益高，受到了当地群众的热烈欢迎，每年都以 10 倍的速度发展推广。

4. 任务与学科相结合。对科学院来讲，面向经济建设必须解决好任务与学科的关系。"六五"期间，从接受任务开始，就注意解决这个问题。在订课题合同时，多数都有两个方面的指标：一是必须完成任务的硬指标，二是有带动学科发展的软指标。如在完成地貌图的任务过程中，形成了农业地貌的新概念；平原水文学与农业、地质以及经济等学科的密切结合，也将产生新的边缘学科。

5. 近期与远期相结合。黄淮海平原中低产地区的研究是一项较长期的综合性任务。在课题的安排上要注意纵深布局，在保证完成"六五"攻关任务的前提下，既注意了近期见效快的研究，也安排了长远性的应用基础研究课题，为"七五"或更长远的科技攻关打下基础。

（六）加强试区管理，提高子系统的功能

禹城、封丘、南皮三个试区，是整个黄淮海科技攻关项目中具有一定独立性的实体，是项目的子系统。只有提高子系统的功能，才能提高整个项目研究的功能。

1. 抓好试区内部课题组以及辅助部门之间的协调工作。

系统的结构决定系统的功能。对于试区这个子系统来说，各个课题组以及辅助部门均为该系统的单元。单元自身的优劣决定试区的工作优劣，而且单元之间的关系是否协调也决定着试区工作的优劣，科研管理的重要任务，就是协调好这些关系，以保证系统的总体功能始终处于良好状态。

2. 大力引进科研新成果，积极推广试区研究成果。

开放系统理论指出，封闭系统是没有出路的，系统只有与外界环境不断进行物质、能量与信息的交换，才能增强其生命力。对于试区来讲，与外界进行信息的输出、输入，尤为重要。为使试区的科研工作站在高的起点上，三个试区除重点抓好自身的研究工作和已有成果的示范推广外，都非常重视外环境的科技成果的引进工作，并在实践中加强反馈，促使其尽快转化为生产力。

3. 密切与地方的合作关系。

系统工程最讲"关系学"，这里不是指庸俗的关系学，而是强调普遍联系的、科学的公共关系学。作为试区这个子系统，可视为一个小社会，它具有一定的独立性，虽生活在试区所在地，但容易形成关起门来办科研，与地方上"鸡犬相闻，老死不相往来"的局面，长此下去，是没有出路的，只有与外界环境关系协调了，才能改善自身条件，促进科技成果的推广，最终提高试区的运行机制。因此，我们在主导思想上是强调试区必须加强与地方各级政府的联系，取得他们的了解和支持，做到相互理解，互相支持。因此，各试区建立开始，即争取向地方各级政府及有关部门汇报设立试区的目的、意义以及工作打算，并请地方上介绍他们所关心的是哪些问题，互相都有些什么要求等等，置试区日常工作于地方政府统一领导之下。各级政府也主动将试区的工作纳入其工作议事日程，为试区科技人员排忧解难，使试区工作得以顺利进行。三个试区在短短的几年内之所以能取得较大的成绩，各地政府的大力支持是很重要的因素之一。

（七）组织实施运转，定期检查、交流

科研计划的实施与组织协调是科研管理的中心工作，主要是搞好科研计划与人、财、物的综合平衡，充分发挥人的积极性。

在科技攻关任务中，人是最活跃的因素，也是关系到攻关成败的关键因素。管理者最重要的职责就是要使每个参加工作的人都能为实现集体的目标作出最大的贡献。

首先，是把人的工作放在重要地位，最大限度地发挥科技人员的积极性和创造性。在实践中体会到，调动科技人员的积极性，提高他们对攻关任务的责任感和自觉性，不能仅靠思想工作，也不能单靠奖金，而是要做到下面几点：

1. 将各单项研究或学科的专题研究课题纳入攻关整体项目的轨道，把学科研究和任务紧密结合起来，使科技人员感到目标明确，了解自己工作的重要意义，从而激发他们的热情和干劲。

2. 要十分尊重知识，尊重科技人员的劳动，及时鉴定其科研成果，并推广应用，使他们看到自己的工作成果所产生的经济效益和社会效益。

3. 要了解人，和科技人员交知心朋友，才能知其所长，用其之长，挖掘人的最大潜力，使他们感到有用武之地，有所作为。.

4. 关心群众生活，切实解决科技人员的后顾之忧。参加攻关的同志，大部分是中年骨干力量，工作上他们是攻坚力量，生活上他们又要携老扶幼，家庭负担很重，及时地采取积极措施，帮助这些同志的家里解决实际困难，就可稳定军心。在这同时，搞好物资、后勤的保证也很重要。

在科研经费管理上实行合同制，按合同拨款，力求做到专款专用，使课题负责人在总目标下从制订计划到实施计划的全过程有职、有权、有责。在经费的使用上，还注意了集中重点项目，形成拳头，改变过去那种“撒胡椒面”吃大锅饭的做法。

科研计划中所需仪器设备、车辆、化肥等物质供应，尽量做到“人马未动，粮草先行”，以保证科技攻关顺利地进行。为了做到这点，组织管理和后勤部门的同志经常深入第一线了解情况，及时解决问题。

为了及时了解各课题的进展情况，每半年对各级课题进行年中检查，要求各科研单位、课题组上报科研计划执行情况、完成进度及阶段性成果等等。每年还有一次总结交流和计划会议，以便做到及时总结经验，同时又安排好明年的计划，以利再战。科研管理人员经常下去蹲点，及时了解情况、及时解决问题。对学术上的不同见解和科研动态，则采取组织小型座谈会的办法，及时交流、讨论；每年也组织各站科技人员和管理人员互相到兄弟点上观摩学习，取长补短，提高整个攻关项目的水平。

（八）成果及时鉴定、推广、反馈

一项综合性大成果是由许多小成果和单项成果组成的。加强对阶段性成果的验收鉴定，既是对科研人员劳动的尊重，也是课题本身进一步深入研究的必要。就黄淮海攻关项目来说，它是一项多学科的综合研究，包括的内容十分广泛，各级课题不可能在同一时期取得成果，对于阶段或单项成果及时进行验收、鉴定、推广应用，就能使这些成果尽快转化为生产力，产生经济效益和社会效益，如农村能源中沼气干发酵新工艺，莲藕等水生植物种植，玉米 c 型黄四的培育，塑料软管计量节水灌溉技术等，都是在 1984 年组织鉴定的。只有经常注意阶段性的成果，才能形成大的综合性成果。

三、小结

现代科学技术和现代化管理是提高经济效益的决定性因素，是我国经济走向新的成长阶段的主要支柱，但科学技术的发展速度和水平，往往取决于科技管理的水平。软科学研究能否取得成功，很大程度上取决于组织管理工作，科技管理工作对于发挥我院多学科和新技术的优势是很重要的。如何选题以适应国民经济发展的需要，进行组织、协调与管理等，这些都是值得探索、研究的问题。

经过用系统工程方法进行"黄淮海平原综合治理和开发研究"的组织管理，体会到：

1. 组织管理的核心是搞好科研计划的协调，而好的计划的制订和完成是靠人来实现的，所以管理全过程的中心环节，是如何用科学的方法充分调动人的积极性，使每个参加攻关的同志都能按任务的总目标协调行动，最大限度地发挥自己的能力。这就要求管理者把过去以"任务"为中心的工作方法改变到以"人"为中心这上面来，要创造一种和谐、愉快的环境，使人们自愿地、主动地、创造性地积极工作。因而能提前、超额、高效率地完成任务，并涌现出一批先进集体和个人，在黄淮海的工作中受到了院的表扬，还有的受到国家的表彰和奖励。这是黄淮海工作的一条经验。

2. 在明确总体目标，制订科学技术计划时，既要定性，又要定量。定性，是明确三年要达到的总目标。定量，就是要有确切的目标值，对总目标下的各子课题和分课题要有具体完成时间、阶段成果和分年度预期指标，还要有各级课题的人、财、物等条件的具体计划。没有数值的目标是无法管理的，只有使要达到的目标与具体行动计划密切结合，才能做到真正的有效管理。

3. 选准课题、分解课题。

　　黄淮海科技攻关的选题原则是要有科学性、技术上可行性、经济上合理性、理论上先进性，能发挥我院的综合性、战略性、基础性的特点。在选出的 24 项子课题中，既安排有近期效益的课题，又有少量长远的应用基础研究，力求课题结构有纵深布局，增强后劲，为"八五""九五"期间打基础。在选题时经过课题论证、分层审定，明确各层管理的责任、权力和利益。

　　这些科研管理办法，对整个"黄淮海"任务的完成起到了积极推动作用，达到了出成果、出人才、出效益、出管理经验的效果。

　　"六五"期间黄淮海平原科技攻关虽已首战告捷，但这仅仅是开始，是进行更大规模长期战斗的前奏。同时，工作中还存在一些需要研究和改进的问题，如宏观战略研究和总的指挥系统还显得比较薄弱，这些都要继续改进。

　　在"六五"取得良好成绩的基础上，中科院"七五"期间仍继续执行面、片、点的工作部署，在实践基础上总结经验，加强农副产品综合利用方面的研究，建立一套有效的管理体系，以期在较短的时间内达到三个效益（经济、生态和社会效益）的全面提高。

　　（附录"李松华与'黄淮海'科研项目"的资料和图片均由李松华同志的丈夫李文华院士提供）

黄淮海平原农业开发优秀科技人员名单

　　黄淮海平原农业综合开发试点工作从 60 年代开始。国家有关科研单位和部属院校等单位先后派出大批科技人员参加试验区的开发建设。他们在地方政府的领导和支持下，与当地群众、科技人员一起，坚持理论与实践相结合，经过多年不懈的努力，通过试点，创造了综合治理旱、涝、沙、碱的成功经验，为全面开发治理黄淮海平原创造了条件。为了进一步调动和发挥科技人员参加黄淮海平原农业综合开发的积极性，鼓励更多的科技人员投入到我国农业开发第一线，推动科技进步，促进农业发展，国务院决定，对在黄淮海平原农业开发试点中做出突出成绩的科技人员给予表彰、奖励。(1988 年《国务院关于表彰奖励参加黄淮海平原农业开发实验的科技人员的决定》)

　　黄淮海平原农业开发优秀科技人员名单如下：

一级 16 名

农业部（7 名）

石元春　男　57 岁　教授、校长　北京农业大学

贾大林　男　65 岁　研究员　中国农科院农田灌溉所

辛德惠　男　57岁　教授、曲周站站长　北京农业大学

张雄伟　男　55岁　研究员、室主任　中国农科院棉花所

王树安　男　59岁　教授、龙王河实验区负责人　北京农业大学

何荣汾　男　69岁　研究员　中国农科院郑州果树所

李炳坦　男　69岁　研究员　中国农科院畜牧所

中科院（4名）

王遵亲　男　65岁　研究员　中国科学院土壤所

程维新　男　52岁　副研究员、禹城实验区负责人　中国科学院地理所

林建兴　男　61岁　研究员、室主任　中国科学院遗传所

傅积平　男　54岁　副研究员、封丘站站长　中国科学院南京土壤所

林业部（2名）

王明庥　男　56岁　教授、校长　南京林业大学

陆新育　男　53岁　副研究员　中国林科院林研所

水利部（2名）

冯　寅　男　74岁　教授级高级工程师（前副部长）　水利部

黄荣翰　男　71岁　教授级高级工程师　水利水电科学院

地矿部（1名）

陈望和　男　53岁　高级工程师、局副总工程师　河北地矿局

二级 74 名

农业部（30 名）

齐兆生　男　77 岁　研究员　中国农科院植保所

邱式邦　男　77 岁　研究员　中国农科院生防室

刘巽浩　男　57 岁　教授　北京农业大学

黄滋康　男　61 岁　研究员、所长　中国农科院棉花所

魏鸿钧　男　59 岁　研究员、室副主任　中国农科院植保所

韩湘玲　女　57 岁　教授、室主任　北京农业大学

刘世春　男　52 岁　副研究员　中国农科院农田灌溉所

黄照愿　男　58 岁　副研究员　中国农科院土肥所

李韵珠　女　56 岁　研究员　北京农业大学

谢承陶　男　50 岁　副研究员　中国农科院土肥所

李占柱　男　52 岁　副研究员　中国农科院农田灌溉所

祖康祺　男　54 岁　副教授、主任　北京农业大学

李子云　男　52 岁　助理研究员　中国农科院郑州果树所

魏由庆　男　50 岁　副研究员、站长　中国农科院土肥所

黄仁安　男　51 岁　高级农艺师　北京农业大学

林肯恕　男　62 岁　研究员　中国农科院植保所

尹文山　男　58 岁　副研究员　中国农科院郑州果树所

刘兴海　男　50 岁　副教授　农业部科技司

杨守春　男　61 岁　副研究员　中

国农科院土肥所

马　存　男　49 岁　副研究员　中国农科院植保所

陆锦文　女　57 岁　研究员　北京农业大学

王应求　男　58 岁　副研究员　中国农科院土肥所

黄茂勋　男　51 岁　副研究员　中国农科院农田灌溉所

林　培　男　60 岁　教授　北京农业大学

唐跃升　女　69 岁　研究员　中国农科院棉花所

邱同铎　男　64 岁　研究员　中国农科院郑州果树所

毛达如　男　54 岁　教授、副校长　北京农业大学

林光海　男　53 岁　副研究员　中国农科院棉花所

周大荣　男　58 岁　研究员、室主任　中国农科院植保所

田毓起　女　58 岁　副研究员　中国农科院生防室

中科院（16 名）

俞仁培　女　55 岁　副研究员、室副主任　中国科学院南京土壤所

凌美华　女　53 岁　副研究员、处长　中国科学院地理所

宋荣华　男　54 岁　副研究员　中国科学院南京土壤所

罗焕炎　男　68 岁　研究员　中国科学院石家庄现代化所

李松华　女　57 岁　研究员、副主任　中国科学院农研会

席承藩　男　73 岁　研究员　中国科学院南京土壤所

左大康　男　63 岁　研究员、所长　中国科学院地理所

张俊民　男　64 岁　副研究员　中国科学院南京土壤所

许越先　男　48 岁　副研究员　中国科学院地理所

陈墨香　男　58 岁　研究员　中国科学院地质所

杜述荣　男　53 岁　工程师　中国科学院遗传所

张兴权　男　49 岁　助理研究员　中国科学院地理所

王绍庆　男　48 岁　助理研究员　中国科学院植物所

左大康 62岁 地理所所长、研究员

早在六十年代初，他就参加德州灌溉试验站工作。1978年以来，他组织领导并参加了禹城试区建设、禹城综合试验站的创建、南水北调及其对自然环境影响和黄淮海平原"六五"攻关等重大项目。后两项分别获院科技进步奖二等奖和特等奖。为黄淮海平原农业自然条件和自然资源研究和旱涝盐碱综合治理及禹城试区的建设和发展，为禹城综合试验站的创立和提高，做出了重要贡献。

许越先 48岁 地理所副研究员

从1965年起，二十多年来一直在黄淮海平原进行中低产田治理、区域水盐运动和水资源研究工作，并承担了国家"六五"和"七五"科技攻关任务，其中在禹城试区工作了十六个年头。为禹城试区初建、规划、建设和发展，为黄淮海平原土壤水盐运动规律和盐碱地综合治理开发，做出了突出贡献。今年负责山东片的工作，大部分时间在野外第一线，将禹城经验推广到鲁西北地区，取得可喜进展和显著成效。

杜述荣 53岁 遗传所工程师

从1982年参加黄淮海攻关任务以来，他积极推广甘薯新品种及优健高增产法。办学习班时，他亲自把3000多株新品种从山东枣庄带到封丘，从田个示范点开始，直到目前在封丘县推广6万亩。据1986、1987年两年统计，全县由于推广了甘薯优种及优健高增产法，增产的鲜薯折合产值达3000多万元。同时，封丘也成为甘薯繁种基地，去年向省内外提供薯种达8万斤。

王韶庆 48岁 植物所副研究员

1965—1970年参加封丘县除涝增产区划研究，是这项成果的执笔者之一。1971—1983年完成了豫北科研资料的整理及出版。1983—1985年承担国家"六五"科技攻关任务，王韶庆同志是后者的生物学专题负责人，他是三本专著及四种大型科学图件的主要执笔者之一。

他曾应用遥感及生物科学技术，在平原地区进行生物资源调查、评价及编制大、中比例尺的植被及农业生产条件评价专题地图，并在综合治理及开发中应用，获得了显著的经济效益、社会效益及生态效益，这在国内外尚属首次。王韶庆同志在工作中刻苦、认真、实干，每年到工作现场4—10个月，并完成多项成果，曾获多项国家、中国科学院及省级科技成果奖和工作奖。

周明枞 54岁 土壤所副研究员

他1956年以来，主要从事土壤地理研究。曾参加华北平原土壤调查、北京地区土壤分类调查，六十年代参加河南土肥试验研究。1983年在参加黄淮海平原"六五"科技攻关任务中，任天然文岩渠流域科技攻关小组土壤资源组负责人，提出天然文岩渠流域四县农业发展战略方案。为全流域综合治理、建立合理农业结构和管理利用自然资源提出实施方案，对当地经济发展作出贡献。几年来他不仅完成了总体报告有关图幅的编制，还完成了专业成果图6幅，专业课题报告5篇。"七五"期间，他任淮北平原战略研究课题负责人，继续为黄淮海平原综合治理与开发作贡献。

聚俊民 64岁 土壤所副研究员

1960年开始在黄淮海平原南半部，结合低产土壤利用改良，从事土壤调查研究工作。他以砂姜黑土综合治理为研究重点，与皖、苏、鲁、豫等省的有关单位协作，先后主编和参加编著了《安徽淮北平原土壤》等五部专著。此外还发表了有关砂姜黑土综合治理、盐碱土改良、飞沙土改良及土壤利用用改良分区等方面的论文近30篇。这些论著为黄淮海平原南部的综合治理和开发提供了理论依据。他在黄淮海平原南半部坚持工作近30年，并以安徽省的蒙城县和涡阳县为重点，配合当地农业引用外资综合治理砂姜黑土做了大量工作，为淮北平原综合治理改良利用作出了贡献。

陈恩香 56岁 地质所研究员

60年代初，他就开始对黄淮海平原进行井灌井排水文地质条件研究。经过10年试验研究，进一步验证和肯定了井灌井排是治理旱涝盐碱的有效措施。70年代后期，他开始对该区进行研究。在华北平原地热场研究的基础上，分析了地下热水分布特点，圈定可供进一步勘探开发的地热田或有利区，对全区热水资源作了定量估算，提出了当前及近期开发利用地热的建议，受到李鹏同志和国家科委的支持和鼓励。他对该区地热研究的主要成果，反映在《华北地热》专著中。

张兴权 48岁 地理所助理研究员

十多年来，他长期蹲点从事农田覆盖试验示范推广工作，先后在北京大兴、河北栾城、山东禹城进行土面增温剂、农用薄膜、光解地膜、秸秆复盖试验，取得明显经济效益。"七五"期间主持禹城试区北丘地的重盐碱地的综合治理。是黄淮海平原农业工作的实干家，每年蹲点时间长达7—8个月，为了工作方便，把家安到禹城试区，全身心地投入到了农业开发科研工作。

唐登银 50岁 地理所副研究员

从六十年代开始，他在黄淮海平原试验基地上工作15年。是选择山东禹城南北丘庄为地理所实验基地的主要决策者之一，并主持禹城站的科研工作。现禹城站已列为院开放试验站，成为有明确应用目标和鲜明学科特色的研究基地。"六五"、"七五"期间，在禹城试区中低产田和荒地治理开发方案的形成和实施中，他起了重要作用。长期从事农田水分的实验研究工作，积累了丰富资料，并有多篇论文发表，他是获得发明四等奖—土面增温剂研制和使用项目的主要参加者。

任治安 55岁 遗传所工程师

从1983年以来，他长期在封丘蹲点，主要从事推广、选育杂交高粱等科研工作，先后向封丘试区引进新品种14个，其中遗杂32、科遗33等耐盐碱、抗旱、耐涝等品种。亩产800—1000斤，比当地品种增产近一倍，在封丘等县已推广近5000亩。他负责引进的高粱、玉米、小麦等新品种正在较大面积推广，近年来在封丘繁育玉米、大豆等良种10万斤。

428

周明枞　男　54 岁　副研究员　中国科学院南京土壤所

唐登银　男　50 岁　副研究员、禹城站站长　中国科学院地理所

任治安　男　55 岁　工程师　中国科学院遗传所

林业部（12 名）

竺肇华　男　50 岁　副研究员、副所长　中国林科院林研所

吕士行　男　61 岁　教授　南京林业大学

宋兆民　男　53 岁　副研究员、室副主任　中国林科院林研所

朱之悌　男　59 岁　教授、室主任　南京林业大学

黄敏仁　男　55 岁　副教授、室副主任　南京林业大学

熊跃国　男　45 岁　副研究员、室副主任　中国林科院林研所

秦锡祥　男　64 岁　副研究员　中国林科院林研所

翟书德　男　58 岁　助理研究员　中国林科院林研所

赵宗哲　男　74 岁　研究员　中国林科院林研所

黄东森　男　59 岁　副研究员　中国林科院林研所

金开璇　女　56 岁　副研究员　中国林科院林研所

马常耕　男　60 岁　研究员　中国林科院林研所

水利部（11 名）

张蔚榛　男　60 岁　教授　武汉水电学院

张永昌　男　60 岁　高级工程师　黄委水利科学研究所

田　园　男　61 岁　副教授　华北水利水电学院

王重九　男　60 岁　高级工程师　水利水电科学院

胡毓骐　男　54 岁　副研究员　水利部农田灌溉所

杨文海　男　59 岁　高级工程师　黄委水利科学研究院

翟兴业　男　60 岁　教授级高工、所长　水利水电科学院

张友义　男　53 岁　高级工程师　水利水电科学院

郭启光　男　70 岁　高级工程师　水电部治淮委员会

刁绍全　男　54 岁　副研究员　水利部农田灌溉所

巫一清　男　59 岁　高级工程师　水利水电科学院

地矿部（5 名）

朱延华　女　49 岁　副研究员　地矿部水文地质研究所

张人权　男　57 岁　教授　中国地质大学

王世贵　男　50 岁　工程师　地矿部河南地矿局

连　克　男　53 岁　高级工程师、室主任　地矿部水文地质工程地质技术方法队

曹家玮　男　46 岁　工程师　地矿部河北地矿局

荣誉级 3 名

熊毅 1910—1982年，学部委员、土壤所研究员

熊毅从事土壤科学研究 50 多年，在土壤学发展和黄淮海区域综合治理方面作出了重要贡献。

早在 1955 年，为了发展黄河中下游的农业灌溉，他率领百名科技人员进行华北平原土壤调查，主编了"华北平原土壤"、"华北平原土壤图集"，论述了华北平原产生旱、涝、盐碱、风沙等灾害的原因，提出综合治理的规划，首次提出必须采用灌排结合的措施，以防治次生盐渍化。1961 年他深入河南封丘县组织领导"封丘综合治理除灾增产样板点"工作，在封丘盛水源大队进行我国第一次"井灌井排"综合治理试验示范，从此迅速在华北平原推广应用。对黄淮海平源综合治理旱涝盐碱，提高农业生产作出了显著的成绩，对我国干旱、半干旱地区的农业生产起到了重要作用。

在"六五期间"，他尽管年事已高，身体较差，但仍领导组织"黄淮海'六五'科技攻关"队伍，组织多科学、多层次协作攻关，并取得多项重要科技成果。

中科院：熊　毅　男　研究员、所长　中国科学院（已故）

农业部：王守纯　男　研究员　中国农科院土肥所（已故）

水利部：娄溥礼　男　教授级高级工程师、副部长　水利部（已故）

人名索引

后 记

在采访本书的过程中,李振声院士说过一句话:"粮食是永恒的主题。"赵其国院士说:"现在有些人觉得粮食不值钱,因为他们搞不清楚粮食是怎么来的。真是很不容易啊!"

翻开中国的历史书籍,无论是战乱、改朝换代还是自然灾害,"饿殍遍野"这个词总是屡屡出现。"民以食为天"是国人对生存最基本的认知概念。新中国成立以来,农业也一直是党中央最重视的领域。但是由于种种原因,中国的粮食问题直到20世纪90年代都没有得到完全的解决。那时的贫困人口是以数千万人计,是以能够吃饱饭为衡量标准的。

"天将降大任于斯人也",中国的农业科学家挺身而出了。他们从50年代开始,就在中国自然灾害最严重、最贫困的地区,力图用科技的力量去改造自然,改变农村的面貌。

本书口述记载的仅是这些科学家中的一部分,而且仅是在黄淮海地区奋斗的科学家的一部分。

黄淮海地区是当时我国最重要的产粮大区之一,也是旱涝盐碱风沙最严重的地区。

熊毅、黄秉维、席承藩先生等老一辈著名科学家就是最早一批深入黄淮海地区调研、开展试验的科学家。熊毅先生借鉴国外经验，选择当时旱涝盐碱最严重的河南省封丘县，在我国首次进行"井灌井排"实验，当年取得综合防治旱涝盐碱的显著效果，并很快在黄淮海平原及我国北方平原地区得到大规模的推广应用，使大面积旱涝盐碱地迅速得到了改良，为农业发展立下不可磨灭的功勋。"一眼梅花井，一片丰产田"，是当时当地老幼皆知的一句顺口溜。"梅花井"的重大意义不仅仅在于改造了盐碱地，而是首次让当地农民和管理者知道了科学技术对农业的重要作用，影响深远。

为表达感激之情，封丘县政府代表全县人民于 1995 年为熊毅先生树碑立传。一个农业县为一位科学家立碑，在中国历史上绝无仅有。

这不是熊老一个人的荣耀，更不是当地政府和人民对熊老一位科学家的敬重。它代表了对科学是农业生产力的充分认可和对科学家的充分信赖。

继熊老之后，一批又一批科学家从首都北京，从全国各地来到黄淮海地区，经过艰苦卓绝的努力，在 30 年左右的时间里，使白花花的盐碱地、涝汪汪的低洼地、风沙肆虐的沙丘地变成了绿油油的庄稼地、花果园、米粮川！

在这个过程中，中国科学院在 20 世纪 80 年代末开展的农业科技"黄淮海战役"格外瞩目。在这场"战役"中，中国科学院投入了与农业有关的科研单位的几乎全部精兵强将，打了一场漂亮的攻坚战。它把一个试验点的科技成果推广到一个区、县，进而推广到一个省和周边省。它把中科院在一个试验点的科研行为逐渐转化为地方政府行为，并引起中央高度重视，最终成为国家支持并推动的工作。据1993年的统计资料，我国粮食从8 000亿斤增长到9 000亿斤时，黄淮海地区就增产了504.8亿斤，达到了"黄淮海战役"预定的目标。

"黄淮海战役"的成功经验和后来被誉为的"黄淮海精神"，是中国农业科技发展史上的一座丰碑。

《农业科技"黄淮海战役"》由此被选为《20世纪中国科学口述史》系列之一。

我是怀着崇敬的心情投入到本书的采访中去的。

国家最高科学技术奖获得者、著名小麦育种专家李振声院士对本书给予了大力支持。他是中科院80年代后期开展的"黄淮海战役"的策划者、领导者、执行者之一。他调入中科院任副院长伊始，就开始牢牢把握农业科技面向国民经济主战场这根主线。采访后，他特意送我一幅他书写的字画："写真记实"，以表明他对出这本书的感谢。于我，则是十分感动了。

刘安国先生是当时中科院农业项目办公室主任，是掌握史料最全面的管理者。他两次接受采访，不厌其烦地为本书提供各种资料和进行修订。

在我搜集到的采访名单里，一些老科学家已经去世了。黄淮海工作优秀的管理工作者李松华同志也已经过世了。她的丈夫李文华院士听说要出书，很快就把李松华遗留的部分材料和照片给了我，他说："这是对松华最好的纪念了。"

参加过"黄淮海战役"的科学家都说，一定要采访南京土壤所的王遵亲先生，但我找到他时，他已经重病在身不能接受采访了。

南京地理与湖泊所的胡文英先生，眼疾严重，还患有阵发性耳聋。她当时在黄淮海治理辛店洼。她回忆起她在圆圆的中秋月下独自看管鱼塘，讲到她不能在90岁的老母亲那里尽孝，讲到她丈夫被车撞了她也不能及时回去照顾，而几次潸然泪下。

许越先生虽然退休了，却仍然奔波在农业科技战线，很忙，却用了数月时间详细核实历史资料。在他的口述文章里，每个数据、每次事件都有据可考。

高安先生详细地准备了采访提纲，年逾古稀的他，滔滔不绝一口气谈了 4 个小时。听得出来，在黄淮海的治沙过程是他科学生涯中铭心刻骨的一段经历。

田魁祥先生的叙述更是如数家珍，把那时改天换地的一幕栩栩如生地展现在我面前。

傅积平先生、程维新先生保存了当时几乎所有的媒体报道，成为最好的史料的佐证。

那时到黄淮海去工作的年轻人，像欧阳竹、谷孝鸿、王占生、苏培玺等现在都成了学术带头人或者在重要的岗位上担任了管理工作。他们共同的感觉是，虽然当时十分艰苦，但如果没有黄淮海的历练，就没有他们今天的成绩。

"黄淮海战役"中，中国科学院布局的三个试验站所在的山东禹城、河南封丘、河北南皮，过去和中科院科学家一起并肩战斗的部分原县领导接受了我的采访。他们异口同声地说，在当时那样艰苦的条件下，科学家们长期坚持在农业第一线工作，为中国的粮食发展做出了卓越的贡献，他们的精神令人感动。

禹城市原常务副县长杨德泉坐在轮椅里接受了我的采访。他最强调的是："禹城市的改变与中科院科学家的工作有很大的关系。县里之所以支持科学院的工作就是从科研人员身上看到了科学技术是第一生产力，上下都有共同的认识。这是决定性的因素。"

　　我到禹城试验站去采访时，中科院地理所程维新、张兴权等老先生特意把原县委办公室主任马宪全等过去的县领导请来吃饭。觥筹交错之间，这些文绉绉的科学家像农民一样大口喝酒，谈笑风生，看得出他们和马主任等当地老领导毫无嫌隙的手足般情谊。

　　采访赵其国院士时，他特意让秘书给我拿出封丘县刚给他送来的大红封皮的顾问聘任书，自豪之情已溢于言表。

　　许越先先生文章的最后一句话是：“感谢山东的同志没有忘记我们！”

　　这句话让我感动。这些科学家，抛家别舍，长年累月，在国家处于最困难的年代，在最穷困的地方工作，在最困难的条件下，不为名、不为利（有人甚至后来连高级职称都没有评选上），一心一意为了中国的粮食增产，一心一意为了农民的脱贫致富。而老百姓说声“谢谢”，他们就很满意了。

　　令人遗憾和痛心的是刘安国、马宪全先生还没有看到本书的出版竟辞世了！

　　中国的粮食问题现在似乎不再被普通群众提起。那是因为有一批老农业科学家和管理者，为这个占世界人口 1/6，而人均耕地只相当于全球平均数 1/3 的国家忘我奉献，才取得的成绩。现在，他们和新一代科学家仍然为中国的粮食问题毫不懈息地工作着。

　　中国人民永远不会忘记他们。

　　衷心感谢在百忙中接受我采访的各位专家以及给予本书支持与帮助的陈佳琼女士、杨小林女士、朱农先生、张蕴洁女士、张秀梅女士等！

温　瑾

2012 年 3 月 21 日

图书在版编目（CIP）数据

农业科技"黄淮海战役"/李振声等口述；温谨访问整理
—长沙：湖南教育出版社，2012.12
（20世纪中国科学口述史）
ISBN 978 - 7 - 5539 - 0269 - 2

Ⅰ.①农… Ⅱ.①李… ②温… Ⅲ.①农业史—技术
史—中国—现代 Ⅳ.①S - 092

中国版本图书馆 CIP 数据核字（2012）第 312159 号

书　　名	20世纪中国科学口述史
	农业科技"黄淮海战役"
作　　者	李振声等口述　温谨访问整理
责任编辑	曹卓卓
责任校对	鲍艳玲
出版发行	湖南教育出版社出版发行（长沙市韶山北路443号）
网　　址	http：//www.hneph.com　http：//www.shoulai.cn
电子邮箱	228411705@qq.com
客　　服	电话 0731 - 85486742　QQ 228411705
经　　销	湖南省新华书店
印　　刷	湖南天闻新华印务有限公司
开　　本	710×1000　16 开
印　　张	28.75
字　　数	350 000
版　　次	2012 年 12 月第 1 版第 1 次印刷
书　　号	ISBN 978 - 7 - 5539 - 0269 - 2
定　　价	75.00 元